AF537503

EUL
VERLAG

Entwicklung eines Modells zur Optimierung klinischer Behandlungsprozesse im Fehlerkostenmanagement

INAUGURALDISSERTATION

zur Erlangung des akademischen Grades eines Doktors
der Wirtschaftswissenschaft (doctor rerum oeconomicarum)
der Rechts- und Wirtschaftswissenschaftlichen Fakultät
der Universität des Saarlandes

vorgelegt von
Dipl.-Kffr. Ulrike Sträßer

Tag der Disputation: 3. Mai 2016

Dekan: Univ.-Prof. Dr. Gerd Waschbusch

Erstberichterstatter: Univ.-Prof. Dr. Alexander Baumeister

Zweitberichterstatter: Univ.-Prof. Dr. Gerd Waschbusch

Dr. Ulrike Sträßer

Entwicklung eines Modells zur Optimierung klinischer Behandlungsprozesse im Fehlerkostenmanagement

Mit einem Geleitwort von Univ.-Prof. Dr. Alexander Baumeister,
Universität des Saarlades

Bibliografische Information der Deutschen Nationalbibliothek

Die Deutsche Nationalbibliothek verzeichnet diese Publikation in der Deutschen Nationalbibliografie; detaillierte bibliografische Daten sind im Internet über <http://dnb.d-nb.de> abrufbar.

Dissertation, Universität des Saarlandes, 2016

ISBN 978-3-8441-0510-0
1. Auflage April 2017

JOSEF EUL VERLAG GmbH
Brandsberg 6
53797 Lohmar
Tel.: 0 22 05 / 90 10 6-80
Fax: 0 22 05 / 90 10 6-88
E-Mail: info@eul-verlag.de
http://www.eul-verlag.de

Bei der Herstellung unserer Bücher möchten wir die Umwelt schonen. Dieses Buch ist daher auf säurefreiem, 100% chlorfrei gebleichtem, alterungsbeständigem Papier nach DIN 6738 gedruckt.

Geleitwort

Die sich aus dem demografischen Wandel ergebenden und wohl weiter verschärfenden finanziellen Belastungen für das Gesundheitssystem erfordern ein wirksames Kostenmanagement im Krankenhaus. Mögliche Instrumente hierfür wurden in den letzten Jahren aus unterschiedlichen Blickwinkeln durchleuchtet. Nicht nur aus Kostenerwägungen, sondern auch zur Qualitätssicherung rückten dabei Ansätze der Dienstleistungsstandardisierung etwa über klinische Behandlungspfade verstärkt in den Blickpunkt. Allerdings bringt insbesondere die typischerweise hohe Heterogenität der Patientenstruktur große Herausforderungen mit sich, da sie einer Prozessstandardisierung der Krankenhausleistung zunächst im Wege steht. So führen z. B. konstitutionsbedingte Risikomerkmale der Patienten zu einer hohen Variabilität in den Auswirkungen einzelner Behandlungsschritte. Ökonomisch lässt sich die Behandlungsgüte dabei über Fehlerkosten beschreiben, die in der Ermittlung und Optimierung der Kosten einzelner Behandlungsprozesse zu berücksichtigen sind. Da sich Maßnahmen zur Fehlervermeidung antizipativ ergreifen lassen, kann in der Steuerung der Fehlerkosten ein wichtiger Hebel des Kostenmanagements im Krankenhaus liegen. Ansätze, die eine Entscheidungsunterstützung für die Prozessgestaltung unter Beachtung stochastischer Fehlerkosten liefern, finden sich jedoch bislang kaum.

Sträßer nimmt sich daher in diesem Werk einer entsprechenden Kostenoptimierung an. Die Lösung dieser durchaus anspruchsvollen Aufgabenstellung ist nicht nur methodisch – etwa aufgrund einzuhaltender Mindestqualitäten der Behandlung –, sondern zugleich praktisch von hoher Relevanz. Daher ist es Sträßer besonderes Verdienst, ihre Überlegungen anhand konkreter klinischer Behandlungspfade zu verdeutlichen und ihren Optimierungsansatz anhand einer nachvollziehbar aufgebauten IT-Unterstützung zu illustrieren. Inhaltlich stützt sie sich für die Prognose der Prozesskosten auf den Ansatz des Time-Driven Activity Based Costing. Methodisch baut sie ein Simulationsmodell auf, das eine Beurteilung der verschiedenen, von den Risikomerkmalen der Patienten abhängigen Behandlungsalternativen in den unterschiedlichen Phasen eines Behandlungsprozesses erlaubt. In die Simulation gehen Verbrauchsfunktionen, die mit modifizierten Ereignisgesteuerten Prozessketten verknüpft sind, ein. Da durch zusätzliche Maßnahmen ausgelöste Änderungen im Behandlungsprozess kosten- und risikomäßig bewertbar werden, kann der Sträßersche

Ansatz vielfältige Entscheidungen im Kostenmanagement unterstützen. Allen Praktikern aus gesundheitsnahen Bereichen wird dieses Buch daher sicher wertvolle Impulse für ihre tägliche Arbeit liefern. Ihm und seinen Lesern wünsche ich dabei einen hohen Erfolg.

Saarbrücken, im Januar 2017 Univ.-Prof. Dr. Alexander Baumeister

Vorwort

Mit der Einführung des Fallpauschalensystems im Jahre 2003 gab es eine Abkehr von der Vergütung von Krankenhausleistungen durch tagesgleiche Pflegesätze. Die Vergütung erfolgt seitdem durch pauschale Beträge, die sich an der jeweiligen Diagnose des Patienten orientieren. Damit die Kosten der Behandlung diese pauschalen Vergütungen nicht überschreiten, ist es für Krankenhäuser notwendig, die zu erbringenden Leistungen differenziert zu analysieren. Krankenhäuser stehen vor der Aufgabe der Erbringung einer hochwertigen Patientenversorgung bei gleichzeitig stetig steigendem Kosten- und Leistungsdruck. Um dieser Aufgabe gerecht zu werden, ist es notwendig, die Behandlung des Patienten fehlerfrei zu erbringen. Hierbei müssen sowohl falsche Behandlungen, als auch mögliche Komplikationen vermieden werden. Komplikationen stellen nicht nur für den Patienten eine Gefährdung dar, sondern verursachen auch aus Sicht der Krankenhäuser Kosten, die nicht durch die Fallpauschale gedeckt werden.

Ziel der Arbeit ist die Entwicklung eines Entscheidungsmodells, das die Auswahl geeigneter Vorsorgemaßnahmen zur Vermeidung von Komplikationen unterstützt. Dabei soll die Auswahl unter Berücksichtigung der Patientenkonstitution erfolgen und überprüft werden, für welche Patientengruppen sich die Durchführung von Vorsorgemaßnahmen zur Kostensenkung eignet. Die der Behandlung zugrunde liegenden Behandlungspfade können entsprechend um diese Maßnahmen für einzelne Patientengruppen erweitert werden. Durch die somit angestrebte Vermeidung von Komplikationen kann das Krankenhaus dem steigenden Kostendruck bei gleichzeitiger Patientenorientierung gerecht werden. Diese Arbeit wurde unter dem Titel „Entwicklung eines Modells zur Optimierung klinischer Behandlungsprozesse im Fehlerkostenmanagement" von der Rechts- und Wirtschaftswissenschaftlichen Fakultät der Universität des Saarlandes im Sommersemester 2016 als Dissertation angenommen.

Mit dem Abschluss der Dissertation erreicht jeder Doktorand eine neue Stufe in seinem Leben. Jeder der diese Stufe erreicht hat, kennt die Wichtigkeit einer gut funktionierenden sozialen Unterstützung. Nur so ist es möglich, die teilweise krisenhaften Phasen abzupuffern und gut zu überstehen. Daher möchte ich an dieser Stelle für die Unterstützung, die ich in den letzten Jahren erfahren und wahrgenommen habe, danken.

Mein Dank gilt meinem Doktorvater Herrn Univ.-Prof. Dr. Baumeister, der einerseits den Freiraum für die Erstellung diese Arbeit gewährte und andererseits in den verschiedenen Entstehungsphasen durch gemeinsame Diskussionen wichtige inhaltliche Impulse gab. Ebenso danke ich Herrn Univ.-Prof. Dr. Waschbusch für die Erstellung des Zweitgutachtens.

Danken möchte ich außerdem meinen Kollegen am Lehrstuhl für Betriebswirtschaftslehre, insbesondere Controlling. Sie waren es, die in vielen Dissertationssitzungen wertvolle Anregungen und Hinweise gaben. Ganz besonders sei hier auch Ulrike Schmidt und Caroline Schäfer gedankt, die mir immer wieder Mut machten, wenn Motivation notwendig war. Dank auch an diejenigen, die nicht müde wurden Entwürfe zu lesen und zu kommentieren. Ganz besonders danke ich Herrn Albert Zeuner für seine konstruktiven Kritiken und Vorschläge.

Ein besonderer Dank gilt meinem Partner und meinen Freunden; häufig haben Sie in den letzten Jahren zurückstehen müssen. Trotzdem gaben sie den notwendigen emotionalen Halt und machten Mut. Sie sorgten für mein Wohl und waren immer ein Ort, an dem ich Kraft schöpfen konnte.

Mein größter Dank gilt meiner Mutter. Sie hat mich auf meinem langen Bildungsweg vorbehaltlos und unermüdlich unterstützt. Ohne ihre bedingungslose Hilfe wäre diese Arbeit nicht möglich gewesen. Diese Arbeit ist ihr gewidmet.

Sulzbach, im Januar 2017 Ulrike Sträßer

Inhaltsverzeichnis

Abbildungsverzeichnis

Für eine verbesserte Darstellung sind ausgewählte Abbildungen unter folgendem Link zum Download bereitgestellt:

https://www.eul-verlag.de/pdf-wz/9783844105100_Abbildungen.zip.

Tabellenverzeichnis

Abkürzungsverzeichnis

AG	Aktiengesellschaft
BPflV	Bundespflegesatzverordnung, Fassung vom 15. Juli 2013
DRG	Diagnosis Related Groups
EEG	Elektroenzephalografie
EKG	Elektrokardiogramm
ERP-System	Enterprise-Ressource-Planning-System
GmbH	Gesellschaft mit beschränkter Haftung
KFPV	Verordnungen zum Fallpauschalensystem für Krankenhäuser für das Jahr 2014
KHBV	Krankenhaus-Buchführungsverordnung
KHEntG	Krankenhausentgeltgesetz, Fassung vom 15. Juli 2013
KHG	Gesetz zur wirtschaftlichen Sicherung der Krankenhäuser und zur Regelung der Krankenhauspflegesätze (Krankenhausfinanzierungsgesetz), Fassung vom 15. Juli 2013
Max.	Maximum
MDC	Hauptdiagnosegruppe, Major Diagnostic Category
Min.	Minuten
Mini.	Minimum
MRCP	Magnetresonanz-Cholangiopankreatikografie
MTRA	Medizinisch-technische Radiologieassistent/in
OG	Obergrenze
RFDI	Radio-Frequency Identification Technik
SGB	Sozialgesetzbuch, Fassung vom 21. Juli 2004
SKHG	Saarländisches Krankenhausgesetz, Fassung vom 16. Oktober 2012
TDABC	Time-Driven Activity-Based Costing
UG	Untergrenze
VBA	Visual basic for Applications
ZV	Zufallsvariable

Symbolverzeichnis

Symbol	Bedeutung
α	Konfidenzniveau
a	Aktion a mit a = {1, 2, …, A}
a_s	Entscheidungsvektor in Stufe s
A	Anzahl an möglichen Aktionen
b	Ressource b mit b = {1, 2, …, B}
B	Anzahl an Ressourcen
$\beta_{i,j,b}$	Zeitbedarf der Ressource b zur Durchführung der Aktivität j des Teilprozesses i
$\beta_{a,j_a,b}$	Zeitbedarf der Ressource b zur Durchführung der Aktivität j_a der Aktion a
$\beta_{i_\phi,j_\phi,b}$	Zeitbedarf der Ressource b zur Durchführung der Aktivität j_ϕ des Teilprozesses zur Behebung von Fehlern i_ϕ
c_b	Ressourcenkostensatz der Ressource b in €/Min.
C_0	Kapitalwert einer Zahlungsreihe
C_l	Zahlung am Ende der Periode l
δ	Genauigkeit des Ergebnisses
$e_{a,r}$	Ergebnis in Abhängigkeit der Aktion a und der Störgröße r
E(ZV)	Erwartungswert einer Zufallsvariablen
g	Zufallszahl von 0 bis 1
H	Alternative einer Entscheidung
i	Teilprozess i mit i = {1, 2, …, I}
I	Anzahl an Teilprozessen
i_ρ	Regulärer Teilprozess i_ρ mit i_ρ = {1, 2, …, P}
i_ϕ	Teilprozess zur Behebung von Fehlern i_ϕ mit i_ϕ = {P + 1, P + 2, …, I}
I	Anzahl an Teilprozessen
j	Aktivität j eines Teilprozesses i mit j = {1, 2, …, J}
j_a	Aktivität j_a einer Aktion a mit j_a = {J+1, J+2, …, J`}
j_ρ	Aktivität j_ρ eines regulären Teilprozesses mit j_ρ = {1, 2, …, J``}
j_ϕ	Aktivität j_ϕ eines Teilprozesses zur Behebung von Fehlern i_ϕ mit j_ϕ = {J``+1, J``+2, …, J}
J	Anzahl an Aktivitäten zur Durchführung der Teilprozesse
J`	Anzahl an Aktivitäten zur Durchführung der Aktionen

J``	Anzahl an Aktivitäten zur Durchführung der regulären Teilprozesse
$K_{AB,l}$	Abweichungskosten der Periode l
$K_{DRG,y}$	Kosten der Behandlung eines Patienten der Risikoklasse y
$K_{DRG,F,y}$	Gesamte Fehlerkosten der Behandlung eines Patienten der Risikoklasse y
$K_{FB,y}$	Fehlerbehebungskosten der Behandlung eines Patienten der Risikoklasse y
K_{FF}	Fehlerfolgekosten
$K_{FV,y}$	Fehlervermeidungskosten der Behandlung eines Patienten der Risikoklasse y
$K_{Ges,y}$	Gesamtkosten eines Prozesses in der Variante y bzw. für einen Patienten der Risikoklasse y
$K_{i,y}$	Kosten des Teilprozesses i in der Variante y bzw. für einen Patienten der Risikoklasse y
l	Periode l mit l = {1, 2, …, L}
L	Nutzungsdauer einer Maschine
P	Anzahl an regulären Teilprozessen
n	Anzahl an Durchläufen einer Simulation
N	Anzahl an Zuständen im System
μ	Erwartungswert einer Größe
σ	Standardabweichung einer Größe
$\theta^{-1}(ZV)$	Inverse einer kumulierten Standardnormalverteilung einer Zufallsvariable mit dem Mittelwert 0 und der Standardabweichung 1
$p_{i,a,y}$	Wahrscheinlichkeit des Eintretens eines Teilprozesses i in Abhängigkeit der Aktionen a und der Variante y
$p_{v,w}$	Übergangswahrscheinlichkeit von Zustand v in Zustand w
$p_{v,w,a,y}$	Übergangswahrscheinlichkeit von Zustand v in Zustand w in Abhängigkeit der gewählten Aktion a und der Variante y
q	Risikoparameter des Erwartungswert-Standardabweichungs-Kriteriums
r	Risikogruppe des Patienten
r_s	Störvektor in Stufe s
s	Stufe s mit s = {1, 2, …, S}
S	Anzahl an Stufen
$t_{i,y}$	Situationsspezifische Sollzeit in Minuten für die einmalige Durchführung des Teilprozesses i in der Variante y bzw. für einen Patienten der Risikoklasse y
T_B	Zeit zur Behandlung des Patienten

T_F	Zeit zur Behebung von Fehlern
T_L	Liegezeit des Patienten auf der Station
u	Diskontierungszinssatz
v	Ausgangszustand v mit v = {1, 2, ..., N}
V_{Ges}	Gesamte Verweildauer des Patienten im Krankenhaus für einen konkreten Behandlungsfall
V_o	Obere Verweildauer, die durch die dem Behandlungsfall zugeordneten DRG festgelegt wird
V_u	Untere Verweildauer, die durch die dem Behandlungsfall zugeordneten DRG festgelegt wird
V(ZV)	Varianz einer Zufallsvariablen
w	Zielzustand w mit w = {1, 2, ..., N}
$X_{i,j,y}$	Zeittreiber einer Aktivität eines Teilprozesses j in der Variante y bzw. für einen Patienten der Risikoklasse y
$X_{a,j_a,y}$	Zeittreiber einer Aktivität einer Aktion j_a in der Variante y bzw. für einen Patienten der Risikoklasse y
$X_{i_\phi,j_\phi,y}$	Zeittreiber einer Aktivität eines Teilprozesses zur Behebung von Fehlern j_ϕ in der Variante y bzw. für einen Patienten der Risikoklasse y
$\overline{X}$	Mittelwert der Ergebnisse der Simulation
y	Variante y mit y = {1, 2, ..., Y}
Y	Anzahl an möglichen Varianten
z_s	Zustandsvektor in Stufe s

1 Krankenhäuser im Spannungsfeld zwischen Patientenorientierung und Kostendruck

Ein Ziel der Einführung des Fallpauschalensystems im Jahre 2003 war die Beschränkung der Dauer der Behandlungen auf einen vorgegebenen Zeitraum, um Anreize zur Verlängerung der Verweildauer des Patienten im Krankenhaus zu eliminieren.[1] Um dieser Anforderung zu entsprechen, wurde es für Krankenhäuser notwendig, die zu erbringenden Leistungen differenziert zu analysieren, die zugrunde liegenden Prozesse zu optimieren und die kürzeste medizinische Verweildauer anzustreben.[2] Bei der Optimierung der Verweildauer muss darauf geachtet werden, dass diese nicht beliebig erfolgen kann, sondern dass der Gesundheitszustand des Patienten mit in die Überlegungen einbezogen wird.[3] Die Tendenz zur Verweildauerverkürzung birgt zudem für den Patienten die Gefahr, dass für ihn individuell notwendige Leistungen nicht mehr erbracht werden und das Leistungsspektrum von Ärzten und Pflegepersonal eingeschränkt wird.[4] So zeigt sich eine starke Diskrepanz zwischen der Notwendigkeit einer hochwertigen Patientenversorgung und der durch Kosten- und Leistungsdruck geprägten Wirklichkeit. Einerseits steigen sowohl Behandlungsdichte und administrative Tätigkeiten als auch die Komplexität der Behandlungen, auf der anderen Seite hingegen erfolgt keine Anhebung des Bestands an Personal.[5] Vielmehr führt der wachsende Kostendruck zu einer Personalreduktion und damit zu einer steigenden Gefahr von Behandlungsfehlern.

Gerade Behandlungsfehler stellen jedoch nicht nur für den Patienten eine Gefährdung dar, sondern verursachen auch aus Sicht der Krankenhäuser unnötige Kosten, die nicht durch die Fallpauschale gedeckt werden. Damit rückt die Vermeidung von Behandlungsfehlern in den Fokus der Krankenhaussteuerung, insbesondere des Qualitätsmanagements, wodurch Krankenhäuser insgesamt vor der Aufgabe stehen, die bisherigen Behandlungsprozesse zu analysieren und Verbesserungspotenziale

---

1 Vgl. Roeder/Hensen [Konsequenzen] 4; Roeder/Küttner [Behandlungspfade] 684.
2 Vgl. Hammerich [Pflegediagnosen] 39; Heise et al. [Rekonstruktion] 211.
3 Vgl. Breyer/Zweifel/Kifmann [Gesundheitsökonomik] 378.
4 Vgl. folgend Braun [Ökonomisierung] 125 ff.
5 Vgl. folgend Paula [Patientensicherheit] 13.

aufzuspüren.[6] Damit ist es notwendig, geeignete Aktionen und Maßnahmen auszuwählen, die zur Fehlervermeidung und zur Senkung der durch Fehler entstehenden Kosten beitragen. Hierbei ist jedoch darauf zu achten, dass die Durchführung der Aktionen und Maßnahmen ebenfalls Kosten verursacht. Auch kann die fehlersenkende Wirkung der Aktionen und Maßnahmen stark von der Konstitution des Patienten abhängig sein. Ziel der Arbeit ist die Entwicklung eines Entscheidungsmodells, das die Auswahl geeigneter Aktionen zur Fehlervermeidung unterstützt. Dabei soll die Auswahl unter Berücksichtigung der Patientenkonstitution erfolgen und überprüft werden, für welche Patientengruppen sich die Durchführung der Aktionen zur Kostensenkung eignet. Die der Behandlung zugrunde liegenden Behandlungspfade können entsprechend um diese Aktionen für einzelne Patientengruppen erweitert werden. Durch die somit erreichte Vermeidung von Fehlern kann das Krankenhaus dem steigenden Kostendruck bei gleichzeitiger Patientenorientierung gerecht werden.

6 Vgl. Börchers/Neumann/Wasem [Behandlungspfade] 162; Götze [Grundlagen] 4; Kahla-Witzsch [Praxiswissen] 73; Roeder/Hensen [Konsequenzen] 9.

2 Behandlungsprozess als Kernprozess von Krankenhäusern

2.1 Krankenhäuser als Erbringer von Gesundheitsleistungen

2.1.1 Merkmale von Krankenhäusern

2.1.1.1 Ausgestaltungsformen von Krankenhäusern

Der **Begriff** des Krankenhauses wird durch den Gesetzgeber in verschiedenen Quellen definiert. So sind nach § 107 Sozialgesetzbuch (SGB) V Absatz 1 Krankenhäuser „Einrichtungen, die

- der Krankenhausbehandlung oder Geburtshilfe dienen,
- fachlich-medizinisch unter ständiger ärztlicher Leitung stehen, über ausreichende, ihrem Versorgungsauftrag entsprechende diagnostische und therapeutische Möglichkeiten verfügen und nach wissenschaftlich anerkannten Methoden arbeiten,
- mit Hilfe von jederzeit verfügbarem ärztlichem, Pflege-, Funktions- und medizinisch-technischem Personal darauf eingerichtet sind, vorwiegend durch ärztliche und pflegerische Hilfeleistung Krankheiten der Patienten zu erkennen, zu heilen, ihre Verschlimmerung zu verhüten, Krankheitsbeschwerden zu lindern oder Geburtshilfe zu leisten, und in denen
- die Patienten untergebracht und verpflegt werden können."

Ähnlich grenzt auch § 2 Absatz 1 des Krankenhausfinanzierungsgesetzes (KHG) den Begriff des Krankenhauses ab. Danach sind **Krankenhäuser** „Einrichtungen, in denen durch ärztliche und pflegerische Hilfeleistungen Krankheiten, Leiden oder Körperschäden festgelegt, geheilt oder gelindert werden sollen oder Geburtshilfe geleistet wird und in denen die zu versorgenden Personen untergebracht und verpflegt werden können." Somit können Krankenhäuser als Ort der stationären Versorgung im Gesundheitssystem definiert werden.[7]

Krankenhäuser lassen sich nach verschiedenen **Kriterien** klassifizieren. Zu diesen Kriterien gehören die Art der Zulassung, die Art der Trägerschaft, die Art der Rechts-

---

[7] Vgl. Burchert [Lexikon] 165.

form, das angebotene Leistungsspektrum sowie die Zielsetzung des Krankenhauses und dessen ärztliche Besetzung.[8] § 108 SGB V unterscheidet die Arten der möglichen **Zulassungen** und nennt

- „Krankenhäuser, die nach den landesrechtlichen Vorschriften als Hochschulklinik anerkannt sind,
- Krankenhäuser, die in den Krankenhausplan eines Landes aufgenommen sind (Plankrankenhäuser), oder
- Krankenhäuser, die einen Versorgungsvertrag mit den Landesverbänden der Krankenkassen und den Verbänden der Ersatzkassen abgeschlossen haben.“

Bei Krankenhäusern mit **Versorgungsauftrag** handelt es sich um Spezialkliniken ohne Teilnahme an der Not- und Unfallversorgung.[9] Diese erhalten den Versorgungsauftrag nach Verhandlungen mit den Krankenkassen. Für Hochschulkliniken und Plankrankenhäuser wird die Zulassung gemäß § 4 des Hochschulbau-Förderungsgesetzes beziehungsweise § 8 Absatz 1 Satz 2 des Krankenhausfinanzierungsgesetzes geregelt.[10]

Die Art der **Trägerschaft** wird beispielhaft für das Saarland in § 3 des Krankenhausgesetzes des Saarlandes (SKHG) in öffentliche, freigemeinnützige und private Einrichtungen unterteilt. Zu den öffentlichen Krankenhäusern zählen „die Krankenhäuser kommunaler Gebietskörperschaften (Gemeinden, Landkreise, etc.), der Länder und des Bundes sowie die Kliniken von Körperschaften des öffentlichen Rechts (zum Beispiel Berufsgenossenschaften).“[11] Sie werden, unabhängig von ihrer Betriebsart, von öffentlichen Trägern unterhalten.[12] Freigemeinnützige Einrichtungen verfolgen mit ihrer Arbeit religiöse, humanitäre oder soziale Zwecke. Träger sind Religionsgemeinschaften, Einrichtungen der freien Wohlfahrtspflege oder Stiftungen und Vereine. Private Krankenhäuser verfolgen erwerbswirtschaftliche Zwecke. Sie werden von privatrechtlich gewerblich tätigen Trägern unterhalten und bedürfen einer

---

[8] Vgl. Busse/Schreyögg/Stargardt [Leistungsmanagement] 53 f.
[9] Vgl. Vetter [Grundlage] 39.
[10] Vgl. § 109 SBG V.
[11] Simon [Deutschland] 368 f.
[12] Vgl. auch fortfolgend Simon [Deutschland] 368 f.

Konzession nach § 30 Gewerbeordnung.[13] Tab. 1 zeigt die Trägerstruktur deutscher Krankenhäuser für das Jahr 2012, die sich analog der Trägerschaft des Saarlandes verhält.

Träger	Anzahl der Krankenhäuser	Anzahl der Betten
Öffentliche	601 Stück	240.180 Stück
Freigemeinnützige	719 Stück	171.276 Stück
Private	697 Stück	90.019 Stück
Summe	2.017 Stück	501.475 Stück

Tab. 1: Trägerstruktur deutscher Krankenhäuser im Jahr 2012[14]

Die Wahl der **Rechtsform** für Krankenhäuser ist einzelfallspezifisch.[15] Während in der Vergangenheit die Personengesellschaft zu den häufigsten Formen zählte, geht die Entwicklung hin zu den Rechtsformen der GmbH und AG. Aber auch andere Formen, wie beispielsweise Vereine, Stiftungen oder Anstalten des öffentlichen Rechts sind möglich. Flexibilität und Möglichkeit des Zuganges zum Kapitalmarkt bestimmen die Wahl der Rechtsform.

Das **Leistungsspektrum** wird durch die Versorgungsstufen bestimmt, die sich sowohl nach der Bettenanzahl als auch nach dem Vorhandensein verschiedener Fachabteilungen richten (vgl. auch fortfolgend Tab. 2).[16] In diesem Zusammenhang wird zwischen Grund- und Regelversorgung, Schwerpunktversorgung und Maximalversorgung unterschieden. Maximalversorger halten beispielsweise die komplette Breite der medizinischen Fächer inklusive deren Subdisziplinen vor.[17]

Nicht zuletzt lassen sich Krankenhäuser nach der **ärztlichen Besetzung** sowie nach der **ärztlichen und pflegerischen Zielsetzungen** klassifizieren. Die Art der ärztlichen Besetzung bestimmt die Unterteilung in Anstaltskrankenhäuser und Beleghäuser.[18] Beleghäuser sind dadurch gekennzeichnet, dass der behandelnde Arzt als

---

[13] Vgl. Fleßa [Grundzüge] 30.
[14] Vgl. Deutsche Krankenhausgesellschaft e. V. [Eckdaten] 1.
[15] Vgl. auch fortfolgend Fleßa [Steuerung] 268.
[16] Vgl. folgend Busse/Schreyögg/Stargardt [Leistungsmanagement] 54.
[17] Vgl. Burchert [Lexikon] 186; Fleßa [Grundzüge] 29.
[18] Vgl. auch fortfolgend Fleßa [Grundzüge] 26.

selbstständiger Freiberufler nicht Mitarbeiter des Krankenhauses ist. Bei Anstaltskrankenhäusern sind die Ärzte beim Krankenhaus angestellt. Die Art der ärztlichen und pflegerischen Zielsetzungen hingegen unterscheidet Allgemeinkrankenhäuser, Fachkrankenhäuser und sonstige Krankenhäuser. Bei Allgemeinkrankenhäusern handelt es sich um Kliniken, in denen verschiedene Krankheitsbilder behandelt werden und bei denen keine Fachrichtung im Vordergrund steht.[19] Fachkrankenhäuser hingegen zeichnen sich dadurch aus, dass bestimmte Fachdisziplinen, wie zum Beispiel Orthopädie, im Vordergrund stehen. Sonstige Krankenhäuser sind beispielsweise reine Tages- und Nachtkliniken zur teilstationären Versorgung von Patienten.

Kriterien zur Unterscheidung der Art von Krankenhäusern	Mögliche Ausprägungen der Kriterien
Zulassung	– Hochschulkliniken – Plankrankenhäuser – Krankenhäuser mit Versorgungsauftrag
Trägerschaft	– öffentliche Einrichtungen – freigemeinnützige Einrichtungen – private Einrichtungen
Rechtsform	– öffentlich-rechtliche Formen – privatrechtliche Formen
Leistungsspektrum	– Krankenhäuser der Grund- und Regelversorgung – Krankenhäuser Schwerpunktversorgung – Krankenhäuser Maximalversorgung
Ärztliche und pflegerische Zielsetzungen	– Allgemeinkrankenhäuser – Fachkrankenhäuser – sonstige Krankenhäuser
Ärztliche Besetzung	– Anstaltskrankenhäuser – Belegkrankenhäuser

Tab. 2: Klassifizierung von Krankenhäusern

Im Krankenhaus selbst kann eine **organisatorische** Gliederung nach Art der ausführenden Personengruppen erfolgen.[20] Zu diesen Personengruppen gehören ärztli-

---

19 Vgl. folgend Simon [Deutschland] 368.
20 Vgl. folgend Eichhorn [Situation] 456.

cher Dienst (Diagnostik und Therapie, medizinische Versorgung), Pflegedienst (Grund- und Behandlungspflege), Versorgungsdienst (wirtschaftliche und technische Versorgung) und Verwaltungsdienst.

Die **medizinischen Fachbereiche** sind üblicherweise nach diagnostischen und therapeutischen Gesichtspunkten gegliedert und werden in Fachabteilungen strukturiert, die für die Behandlung spezifischer Krankheitsbilder zuständig sind.[21] Beispiele für diese Fachbereiche sind Innere Medizin oder Chirurgie. Hinzu kommen Fachbereiche, die mehrere Fachdisziplinen umfassen und nicht über eigene Betten verfügen und Spezialaufgaben für bettenführende Abteilungen übernehmen. Hierzu gehören: Labor, Operationsabteilung sowie die Bereiche Röntgen, Computertomografie und auch die Strahlentherapie.

2.1.1.2 Aufgaben von Krankenhäusern

Hauptziel der Krankenhäuser ist die **Deckung des Bedarfs** der Bevölkerung **an Krankenhausleistungen**.[22] Das sind nach § 2 Absatz 2 Krankenhausentgeltgesetz (KHEntG) die Leistungen, „die unter Berücksichtigung der Leistungsfähigkeit des Krankenhauses im Einzelfall nach Art und Schwere der Krankheit für die medizinisch zweckmäßige und ausreichende Versorgung des Patienten notwendig sind.“

Krankenhäuser können als Gesundheitsbetriebe definiert werden, die **Behandlungs- und Pflegeleistungen** für Patienten erbringen.[23] Diese Leistungen umfassen „alle Maßnahmen zur Erhaltung, Stabilisierung und Wiederherstellung der Gesundheit, worunter alle medizinischen Untersuchungs- und Behandlungsmaßnahmen, aber auch Maßnahmen der Pflege, der Rehabilitation und Vorbeugung zu verstehen sind.“[24] Die eigentliche Leistungserstellung stellt einen Faktorkombinationsprozess dar, bei dem die Einsatzfaktoren miteinander kombiniert werden.[25] Das sind hauptsächlich (medizin-)technische oder konzeptionelle Verfahren zur Behandlung der Pa-

---

[21] Vgl. auch fortfolgend Baukmann [Prüfung] 44 f.; Friedl/Serttas [Gestaltung] 603.
[22] Vgl. Eichhorn [Probleme] 122; Hentze/Kehres [Kosten] 13.
[23] Vgl. Frodl [Controlling] 13.
[24] Frodl [Logistik] 108; Vgl. hierzu auch Frodl [Gesundheitsbetriebslehre] 168.
[25] Vgl. folgend Frodl [Logistik] 103.

tienten. Zu den Einsatzfaktoren gehören des Weiteren auch medizinische Produkte, Arbeitskräfte und Betriebsmittel, die unter Umständen nur mittelbar der Leistungserstellung dienen.[26] Um das Hauptziel, die Verbesserung des Gesundheitszustandes des Patienten zu erreichen, muss das Krankenhaus daher die entsprechenden Kapazitäten zur Befriedigung der Nachfrage bereithalten.[27]

Faktor	Ausprägungen
Medizin	– medizinisch technologischer Fortschritt – neue Therapieverfahren – Qualitätsstandards
Demografie	– Veränderung der Alterspyramide – Zuwachs an multimorbiden Patienten – Zunahme altersassoziierter Erkrankungen – freie Krankenhauswahl der Versicherten
Legislative	– Duale Krankenhausfinanzierung – Versorgungsaufträge – staatliche Krankenhausplanung – Gesetze, Verordnungen, Vorschriften
Wettbewerb	– Überkapazitäten – steigender Wettbewerbsdruck – Privatisierungsbestreben

Tab. 3: Rahmenbedingungen der Krankenhaussteuerung[28]

Die strategische Planung der Krankenhäuser wird durch eine Vielzahl an **exogenen Faktoren** aus den Bereichen Legislative, medizinische Forschung, demografische Entwicklung und sonstiger ökonomischer Entwicklungen beeinflusst.[29] So spielt beispielsweise der Zuwachs an älteren und multimorbiden Patienten eine Rolle, für die die benötigte Behandlung komplexer wird. Dem gegenüber stehen neue medizinische Verfahren, die in den täglichen Arbeitsablauf integriert werden müssen. Die somit erforderliche Neuausrichtung der Behandlung wird jedoch insbesondere durch die rechtlichen Bedingungen beeinflusst. Diese geben Krankenhäusern beispielswei-

---

[26] Vgl. Frodl [Controlling] 13.
[27] Vgl. Breyer/Zweifel/Kifmann [Gesundheitsökonomik] 376.
[28] Vgl. Raible/Primke [Schwerpunkte] 71.
[29] Vgl. auch fortfolgend Raible/Primke [Schwerpunkte] 70.

se durch Versorgungsaufträge und die staatliche Krankenhausplanung einen Rahmen für die Realisierung der geforderten Leistung vor. Nicht zuletzt führt der steigende Wettbewerbsdruck, bedingt durch die Einführung des Fallpauschalensystems zur Vergütung von Krankenhausleistungen, zu einer Notwendigkeit der Neuausrichtung der Art und des Umfangs der Krankenhausleistung. Tab. 3 gibt beispielhaft eine Übersicht über weitere Ausprägungen der Einflussfaktoren der Krankenhausaktivität.

2.1.2 Sicherstellung der Leistungsfähigkeit der Krankenhäuser durch das duale Finanzierungssystem

Die Wirtschaftlichkeit der Krankenhäuser wird nach § 4 **Krankenhausfinanzierungsgesetz** sichergestellt, indem

- „ihre Investitionskosten im Wege öffentlicher Förderung übernommen werden und sie
- leistungsgerechte Erlöse aus den Pflegesätzen, die nach Maßgabe dieses Gesetzes auch Investitionskosten enthalten können, sowie Vergütungen für vor- und nachstationäre Behandlung und für ambulantes Operieren erhalten."

Damit werden Krankenhäuser über eine **duale Finanzierung** mit den nötigen Geldern ausgestattet, also eine Finanzierungsform, die aus zwei Quellen gespeist wird.[30] Hierbei werden die Investitionskosten von den Ländern aus Steuermitteln bezahlt, die laufenden Kosten dagegen aus Entgelten, die von den Krankenversicherungsträgern beziehungsweise von den Patienten gezahlt werden. Beispiele für Investitionskosten sind die zur Erstausstattung notwendigen Anlagegüter oder die Wiederbeschaffung von Anlagegütern mit einer durchschnittlichen Nutzungsdauer von mehr als drei Jahren.[31] § 1 Bundespflegesatzverordnung (BPflV) verpflichtet die Krankenkassen, die vollstationären und teilstationären Leistungen der Krankenhäuser oder Krankenhausabteilungen zu bezahlen. Regelungen über die Vergütung selbst werden in der BPflV festgehalten.

---

[30] Vgl. folgend Burchert [Lexikon] 69.

[31] Weitere Spezifizierungen zu Investitionskosten finden sich in § 2 Absatz 2 KHG. Art, Umfang und Berechtigte der Investitionspauschalen werden in §§ 8 und 9 KHG geregelt.

Im Rahmen der Planung und Aufstellung der **Investitionsprogramme** haben Krankenhäuser nach § 28 KHG eine Auskunftspflicht gegenüber den zuständigen Behörden. Hierzu gehören Angaben über „die personelle und sachliche Ausstattung sowie die Kosten der Krankenhäuser, die im Krankenhaus in Anspruch genommenen stationären und ambulanten Leistungen sowie allgemeine Angaben über die Patienten und ihre Erkrankungen." Somit rücken die Kosten der Leistungen der Kliniken bei Budget- und Pflegesatzverhandlungen in den Vordergrund.[32] Eine aussagekräftige interne Leistungsrechnung ermöglicht dabei sowohl eine fundierte Argumentation bei Verhandlungen mit den Krankenkassen als auch bei internen Verhandlungen über die Verteilung von Abteilungsbudgets. Somit ist es für jedes Krankenhaus notwendig zu wissen, welche Kosten für die einzelnen Behandlungen anfallen, um auf dieser Basis eine entsprechende Planung und Steuerung vornehmen zu können.[33]

Vor der Einführung des Fallpauschalensystems, auch Diagnosis Related Group System genannt, im Jahre 2003, orientierte sich die Bezahlung an der Aufenthaltsdauer des Patienten im Krankenhaus.[34] Die Bezahlung setzte sich dabei aus tagesgleichen Pflegesätzen, Fallpauschalen und Sonderentgelten zusammen.[35] Mit der Einführung des Fallpauschalensystems wurde ein neues einheitliches **Preissystem** für das gesamte Leistungsspektrum eines Krankenhauses eingeführt,[36] bei dem zunächst die Aufenthaltsdauer oder die behandelnde Abteilung keine Rolle spielen.[37] Kernidee dieses Systems ist die Zusammenfassung existierender Behandlungsarten zu homogenen Fallgruppen, den Diagnosis Related Groups (DRG).[38] Auf diese Weise sollte eine Transparenz über die Leistungsangebote von Krankenhäusern gewonnen und gleichzeitig die Basis einer einheitlichen Vergütung und damit ein pauschaliertes Honorierungssystem für den stationären Bereich geschaffen werden.

---

32 Vgl. folgend Bauer/Weber/Bach [Grundlagen] 40; Tuschen/Philippi [Entgeltsystem] 39 ff.
33 Vgl. Kinnebrock/Overhamm [Kodierung] 127.
34 Vgl. Braun [Ökonomisierung] 119; Frese et al. [Steuerungssysteme] 741; Larbig/Ackermann [Instrumente] 336.
35 Vgl. Wrabel/Seidel-Kwem [Preissystem] 48.
36 Vgl. Pfeuffer et al. [Controlling] 29.
37 Vgl. Schleppers [Entgeltsystem] 17.
38 Vgl. folgend Güssow/Greulich/Ott [Beurteilung] 180; Institut für das Entgeltsystem im Krankenhaus GmbH [Handbuch] 1 ff.; Schleppers [Entgeltsystem] 16.

Mittels der Fallpauschalen als Honorierungsform sollen alle für einen Behandlungsfall erbrachten Leistungen des Krankenhauses, wie beispielsweise für Personal und Sachmittel, mit einem **Pauschalbetrag** abgegolten werden.[39] Das Fallpauschalensystem ist damit ein pauschaliertes und leistungsorientiertes Entgeltsystem, mit dem die allgemeinen voll- und teilstationären Leistungen für einen Behandlungsfall vergütet werden.[40] Somit können die Preise für Krankenhausleistungen nicht von den einzelnen Krankenhäusern festgelegt werden, sondern unterliegen den weitgehend festen Vorgaben,[41] die jährlich vom Institut für das Entgeltsystem im Krankenhaus auf der Basis von Falldokumentationen kalkuliert werden.[42]

§ 6 KHEntG enthält weitere Regelungen über sonstige **Vergütungen**.[43] So können Zusatzentgelte lediglich erhoben werden für

- „Leistungen, die noch nicht mit den DRG-Fallpauschalen und Zusatzentgelten sachgerecht vergütet werden können,
- neue Untersuchungs- und Behandlungsmethoden,
- Leistungen, die aufgrund einer Spezialisierung nur von sehr wenigen Krankenhäusern in der Bundesrepublik Deutschland mit überregionalem Einzugsgebiet erbracht werden,
- komplexe Behandlungen, deren Behandlungskosten die Höhe der DRG-Vergütung einschließlich der Zusatzentgelte um mindestens 50 vom Hundert überschreiten."

Die erste Kategorie enthält **Zusatzentgelte** für die Differenzierung von Fallgruppen.[44] Sie spielen eine Rolle, wenn einer Fallgruppe verschiedene Blut- oder Medikamentendosen zugeordnet werden, und sind im Zusatzentgeltkatalog in der Anlage des DRG-Fallpauschalenkatalogs geregelt. Die zweite Gruppe enthält individuell zu verhandelnde Zusatzentgelte für selten vorkommende Behandlungen. Beispiel hierfür

---

39 Vgl. Burchert [Lexikon] 92.
40 Vgl. § 17 KHG.
41 Vgl. Baukmann [Prüfung] 26.
42 Vgl. Frodl [Controlling] 79.
43 Vgl. hierzu auch Neubauer/Ujlaky/Beivers [Finanzmanagement] 244.
44 Vgl. auch fortfolgend Neubauer/Ujlaky/Beivers [Finanzmanagement] 244.

sind Implantationen von Wachstumsstents oder Kunstherzen. Die dritte Kategorie enthält Entgelte für medizinisch technische Innovationen, deren Höhe mit den Krankenkassen zu verhandeln ist. Zu den sonstigen erlösrelevanten Leistungen gehören beispielsweise die Ausstellung von Gutachten, Beratungen und Schulungen, Publikationen oder auch Lehre.[45] Daneben können noch Erlöse für Wahlleistungen von Patienten, wie beispielsweise Einzelzimmer oder Fernseh- und Telefonleistungen, erwirtschaftet werden.

Damit wird die Erlösstruktur der deutschen Krankenhäuser hauptsächlich durch das Fallpauschalen-System bestimmt.[46] Um in diesem neuen Abrechnungssystem Verluste zu vermeiden beziehungsweise Überschüsse erwirtschaften zu können, ist es notwendig, die Kostenseite zu beeinflussen.[47]

2.1.3 Vorgabe des Leistungsprogramms durch den Krankenhauslandesplan

„Die Ausgestaltung des Leistungsprogramms umfasst die art- und mengenmäßige Festlegung der vom Gesundheitsbetrieb zu erstellenden Leistungen."[48] In Deutschland ist die Sicherstellung der **Krankenhausversorgung** eine öffentliche Aufgabe.[49] Damit entspricht die deutsche Krankenhausversorgung dem Modell staatlicher Angebotsplanung.[50] Das bedeutet, dass die notwendigen Kapazitäten nach einer vorausgehenden Bedarfsschätzung vom Staat geplant und in den Krankenhausplänen festgelegt werden. Ziel des Krankenhausplanes ist es, eine Krankenhausstruktur zu schaffen, die für eine bedarfsgerechte, leistungsfähige und wirtschaftliche Krankenhausversorgung der Bevölkerung notwendig ist.[51]

Laut §§ 6 und 7 KHG sind die Bundesländer zur Aufstellung der **Krankenhauspläne** und **Investitionsprogramme** verantwortlich.[52] Im Saarland ist beispielhaft das Ministerium für Justiz, Arbeit, Gesundheit und Soziales gemäß § 22 Absatz 1 Saarländi-

---

[45] Vgl. folgend Strehlau-Schwoll [Vergütung] 132.
[46] Vgl. Kinnebrock/Overhamm [Kodierung] 127.
[47] Vgl. Töpfer [Theorie] 436.
[48] Frodl [Logistik] 48.
[49] Vgl. § 3 Absatz 1 SKHG.
[50] Vgl. folgend Neubauer/Ujlaky/Beivers [Finanzmanagement] 235.
[51] Vgl. Roßbach/Marth/Zimolong [Gutachten] 6.
[52] Vgl. hierzu auch Geraedts [Einflussfaktoren] 98.

sches Krankenhausgesetz (SKHG) die zuständige Krankenhausplanungsbehörde.[53] Diese hat auf der Basis eines von einem Sachverständigen erstellten Gutachtens über die konkrete Versorgungssituation und den künftig zu erwartenden Versorgungsbedarf einen Krankenhausplan für das Saarland aufzustellen, der die für eine bedarfsgerechte, leistungsfähige und wirtschaftliche Krankenhausversorgung der Bevölkerung erforderlichen Krankenhäuser ausweist."[54] Bei der Erstellung des Landesplans werden die folgenden Faktoren in die Planung mit einbezogen:

- „Demografische Entwicklung,
- Morbiditätsentwicklung,[55]
- Einflüsse der medizinischen und medizintechnischen Entwicklung,
- Auswirkungen des DRG-Vergütungssystems,
- Leistungsbereiche der vor- und nachgelagerten Strukturen (ambulante Versorgungsstrukturen, Rehabilitationseinrichtungen, stationäre und ambulante Pflegedienste, integrierte Versorgungsmodelle und Medizinische Versorgungszentren),
- Inanspruchnahme der Krankenhäuser durch saarländische und auswärtige Patientinnen und Patienten,
- vergleichbare Versorgungsdichte im Bund und in den anderen Bundesländern,
- Expertenbefragungen." [56]

Im Rahmen der **Prognoserechnung** zur Festlegung des Krankenhauslandesplans wird die krankenhausplanerisch übliche Hill-Burton-Formel[57] angewendet, welche Faktoren wie Einwohnerzahl, Krankenhaushäufigkeit, Verweildauer und Nutzungsgrad zwecks Ermittlung der bedarfsnotwendigen Betten verknüpft. Nach Erstellung des Krankenhausplans erhalten die Plankrankenhäuser einen Feststellungsbescheid, der einen Versorgungsauftrag für Fachgebiete, die Großgeräteausstattung und den

---

[53] Entsprechend werden die Krankenhauslandespläne durch die jeweiligen Institutionen der Bundesländer erstellt.

[54] Saarland, Ministerium für Gesundheit und Verbraucherschutz [Landesplan] 3.

[55] Unter Morbidität „wird die Häufigkeit einer Krankheit in einer bestimmten Bevölkerungsgruppe verstanden." Burchert [Lexikon] 191.

[56] Saarland, Ministerium für Gesundheit und Verbraucherschutz [Landesplan] 16 f.

[57] Die aus den USA stammende Hill-Burton Formel wird trotz vorherrschender Kritik zur Ermittlung der Bettenanzahl herangezogen. Zur genauen Berechnung vgl. Fleßa [Grundzüge] 56.

Auftrag zur Teilnahme an der Not- und Unfallversorgung sowie die zu betreibende Bettenanzahl beinhaltet.[58] Um Kapazitäten jedoch optimal nutzen zu können, ist ein interdisziplinärer Bettenausgleich zwischen den einzelnen Fachabteilungen am jeweiligen Standort zugelassen.[59] Zudem können einzelnen Krankenhäusern, wenn deren Zustimmung vorliegt, besondere Aufgaben und Leistungen zugeordnet werden. Hierzu gehört beispielsweise die Behandlung von seltenen Erkrankungen und von Erkrankungen mit besonderen Krankheitsverläufen. Diese Zusatzangebote werden außerbudgetär direkt von den Krankenkassen vergütet.

Der Versorgungsauftrag ist langfristig angelegt; somit ist eine kurzfristige Optimierung des Leistungsangebots kaum möglich.[60] Langfristig können Leistungsmengensteigerungen oder Änderungen des Leistungsspektrums als zentrale Fragestellung der mittel- bis langfristigen Krankenhausentwicklung nur über den Verhandlungsweg erreicht werden.[61] Dennoch ist ein Wissen über die eigenen Stärken bei der Einschätzung der Leistungsfähigkeit unerlässlich. Dieses Wissen stärkt die eigene Position bei Verhandlungen über die zukünftige Ausgestaltung des Versorgungsauftrags. Hierzu muss jedoch zunächst eine **Transparenz über die Leistungen** geschaffen werden. So sind beispielsweise die Fokussierung auf deckungsbeitragsstarke Fälle, die Spezialisierung bei gleichzeitiger Aufrechterhaltung des Versorgungsauftrages im räumlichen Verbund sowie die vertikale Integration nur möglich, wenn dafür ausreichend Daten für die Entscheidungsfindung zur Verfügung stehen.[62] Somit treten Fragen über die Notwendigkeit von stationären Leistungen, Fragen über regionale Abstimmungen und die Optimierung von Leistungsprozessen in den Vordergrund.[63]

---

58 Vgl. Vetter [Grundlage] 39.

59 Vgl. auch fortfolgend Roßbach/Marth/Zimolong [Gutachten] 6; vgl. hierzu auch Gesetz zur Stärkung des Wettbewerbs in der gesetzlichen Krankenversicherung ab 01. April 2004 gemäß § 116b SGB V.

60 Vgl. Posluschny [Kostenmanagement] 20.

61 Vgl. Bauer/Weber/Bach [Grundlagen] 33; Tuschen/Philippi [Entgeltsystem] 42 f.

62 Vgl. Fleßa/Weber [Controlling] 358 f.

63 Vgl. Tuschen/Philippi [Entgeltsystem] 43.

2.2 Grundzüge von Behandlungsprozessen

2.2.1 Systematisierung von Behandlungsprozessen

2.2.1.1 Abgrenzung des Prozessbegriffs

HORVÁTH und MAYER definieren einen **Prozess** als „eine auf die Erbringung eines Leistungsoutputs gerichtete Kette von Aktivitäten."[64] Aktivitäten, auch Vorgänge oder Tätigkeiten genannt, stellen dabei die kleinsten Einheiten eines Prozesses dar, die einen Ressourcenverbrauch bewirken.[65] Im Krankenhaus umfasst ein Prozess alle Handlungen beziehungsweise Behandlungen an einem Patienten von dessen Aufnahme bis zu seiner Entlassung.[66] Einzelne, innerhalb dieses Aufenthalts durchgeführte Schritte können als **Teilprozesse** verstanden werden.[67] Sie werden nacheinander in einer zeitlichen Abfolge durchgeführt, wobei diese wiederum von logischen Abhängigkeiten bestimmt wird.[68] Die gesamte Dauer des Prozesses entspricht der Verweildauer des Patienten im Krankenhaus.[69] Teilprozesse lassen sich um Informationen, wie beispielsweise Untersuchungsergebnisse oder auch Dokumentationen über die Gabe von Medikamenten oder sonstige Medizinprodukte, ergänzen.[70] Prozesse sind oftmals abteilungs- und kompetenzübergreifend.[71]

Eine Unterscheidung der durchgeführten Prozesse erfolgt in Kern- und unterstützende Prozesse, auch Supportprozesse genannt.[72] **Kernprozesse** werden im Krankenhaus meist unter Beteiligung des Patienten erbracht und tragen direkt zur Wertschöpfung im Krankenhaus bei. Sie umfassen die Behandlung mit Diagnose und Therapie. Um Kernprozesse optimal durchführen zu können, müssen die notwendigen Arbeitsschritte in der geeigneten Qualität und Quantität erfolgen. Dies wird durch **Supportprozesse** sichergestellt.[73] Diese zusätzlichen unterstützenden Prozesse

---

64 Horváth/Mayer [Konzeption] 61; vgl. hierzu auch Becker [Prozesse] 8.
65 Vgl. Deimel/Isemann/Müller [Kostenrechnung] 332.
66 Vgl. Baukmann [Prüfung] 49; Burchert [Lexikon] 30; Kothe-Zimmermann [Prozessoptimierung] 69.
67 Vgl. Kothe-Zimmermann [Prozessoptimierung] 69; Kriegel/Jehle/Brandl [Potenziale] 1130.
68 Vgl. Greiling/Muszynski [Krankenhaus] 35.
69 Vgl. Greiling/Rudloff [Pfade] 25.
70 Vgl. Ertl-Wagner/Steinbrucker/Wagner [Zertifizierung] 94.
71 Vgl. Greiling/Mormann/Westerfeld [Pfade] 64.
72 Vgl. auch fortfolgend Eckardt [IBP] 20 ff; Ertl-Wagner/Steinbrucker/Wagner [Zertifizierung] 96; Gadatsch [Grundkurs II] 38 f; Osterloh/Frost [Prozessmanagement] 100; Töpfer [Theorie] 438.
73 Vgl. Gadatsch [Grundkurs II] 38 f; Osterloh/Frost [Prozessmanagement] 38.

tragen nur indirekt zur Wertschöpfung bei.[74] Beispiele hierfür sind Verwaltung, Personalplanung, Speisenzubereitung, Beschaffung der benötigten Ressourcen oder Qualitätsmanagement. Diese Prozesse sind zwar zur Realisierung des Hauptprozesses notwendig, werden jedoch nicht unmittelbar unter Beteiligung der Patienten erbracht. Sie stellen vielmehr die Rahmenbedingungen für die medizinischen und pflegerischen Leistungen sicher.[75] Tab. 4 gibt einen Überblick über Beispiele der beiden Prozesstypen. Zu diesen beiden grundlegenden Kategorien von Krankenhausprozessen (Kernprozesse und Supportprozesse) kommen vermehrt zusätzliche Prozesse, die individuelle, zahlungspflichtige Zusatzleistungen beinhalten.[76]

Art des Prozesses	Aufgabe, die mit dem Prozess erfüllt werden soll	Beispielprozesse
Kernprozess	Behandlung des Patienten	– Aufnahme – Diagnose – Therapie – Pflege – Entlassung
Supportprozess	Sicherstellung der Rahmenbedingungen	– Controlling – Qualitätsmanagement – Materialwirtschaft – Personalmanagement – Gebäudemanagement

Tab. 4: Kern- und Supportprozesse im Krankenhaus

Um die **Wirtschaftlichkeit** von Krankenhäusern zu sichern, ist eine optimale Gestaltung aller Prozesse und daraus folgend eine qualitativ hochwertige medizinische und pflegerische Versorgung unerlässlich.[77] Hierzu ist es notwendig, bestehende Prozesse auf ihre Qualitäts- und Ergebnisorientierung hin zu überprüfen sowie diese effizient und effektiv zu gestalten. Zentrale Prozessdeterminanten stellen dabei unter

---

74 Vgl. auch fortfolgend Baukmann [Prüfung] 47 f.; Bruhn/Georgi [Dienstleistungsmanagement] 332; Eckardt [IBP] 20 ff.; Ertl-Wagner/Steinbrucker/Wagner [Zertifizierung] 96; Löber [Fehler] 79; Multerer/Friedl/Serttas [Gestaltung] 603.

75 Vgl. Baukmann [Prüfung] 47 f.

76 Vgl. Löber [Fehler] 79.

77 Vgl. folgend Eckardt [IBP]12; Frodl [Controlling] 130; Greiling/Mormann/Westerfeld [Pfade] 84; Gurcke/Falke/Mildenberger [Organisation] 19.

anderem Zeit, Kosten und Qualität dar.[78] Prozesse, beziehungsweise ihre Teilprozesse mit ihren Aktivitäten, können dabei auf unterschiedlichen Ebenen verbessert werden.[79] Dies sind die Steuerung, die Planung sowie die Prozessgestaltung. Auf der Ebene der **Steuerung** soll eine gleichmäßige Leistung ohne Ausführungsfehler erreicht werden. Hierzu wird eine Standardisierung angestrebt. Die zweite Ebene betrachtet die **Prozessplanung**. Mit ihrer Hilfe soll der Ablauf der Behandlung gesichert werden.[80] Um dies zu erreichen, werden die unterschiedlichen Ressourcen nach Art, Menge ihrer Inanspruchnahme und Reihenfolge der Behandlungen eingeplant.[81] Dies entspricht einer kurzfristigen Planung. Bei der mittelfristigen Planung werden die grundsätzlichen erforderlichen Kapazitäten in einem vorgegebenen Planungshorizont bestimmt. Auf der letzten Ebene, die der **Prozessgestaltung**, werden bestehende Prozesse geändert, indem zum Beispiel neue Ressourcen eingebunden, oder neue Prozesse geschaffen werden. Sie bietet den größten Handlungsspielraum. Hierbei wird der Aufwand beispielsweise durch schlankere Arbeitsabläufe und durch die Vermeidung von Doppeluntersuchungen und Blindleistungen verringert. Auch das Zusammenfassen von Funktionen und die Parallelisierung von Teilprozessen können zu einer Verringerung der Durchlaufzeit und der Kosten beitragen.[82] Bei all diesen Betrachtungen stehen jedoch der Aspekt der Ethik und damit der Patient selbst sowie das Personal im Vordergrund; Wirtschaftlichkeitsbetrachtungen sind diesem Gesichtspunkt untergeordnet.[83] Die Ausrichtung aller wesentlichen Arbeitsabläufe an den Patientenanforderungen fördert zudem die Verbesserung der Wettbewerbsfähigkeit des Krankenhauses.[84]

2.2.1.2 Merkmale von Behandlungsprozessen

Primäres Ziel der Behandlung eines Patienten ist die positive Beeinflussung seines Gesundheitszustandes durch Heilung beziehungsweise Verbesserung seines Lei-

---

[78] Vgl. Greiling/Mormann/Westerfeld [Pfade] 64; Stöger [Prozessmanagement] 118.
[79] Vgl. auch fortfolgend Becker [Prozesse] 17 ff., 72.
[80] Vgl. Ziegenbein [Prozessmanagement] 164 f.
[81] Vgl. auch fortfolgend Becker [Prozesse] 17 ff.
[82] Vgl. Allweyer [Geschäftsprozessmanagement] 266.
[83] Vgl. Breyer et al. [Kostenfunktion] 11.
[84] Vgl. Gadatsch [Grundkurs II] 19.

dens oder Linderung von Schmerzen.[85] Die Behandlung stellt eine **Dienstleistung** dar und erfolgt oftmals interprofessionell und abteilungsübergreifend.[86] Dienstleistungen können als Prozesse verstanden werden, sie umfassen eine Vielzahl an Aktivitäten und erstrecken sich über einen gewissen Zeitraum. Besondere Merkmale von Dienstleistungen sind:[87]

- die Integration des externen Faktors,
- die Individualität der Leistung,
- die Immaterialität des Ergebnisses,
- die Leistungsfähigkeit des Anbieters,
- die Nichtlagerfähigkeit und
- das Uno-Actu-Prinzip.

Um die Behandlung eines Patienten durchführen zu können, ist, ausgenommen einer Fernbehandlung, dessen Anwesenheit unbedingt erforderlich. Die Notwendigkeit der Anwesenheit wird bei Dienstleistungen als die **Integration des externen Faktors** in den Leistungserstellungsprozess bezeichnet.[88] Krankenhäuser behandeln in diesem Rahmen Patienten mit unterschiedlichen und **individuellen Leiden**, die sich in Art, Schwere und Komplexität der Krankheit unterscheiden.[89] Auch spielen Alter, Geschlecht oder eventuelle Nebendiagnosen eine Rolle. Damit wird die Art und Ausprägung medizinischer und pflegerischer Tätigkeiten neben dem Krankheitsbild insbesondere auch durch die individuellen Bedürfnisse des Patienten bestimmt.[90] Aus diesem Grund hat die Patientenstruktur einen erheblichen Einfluss auf die zu erbringende Leistung, auf die Ressourceninanspruchnahme und damit auch auf die Kosten. Zudem unterliegt die leistungsspezifische Inanspruchnahme des Krankenhauses

---

85 Vgl. Breyer/Zweifel/Kifmann [Gesundheitsökonomik] 375; Eichhorn [Probleme] 123 f.

86 Vgl. Kahla-Witzsch [Praxiswissen] 69.

87 Vgl. auch fortfolgend Bruhn [Qualität] 21 ff.; Bruhn/Georgi [Dienstleistungsmanagement] 41 ff.; Burr/Stephan [Dienstleistungsmanagement] 19 f.; Corsten/Gössinger [Dienstleistungsmanagement] 21 ff.; Leimeister [Dienstleistungsengineering] 335.

88 Vgl. Bruhn/Georgi [Dienstleistungsmanagement] 43.

89 Vgl. folgend Breyer [Kostenfunktion] 30; Breyer/Zweifel/Kifmann [Gesundheitsökonomik 2] 380.

90 Vgl. folgend Baukmann [Prüfung] 55; Breyer/Zweifel/Kifmann [Gesundheitsökonomik] 380; Posluschny [Kostenmanagement] 20.

durch die Patienten zum Teil erheblichen Schwankungen.[91] Diese Einbeziehung des Patienten als Kunde und seiner individuellen Bedürfnisse machen eine Standardisierung der Leistungen und damit der Behandlungsabläufe schwierig.[92] Auch wird dadurch eine personenbezogene Beziehung zwischen Ärzten und Pflegepersonal einerseits und dem Patienten andererseits zur Durchführung der Behandlung vorausgesetzt.[93] Zudem ist die Behandlung des Patienten eine immaterielle Leistung.[94]

Dienstleistungen zeichnen sich im Gegensatz zu Sachleistungen dadurch aus, dass zu ihrer Erstellung die **Leistungsfähigkeit des Anbieters**, im Krankenhaus beispielsweise die Qualifikation des behandelnden Arztes, eine Rolle spielt.[95] Grundlage der Leistungsfähigkeit ist das Potenzial eines Unternehmens, die Dienstleistung zu erbringen.[96] Dies wird auch als Potenzialdimension von Dienstleistungen bezeichnet. Da Dienstleistungen **nicht lagerfähig** sind, fallen gemäß dem **Uno-Actu-Prinzip** das Erbringen und die Inanspruchnahme der Leistung in einer Einheit von Ort, Zeit und Handlung zusammen. Aus dieser Nichtlagerfähigkeit ergibt sich, dass der Kunde die Dienstleistung nur im Moment der Herstellung in Anspruch nehmen kann.[97] Das bedeutet speziell für Krankenhäuser, dass die primäre Behandlung, wie beispielsweise eine Operation, nur stattfinden kann, wenn sich der Patient in der Klinik befindet. Damit muss ein Krankenhaus jederzeit leistungsfähig sein.[98] Das heißt, dass die Voraussetzung für medizinische Dienstleistungen, das Vorhandensein medizinischen und pflegerischen Fachwissens, aber auch die Bereitstellung medizinisch-technischer Ausstattung, sichergestellt sein muss. Die Planbarkeit der zu erbringenden Leistungen ist dabei nicht immer einheitlich.[99] Während sich präventive Leistungen, wie beispielsweise Vorsorgeuntersuchungen weitestgehend planen lassen, können

---

91 Vgl. Tuschen/Philippi [Entgeltsystem] 42.
92 Vgl. Bruhn/Georgi [Dienstleistungsmanagement] 45; Haller [Dienstleistungsmanagement] 17.
93 Vgl. Breu [Prozessmanagement] 100 f.
94 Vgl. Haller [Dienstleistungsmanagement] 20.
95 Vgl. Bruhn/Georgi [Dienstleistungsmanagement] 41 ff.; Corsten/Gössinger [Dienstleistungsmanagement] 22.
96 Vgl. auch fortfolgend Fleßa [Grundzüge] 21.
97 Vgl. folgend Meffert/Bruhn [Marketing] 39.
98 Vgl. folgend Breu [Prozessmanagement] 98.
99 Vgl. folgend Frodl [Logistik] 108.

Maßnahmen im Rahmen der Akut-Versorgung, was ihren Zeitpunkt der Inanspruchnahme angeht, einen nur sehr geringen Planbarkeitsgrad aufweisen.

Zusammenfassend lässt sich der Leistungsprozess im Krankenhaus wegen seiner Vielschichtigkeit und **Heterogenität** als hochgradig komplex einstufen.[100] Zusätzlich umfasst die vielschichtige Behandlung des Patienten nicht nur eine einzelne Leistung, sondern setzt sich aus einem Leistungsbündel, bestehend aus diagnostischen, therapeutischen und pflegerischen Leistungen, zusammen, das nur in seiner Gesamtheit zum Behandlungserfolg führen kann.[101] Die komplexen Behandlungsabläufe machen ein Schnittstellenmanagement notwendig. Oftmals sind die an der Behandlung des Patienten beteiligten Abteilungen räumlich getrennt, was den Informationsaustausch erschwert.[102] So wird die Kommunikation nicht nur durch häufig anzutreffende Insellösungen im Softwarebereich, sondern auch durch ein ausgeprägtes Bereichs- und Abteilungsdenken gestört.[103] Die Dreiteilung in pflegerische, medizinische und verwaltungstechnische Einheiten verstärkt das Schnittstellenproblem im Krankenhaus zusätzlich.[104] Zudem steigt die Anzahl an Unsicherheiten der Prozessabläufe mit der Zahl der durch die Organisationsstruktur bedingten Schnittstellen.[105] Je komplexer die Schnittstellen sind, desto geringer ist auch die Kostentransparenz.

2.2.1.3 Beispielhafte Darstellung des Behandlungsprozesses der laparoskopischen Cholezystektomie

Unter einer **laparoskopischen Cholezystektomie** wird die endoskopische Totalentfernung der Gallenblase im Rahmen der minimal-invasiven Chirurgie verstanden.[106] Dabei werden durch die Durchführung einer Bauchspiegelung im Gegensatz zur konventionellen Operation nur Hautschnitte von wenigen Millimetern benötigt.[107] Die

---

[100] Vgl. Bretschneider/Bohnet-Joschko [Communities] 31.
[101] Vgl. Baukmann [Prüfung] 72 f.
[102] Vgl. Bretschneider/Bohnet-Joschko [Communities] 42.
[103] Vgl. Schmidt [Prozessoptimierung] 9.
[104] Vgl. Töpfer [Theorie] 437.
[105] Vgl. folgend Posluschny [Kostenmanagement] 114.
[106] Vgl. Schumpelick/Kasperk/Stumpf [Operationsatlas] 212. Die Informationen über den Behandlungsablauf wurden im Rahmen eines Praktikums von Frau Sandra Neu an dem Universitätsklinikum des Saarlandes aufgezeichnet. Vgl. Neu [Prozesskostenrechnung] 36 ff.
[107] Vgl. Schmidt [Prozessoptimierung] 267.

laparoskopischen Cholezystektomie umfasst fünf **Teilprozesse**: vorstationäre Ambulanz, vorstationärer Operations-Tag, Aufnahmetag als Operations-Tag sowie Post Operations-Tag eins und zwei. Der erste Anlaufpunkt für den Patienten ist die Ambulanz, wo zunächst Voruntersuchungen und die Datenaufnahme durchgeführt werden. Am vorstationären Operations-Tag werden die Daten des Patienten vervollständigt und es erfolgen die Aufklärungsgespräche. Am Tag seiner Operation wird der Patient auf der Normalstation aufgenommen und betreut. Noch am gleichen Tag erfolgt die Operation im Operations-Bereich. Nach erfolgter Operation wird der Patient erneut auf die Normalstation gebracht. Hier verbleibt der Patient, bis im Normalfall am 2. Post-Operations-Tag die Entlassung erfolgt. Zusätzlich werden Leistungen für Supportprozesse aus den Abteilungen zentrale medizinische Dienste für Labor und Pathologie, Zentralsterilisation, Bettenzentrale, Reinigungsservice, Wäscherei, Instandhaltung und Küche in Anspruch genommen.

Teilprozess	Aktivitäten	Kategorie der beteiligten Ressource
1. Post-Operations-Tag	– Blutentnahme – Visite – Laborkontrolle – Wundinspektion	Arzt
	– Vitalzeichen- und Verbandskontrolle – Mobilisierung des Patienten – Getränke und Essen bereitstellen – Atemübung und Einreiben – Bett herrichten – Laborkontrolle vorbereiten und anfordern – Verweilkanüle entfernen – Vorbereiten und Gabe der Medikation – Begleitung der Ärzte bei der Visite – Übergabe an nächste Schicht	Pflege
	– Hilfe beim Gehen	Physiotherapeut

Tab. 5: Erster Post-Operations-Tag der „laparoskopischen Cholezystektomie“[108]

[108] Vgl. Neu [Prozesskostenrechnung] 36 ff.

Tab. 5 zeigt die Vielzahl an Aktivitäten, die für die Erfüllung notwendig sind, am Beispiel des Teilprozess **„1. Post-Operations-Tag"**. Die Durchführung der Aktivitäten fällt in das Aufgabengebiet verschiedener Personen. Zur Übersichtlichkeit wurden die beteiligten Personen Berufskategorien zugeordnet. So wird die Kategorie Arzt sowohl durch Anästhesieärzte als auch durch Chirurgen besetzt. Diese können wiederum zum Beispiel als Assistenz- oder Chefärzte tätig sein. Auch beim Pflegepersonal ist eine Unterteilung möglich. Die Aktivitäten werden teilweise wiederholt und können parallel verlaufen. Ein vollständiger Überblick über alle Teilprozesse befindet sich im Anhang Tab. 66 bis Tab. 69.

2.2.2 Kategorisierung von Behandlungsprozessen durch das Fallpauschalensystem

Diagnosebezogene Fallgruppen, auch Fallpauschalen beziehungsweise **Diagnosis Related Groups (DRGs)** genannt, bilden ein Klassifikationssystem zur Eingruppierung von Krankenhauspatienten entsprechend ihrer Diagnosen und ihrer Inanspruchnahme von Krankenhausressourcen.[109] Die vierstellige Notation der DRGs wird im Definitionshandbuch des Instituts für das Entgeltsystem im Krankenhaus festgelegt.[110] Das erste Zeichen kennzeichnet die Zuordnung der Fallpauschale zur Hauptdiagnosegruppe, auch als Major Diagnostic Category (MDC) bezeichnet.[111] Das zweite und dritte Zeichen der Fallpauschale gibt die **Partition** an. Hierbei werden drei Ausprägungen unterschieden: operative Prozedur, andere Partition mit einer nicht operativen, dafür für die Hauptdiagnosegruppe wesentlichen Prozedur sowie medizinische Partitionen, welche nicht für die Hauptdiagnosegruppe wesentlich sind.[112] Das vierte Zeichen der Fallpauschale gibt den **Ressourcenverbrauch** an.[113] Der Ressourcenverbrauch wird anhand unterschiedlicher Faktoren wie Diagnosen, Prozeduren, Entlassungsgrund, Alter und/oder patientenbezogenem Gesamtschweregrad der Behandlung untergliedert. Diese Untergliederung ist zur Darstellung mög-

---

[109] Vgl. Burchert [Lexikon] 64.
[110] Vgl. Institut für das Entgeltsystem im Krankenhaus GmbH [Handbuch] 1.
[111] Vgl. folgend Institut für das Entgeltsystem im Krankenhaus GmbH [Handbuch] 4 ff.
[112] Vgl. Busse/Schreyögg/Stargardt [Leistungsmanagement] 58.
[113] Vgl. auch fortfolgend Busse/Schreyögg/Stargardt [Leistungsmanagement] 60; Institut für das Entgeltsystem im Krankenhaus GmbH [Handbuch] 4 f.

licher Komplikationen oder Komorbiditäten nötig. Diese haben einen wesentlichen Einfluss auf die Behandlung des Patienten und damit auch auf die Kosten der Behandlung. Zur Darstellung des Ressourcenverbrauchs kann ein Wert aus dem Wertebereich von A–Z ausgewählt werden, wobei zum Beispiel A für den höchsten Ressourcenverbrauch und Z für keine mögliche Einteilung steht. Tab. 6 zeigt beispielhaft den Aufbau der Fallpauschale H07A. Diese Fallpauschale steht für Krankheiten und Störungen des hepatobiliären Systems – das heißt der Leber und der Galle – und Pankreas[114], im Rahmen einer operativen Partition mit dem höchsten Ressourcenverbrauch.[115]

Zeichen der Fallpauschale	Bedeutung des Zeichens	Mögliche Ausprägungen des Zeichens	Beispiel
Erstes Zeichen	Kennzeichnung der Hauptgruppe	Buchstaben A bis Z	H
Zweites und drittes Zeichen	Kennzeichnung der Partition	– 01–39 operative Partition (O): mindestens eine operative Prozedur – 40–59 andere Partition (A): keine operative, aber eine für die MDC wesentliche Prozedur – 60–99 medizinische Partition (M): keine oder keine für die MDC wesentliche Prozedur	07
Viertes Zeichen	Schweregradeinteilung der Basis-Fallpauschale	– A höchster Ressourcenverbrauch – B zweithöchster Ressourcenverbrauch – C dritthöchster Ressourcenverbrauch usw.	A

Tab. 6: Kennzeichnung der Fallpauschale [116]

Die Fallpauschalen dienen der Bestimmung der **Erlöse** zur Vergütung der durchgeführten Handlungen. Nach SCHWEITZER und KÜPPER lässt sich der Erlös allgemein „als bewertete, sachzielbezogene Güterentstehung einer Abrechnungsperiode defi-

[114] Medizinisches Synonym für Bauchspeicheldrüse.
[115] Vgl. Busse/Schreyögg/Stargardt [Leistungsmanagement] 58.
[116] Vgl. Busse/Schreyögg/Stargardt [Leistungsmanagement] 60.

nieren"[117]. Im Krankenhaus werden Erlöse durch die Abrechnung der erbrachten Leistungen erzielt. Die einzelnen Diagnosen werden hierzu mithilfe des Groupers, der ein elektronisches Datenverarbeitungs-Tool darstellt, den einzelnen Fallpauschalen zugeordnet.[118] Neben den Diagnosen werden zusätzlich Informationen über geleistete Prozeduren, Geschlecht, Alter, Aufnahmeanlass, Aufnahmegrund, Entlassungsgrund, Verweildauer, Urlaubstage, Aufnahmegewicht, Belegungstage sowie Dauer der maschinellen Beatmung bei der Bestimmung der Erlöse mit berücksichtigt.[119]

Das eigentliche Vorgehen der **Abrechnung** der erfassten Fallpauschalen wird in der Vereinbarung zum Fallpauschalensystem für Krankenhäuser (KFPV) geregelt.[120] Sie bildet die Grundlage für die Vergütung der Fallpauschalen und beinhaltet die jährlich überarbeiteten Verordnungen zum Fallpauschalensystem für Krankenhäuser. Für die Berechnung des Erlöses einer Fallpauschale spielt, wie im Folgenden aufgelistet, eine Vielzahl an Faktoren eine Rolle:[121]

- Höhe des Basisfallwerts,
- Relativgewicht,
- mittlere Verweildauer,
- untere und obere Grenzverweildauer,
- Abschläge pro Tag bei Kurzliegern,
- Zuschläge pro Tag bei Langliegern,
- Abschläge pro Tag bei Verlegungen vor dem Erreichen der mittleren Verweildauer,
- Kennzeichen zur Ausnahme von der Wiederaufnahmeregelung und Verlegungspauschale,
- MDC-Partition.

[117] Schweitzer/Küpper [Systeme] 21.
[118] Vgl. Hammerich [Pflegediagnosen] 46.
[119] Vgl. Institut für das Entgeltsystem im Krankenhaus GmbH [Handbuch] 6.
[120] Vgl. folgend Wrabel/Seidel-Kwem [Preissystem] 58.
[121] Vgl. auch fortfolgend Hammerich [Pflegediagnosen] 42.

Grundlage der Berechnungen des Preises für die Krankenhausbehandlung ist der **Basisfallwert**, der oftmals auch Basisfallpreis, Baserate oder Basisfallrate genannt wird.[122] Zu Beginn der Einführung des Fallpauschalensystems wurde ein krankenhausindividueller Basisfallwert eingeführt, der im Laufe der Zeit an einen einheitlichen Wert angeglichen werden sollte.[123] Seit dem 1. Januar 2010 erfolgte endgültig eine Angleichung der individuellen Basisfallwerte an den jeweiligen Landesbasisfallwert.[124] In einem nächsten Schritt sollen diese Landesbasisfallwerte zu einem bundesweit geltenden Durchschnittswert zusammengeführt werden. **Relativgewichte**, auch Kostengewicht, Cost Weight oder Bewertungsrelation genannt, geben den Aufwand einer Fallpauschale im Vergleich mit einen Referenzwert an.[125] Sie bilden „ein Maß für den ökonomischen Schweregrad eines medizinischen Falles und verdeutlichen, um welchen Faktor eine Fallpauschale teurer oder billiger ist als die mittleren Fallkosten.“[126] Durch die Multiplikation der Bewertungsrelation mit dem Basisfallwert wird der Wert einer Leistung ermittelt.[127] Zudem sind bei der Berechnung Zu- und Abschläge zum Beispiel für die Über- beziehungsweise Unterschreitung der Verweildauer zu berücksichtigen.[128]

Durch die Einführung des Fallpauschalensystems können Krankenhäuser ihr Budget lediglich durch eine Erhöhung der Fallzahlen, beispielsweise durch Werbung, Steigerung ihrer Attraktivität oder durch **Spezialisierung** und **Veränderung der Leistungsstrukturen** erreichen.[129] Damit rücken die Prozesse in den Fokus der Krankenhaussteuerung.[130] Hierbei spielen deren Qualität, Dauer und Kosten eine entscheidende Rolle. Darüber hinaus müssen die Schnittstellen zwischen einzelnen (Teil-) Prozessen sowie die benötigten Ressourcen untersucht werden.

---

[122] Vgl. Burchert [Lexikon] 29.
[123] Vgl. Hammerich [Pflegediagnosen] 45.
[124] Vgl. folgend Simon [Deutschland] 427.
[125] Vgl. Burchert [Lexikon] 29.
[126] Burchert [Lexikon] 164.
[127] Vgl. Burchert [Lexikon] 29; Pfeuffer et al. [Controlling] 29; Wrabel/Seidel-Kwem [Preissystem] 58.
[128] Vergleiche zur Berechnung der Erlöse ausführlich Braun [Ökonomisierung] 120; Fleßa/Weber [Controlling] 361; Rogge [Steuerung] 114; Wrabel/Seidel-Kwem [Preissystem] 60.
[129] Vgl. Zeuner [Controlling] 58.
[130] Vgl. auch fortfolgend Greiling/Mormann/Westerfeld [Pfade] 53.

2.3 Klinische Behandlungspfade zur Abbildung von Behandlungsprozessen als Basis der Modellierung von Fehlern

2.3.1 Merkmale klinischer Behandlungspfade

Zur Steuerung von Abläufen in Unternehmen ist es notwendig, diese zu analysieren und zu strukturieren.[131] Durch die Einführung des Fallpauschalensystems wurden auch Krankenhäuser dazu gezwungen, ihre Abläufe näher zu betrachten und die finanziellen Ressourcen optimal zu nutzen.[132] Dabei bildet die Analyse der Behandlung die Basis für einen ökonomischen Umgang mit Ressourcen.[133] Als geeignetes Hilfsmittel lassen sich in diesem Zusammenhang **klinische Behandlungspfade** nennen.[134] In der Literatur werden oftmals die Begriffe Clinical Pathway, Patient Management Path, Patientenpfad, Behandlungsmuster, Behandlungsplan, Case Map und Versorgungspfad synonym verwendet.[135]

Klinische Behandlungspfade bilden den Behandlungsprozess von Patienten nach medizinischen Gesichtspunkten ab.[136] Sie enthalten umfassende evidenz- und praxisorientierte **Arbeitsanweisungen** zu einem bestimmten Krankheitsbild und überschreiten dabei die Grenzen von Berufsgruppen und Institutionen.[137] Sie beschreiben den detaillierten Ablauf und wer was zu welchem Zeitpunkt bei einem bestimmten Krankheitsbild oder einem operativen Eingriff zu tun hat.[138] Die medizinischen Abläufe der Behandlungspfade werden durch eine Kette von Aktivitäten in einer definierten Abfolge beschrieben. Zu den Elementen eines Behandlungspfades gehört neben der Diagnostik, den Operationen und den Maßnahmen der Intensivmedizin auch die Therapie.[139] Weitere Elemente klinischer Behandlungspfade sind beispielsweise die zur Diagnostik notwendigen Untersuchungen, die benötigten Medikamente, die La-

---

131 Vgl. Stöger [Prozessmanagement] 4.
132 Vgl. Pfeuffer et al. [Controlling] 35; Stielfelhagen [Behandlungspfade] 93.
133 Vgl. Oberender [Pathways] 10; Roeder/Hensen [Konsequenzen] 11.
134 Vgl. Pfeuffer et al. [Controlling] 35; Roeder/Hensen [Konsequenzen] 11; Stielfelhagen [Behandlungspfade] 93.
135 Vgl. Burchert [Lexikon] 155.
136 Vgl. Börchers/Neumann/Wasem [Behandlungspfade] 162; Kahla-Witzsch [Praxiswissen] 73.
137 Vgl. Breu [Prozessmanagement] 172; Busse/Schreyögg/Stargardt [Leistungsmanagement] 19; Frodl [Logistik] 46 f.; Küttner/Roeder [Definition] 23; Pfeuffer et al. [Controlling] 35; Raetzell/Bauer [Behandlungspfade] 188; Schwenk/Spies/Müller [Prinzipien] 5.
138 Vgl. Kahla-Witzsch [Erfolg] 24; Roder/Hensen [Konsequenzen] 11.
139 Vgl. Lohfert/Kalmár [Erfahrungen] 679.

boruntersuchungen, die durchzuführenden Aufklärungsgespräche, die Erstellung des Arztbriefes sowie die Informationen über die Ernährung des Patienten während seines Aufenthaltes im Krankenhaus.[140] Damit umfassen Klinische Behandlungspfade sowohl Leistungsvereinbarungen als auch Arbeitsanweisungen und schaffen ein einheitliches Prozessverständnis aller beteiligten Personen.[141] Sie helfen die Ursachen von verlängerten Krankenhausaufenthalten aufzudecken und bilden die Grundlage für Ergebnisdokumentation und Kostentransparenz.[142]

Behandlungspfade eignen sich insbesondere für Behandlungen mit einem hohen Standardisierungsgrad, wie beispielsweise Routineeingriffe oder planbare Operationen.[143] Die **Individualität** des Patienten hat jedoch Einfluss auf den konkreten Ablauf der Behandlung, wodurch es zu unterschiedlichen Dauern der Teilprozesse kommen kann, was wiederum zu Schwierigkeiten bei der Prognose über die Dauer der Behandlung führen kann.[144] Die Berücksichtigung der Individualität des Patienten führt zu einer Variantenvielfalt, so dass der Behandlungspfad als **Korridor** angesehen werden muss.[145] Um auf die Bedürfnisse der Patienten reagieren zu können, sind klinische Behandlungspfade als Algorithmen mit „Wenn-Dann-Regeln" konzipiert.[146] Die Algorithmen stellen somit ein Ablaufschema mit Bedingungen und Arbeitsschritten dar.

2.3.2 Nutzen klinischer Behandlungspfade

Klinische Behandlungspfade dienen der **Dokumentation** der durchgeführten Behandlungsschritte einschließlich der durchführenden Personengruppen, wie beispielsweise der Pflege oder des ärztlichen Dienstes, die daran beteiligt sind.[147] Diese Dokumentation bildet den ersten grundlegenden Schritt einer Analyse und der da-

---

140 Vgl. Thiel et al. [Klinik] 1415.
141 Vgl. Haller [Dienstleistungsmanagement] 185.
142 Vgl. Führing/Gausmann [Risikomanagement] 71.
143 Vgl. Bretschneider/Bohnet-Joschko [Communities] 40.
144 Vgl. Schlüchtermann/Sibbel/Prill [Prozesssteuerungsinstrument] 52.
145 Vgl. Breu [Prozessmanagement] 168; Busse/Schreyögg/Stargardt [Leistungsmanagement] 19; Frodl [Logistik] 46 f.; Rieben/Müller [mipp] 77.
146 Vgl. folgend Siebert [Entscheidungen] 4.
147 Vgl. Küttner/Roeder [Definition] 23.

rauffolgenden Optimierungen der Behandlungsabläufe.[148] Von besonderer Bedeutung ist eine lückenlose Dokumentation bei Gerichtsprozessen und bei Untersuchungen durch den Medizinischen Dienst der Krankenkassen.[149] Bei der Untersuchung der Fälle durch den medizinischen Dienst der Krankenkassen hinsichtlich der Notwendigkeit einer stationären Behandlung kann es zu einer Post-hoc-Aberkennung von Behandlungstagen kommen.[150] Wird dadurch die untere Grenzverweildauer unterschritten, kommt es zu finanziellen Abschlägen für das Krankenhaus. Daher ist ein besonderes Augenmerk auf die Dokumentation der durchgeführten Leistungen sowie auf die Vollständigkeit der Patientenakten zu richten.[151] Zudem bildet die Kodierung der erbrachten medizinischen und pflegerischen Leistungen die Voraussetzung für die Fakturierung durch die Verwaltung.[152] Sie ist der Arbeitsvorgang, in welchem die Aufnahmediagnose eines Patienten in eine entsprechende Abrechnungsziffer übersetzt wird.[153]

Im Krankenhaus erfordern stark vernetzte Prozessabläufe eine abteilungsübergreifende und zeitliche **Koordination** sowie einen ständigen **Informationsaustausch**.[154] In der Praxis jedoch liegen oftmals Informationsbrüche zwischen einzelnen Abteilungen vor, was auf eine unzureichende Vernetzung von Abteilungen und einem daraus resultierenden mangelhaften Prozessablauf beruht.[155] Durch diese mangelnde Koordination erfolgen die Handlungen zwar jeweils im Rahmen der Kompetenzen der einzelnen Abteilungen, eine Ausrichtung im Hinblick auf spätere Behandlungsschritte wird jedoch weitestgehend vernachlässigt. Auch die effiziente und zeitnahe Bereitstellung von Ressourcen wird aus diesem Grund erschwert. Gerade jedoch in Abteilungen, wie zum Beispiel der Intensivstation, in denen mehrere Berufsgruppen an der Behandlung beteiligt sind, können Fehler beim Informationsaus-

[148] Vgl. Kuss/Hanß/Bauer [Kennzahlen] 93 f.
[149] Vgl. Braun et al. [Aspekte] 98; Paula [Patientensicherheit] 146.
[150] Vgl. folgend Braun et al. [Aspekte] 98.
[151] Vgl. Hammerich [Pflegediagnosen] 64.
[152] Vgl. Hubert [Controlling] 208.
[153] Vgl. Burchert [Lexikon] 55.
[154] Vgl. Bretschneider/Bohnet-Joschko [Communities] 33; Schlüchtermann/Sibbel/Prill [Prozesssteuerungsinstrument] 52.
[155] Vgl. auch fortfolgend Lux/Raphael [Informationssysteme] 71.

tausch gravierende Folgen für die Patienten haben.[156] Mögliche Folgen schlechter Koordination und mangelhafter Absprachen können Doppelleistungen, Leerlaufzeiten und Engpässe bei Ressourcen, zum Beispiel Betten oder Geräten, sein, was zu ineffizienten Patienten- und Versorgungswegen führt.[157] Durch die verbesserte Zusammenarbeit in Folge des Einsatzes klinischer Behandlungspfade können die Kräfte einzelner Abteilungen auf ein gemeinsames Ziel hin gebündelt und Reibungspunkte weitestgehend vermieden werden.[158] Hierfür werden bei der Entwicklung der Behandlungspfade Zuständigkeiten definiert und Absprachen zwischen Abteilungen getroffen, um die Fachabteilungen besser zu verzahnen und Überschneidungen zu vermeiden.[159] Damit erlauben klinische Behandlungspfade eine systematische Ausschöpfung von Effektivität und Effizienzpotenzialen über alle Stufen der Behandlung hinweg.[160] Nicht zuletzt fördern klinische Behandlungspfade die Zufriedenheit der Patienten.

Klinische Behandlungspfade können des Weiteren als Instrumente der Standardisierung medizinischer Prozessabläufe eingesetzt werden.[161] Durch eine Standardisierung der Behandlungsabläufe wird versucht, „Beiträge zur Qualitätsverbesserung von Behandlungen, Erhöhung der Patientensicherheit und zur Verringerung von Über- und Unterversorgung im Gesundheitssystem zu leisten.“[162] Somit sollen klinische Behandlungspfade durch die Definition der zu erreichenden Teil- und Gesamtbehandlungsergebnisse die Grundlage eines konstanten **Qualitätsniveaus** gewährleisten.[163] Mit der Festlegung von Qualitätsstandards können Behandlungsfehler vermieden und Risiken reduziert werden, was einerseits zu einer höheren Pa-

---

[156] Vgl. Führing/Gausmann [Risikomanagement] 28; Paula [Patientensicherheit] 20.

[157] Vgl. Bretschneider/Bohnet-Joschko [Communities] 33.

[158] Vgl. Braun et al. [Aspekte] 90 ff.; Eckardt [IBP] 36 f.; Frodl [Logistik] 121; Kahla-Witzsch [Erfolg] 24; Lelgemann/Ollenschläger [Leitlinien] 694; Oberender [Pathways] 10 f.; Roeder/Hensen [Konsequenzen] 10 f.; Salfeld/Hehner/Wichels [Krankenhaus] 52; Schlüchtermann/Sibbel/Prill [Prozesssteuerungsinstrument] 53; Vera/Kuntz [Organisation] 177 f.

[159] Vgl. Kahla-Witzsch [Erfolg] 24; Roeder/Küttner [Behandlungspfade] 686; Schuller [Ablauforganisation] 6; Thiel et al. [Klinik] 1423.

[160] Vgl. Salfeld/Hehner/Wichels [Krankenhaus] 47.

[161] Vgl. Pfeuffer et al. [Controlling] 35; Roeder/Hensen [Konsequenzen] 11; Stielfelhagen [Behandlungspfade] 93.

[162] Frodl [Logistik] 44.

[163] Vgl. Kahla-Witzsch [Erfolg] 24; Roeder/Hensen [Konsequenzen] 12; Roeder/Küttner [Behandlungspfade] 686; Salfeld/Hehner/Wichels [Krankenhaus] 11.

tientensicherheit und andererseits zu einer Reduzierung von Kosten durch die Senkung von Haftpflichtansprüchen führt.[164] LOHFERT und KALMÁR sprechen von einem Kostensenkungspotenzial durch die Einführung klinischer Pfade in Höhe von 10–20 Prozent.[165]

Durch die Konzentration auf evidenzbasierte Prinzipien helfen klinische Behandlungspfade die zugrundeliegenden Prozesse zu reduzieren und damit Kosten zu sparen.[166] Des Weiteren bieten sie die Möglichkeit, die Kosten exakt und verursachungsgerecht zuzuordnen, und stellen dabei zudem das zu kalkulierende **Kostenobjekt** dar.[167] Die Teilprozesse klinischer Behandlungspfade bieten dabei den Vorteil, dass sie sich um ressourcen- und zeitbezogene Informationen ergänzen lassen.[168] Auch ist es möglich, die Art und den Verbrauch der benötigten personellen, räumlichen oder sachorientierten Ressourcen, welche die Pfadkosten auslösen, zu dokumentieren.[169] Oftmals ist es allerdings durch die Individualität des Patienten notwendig, die Pfade unter Berücksichtigung der Erfordernisse des Patienten anzupassen,[170] wodurch die Prozessabläufe dieser Prozesse eine hohe Heterogenität und Varietät aufweisen.[171] Daher muss bei der Betrachtung der Kosten darauf geachtet werden, dass der Ressourceneinsatz für jeden Patienten nach Art und Umfang seiner Behandlung unterschiedlich sein kann.[172]

Nachteil der Einführung klinischer Pfade ist der Aufwand ihrer Erstellung.[173] Außerdem sind zu Beginn Qualifizierungsmaßnahmen notwendig, die ebenfalls Zeit und Geld kosten. Darüber hinaus sind bei der Einführung auch weiche Faktoren, wie beispielsweise die Bereitschaft der Mitarbeiter zu Veränderungen am Arbeitsablauf und die Übersichtlichkeit der Behandlungspfade zu beachteten. So ist es zur Akzeptanz

---

[164] Vgl. Roeder/Hensen [Konsequenzen] 12; Roeder/Küttner [Behandlungspfade] 684.
[165] Vgl. Lohfert/Kalmár [Erfahrungen] 682.
[166] Vgl. Braun et al. [Aspekte] 90; Vera/Kuntz [Organisation] 177 f.
[167] Vgl. Czech/Güssow [Plankostenrechnung] 175; Vera [Entwicklungen] 142.
[168] Vgl. Schlüchtermann/Sibbel/Prill [Prozesssteuerungsinstrument] 44, 54.
[169] Vgl. Lohfert/Kalmár [Erfahrungen] 679; Roeder/Hensen [Konsequenzen] 11.
[170] Vgl. Schwenk/Spies/Müller [Prinzipien] 1.
[171] Vgl. Breu [Prozessmanagement] 132.
[172] Vgl. Schlüchtermann/Sibbel/Prill [Prozesssteuerungsinstrument] 46.
[173] Vgl. auch fortfolgend Kahla-Witzsch [Erfolg] 25.

des Pfades wichtig, dass die Entwicklung in einem interdisziplinären Team erfolgt, in dem alle an der Behandlung involvierten Berufsgruppen beteiligt sind.[174]

2.3.3 Prozessmodelle zur Beschreibung der Ablaufstruktur klinischer Behandlungspfade

2.3.3.1 Grundzüge von Prozessmodellen

Prozessmodelle dienen der Darstellung von Prozessen.[175] Dabei werden neben den abteilungsübergreifenden Beziehungen alle einzelnen Teilprozesse, Schritte und Aktivitäten mit ihren Verantwortlichen, den benötigten Ressourcen und deren Dauer dargestellt. Die Darstellung der Prozesse erfolgt grafisch; Aktivitäten und Tätigkeiten werden dabei in ihrer zeitlichen und logischen Reihenfolge mit vordefinierten Symbolen dargestellt.[176] Damit wird eine Transparenz durch klare Definition der Aufgaben und Verantwortlichkeiten geschaffen und die Dokumentation kann die Einarbeitung neuer Mitarbeiter erleichtern.[177] Zudem können Prozessmodelle um weitere Informationen, wie beispielsweise die Wahrscheinlichkeiten der Teilprozesse, ergänzt werden.[178] Diese grundlegende Darstellung der Prozesse in Prozessmodellen bildet nicht zuletzt die Basis einer Prozessanalyse.[179] Hierbei werden die Prozesse auf ihre Effizienz hin überprüft und es wird untersucht, an welcher Stelle im Prozessablauf Engpässe, Redundanzen sowie Schnittstellen- oder Kommunikationsprobleme auftauchen. Auch ist es somit möglich, eine rechnergestützte Prozessanalyse durchzuführen, beispielsweise die Bestimmung von Prozesskosten oder Durchlaufzeiten.[180] Nachteil der Verwendung von Prozessmodellen ist ihr Erstellungsaufwand.[181] Zudem ist zur Erfassung der komplexen medizinischen Leistungen und zur Analyse und Optimierung der Prozesse der Einsatz rechnergestützter Geschäftsmodellierungswerk-

---

174 Vgl. Roeder/Hensen [Konsequenzen] 10.

175 Vgl. auch fortfolgend Becker [Prozesse] 92, 203; Gaitanides [Entwicklung] 150; Koch [Einführung] 47 f.; Leimeister [Dienstleistungsengineering] 190 f; Schmidt [Prozessoptimierung] 30 f.

176 Vgl. Becker [Prozesse] 89; Koch [Einführung] 47 f.

177 Vgl. Koch [Einführung] 47 f.

178 Vgl. Greiling/Muszynski [Krankenhaus] 43 f.

179 Vgl. folgend Schmidt [Prozessoptimierung] 30 f.

180 Vgl. Adam [Planung] 488; Reichert [Prozessmanagement] 4.

181 Vgl. Koch [Einführung] 47 f.

zeuge zweckmäßig.[182] Sie unterstützen die Darstellung und Verknüpfung der erforderlichen Ressourcen mit den einzelnen Prozessen und Funktionen. Darüber hinaus wird durch die Verwendung eines rechnergestützten Modellierungswerkzeuges eine hohe Aktualität der Arbeitsergebnisse erzielt.

2.3.3.2 Prozessmodelle im Krankenhaus

Mit Hilfe verschiedener in der Literatur gebräuchlicher Prozessmodelle lassen sich auch die Spezifika klinischer Behandlungspfade darstellen. Die Modelle müssen jedoch eine Reihe von **Anforderungen** erfüllen, wie die detaillierte Abbildung des vollständigen Prozesses einschließlich seiner Teilprozesse, die Verwendung einer einheitlichen Systematik, die Möglichkeit der Dokumentation von Ressourcen, Hilfsmitteln, Prozesszeiten und -kosten sowie die Darstellbarkeit von Schnittstellen zu anderen Prozessen.[183] Zur Abbildung der Behandlungspfade können beispielsweise Prozessablaufdiagramme, Entscheidungsbäume oder Netzpläne eingesetzt werden.[184] Auch ereignisgesteuerte Prozessketten, Flussdiagramme oder Petrinetze können ebenfalls zur Darstellung von Behandlungspfaden dienen.[185]

Petrinetze werden häufig zur Modellierung von Kernprozessen und Workflows eingesetzt.[186] Sie beinhalten Symbole, die der Abbildung und Verbindung von Daten, Ressourcen und Informationen dienen. Vorteil der Petrinetze ist ihr einfacher Aufbau. Komplexe Sachverhalte lassen sich jedoch nur schwer abbilden. Ein einfaches Mittel zur Beschreibung und Dokumentation von Prozessen sind **Flussdiagramme**, welche die Symbole des Programmablaufplans nach DIN 66001:1983 verwenden.[187] Mit ihrer Hilfe wird der Prozess aus Sicht der Daten beziehungsweise Informationen modelliert.[188] Der Vorteil von Flussdiagrammen liegt in ihrer einfachen Handhabung und der Eignung zur Abbildung einfacher Prozesse.[189] Die Abbildung komplexer Prozes-

[182] Vgl. auch fortfolgend Reichert [Prozessmanagement] 3 f.
[183] Vgl. Becker [Prozesse] 92.
[184] Vgl. Busse/Schreyögg/Stargardt [Leistungsmanagement] 69; Schmidt [Prozessoptimierung] 22.
[185] Vgl. Becker [Prozesse] 100 ff.; Heise et al. [Rekonstruktion] 217.
[186] Vgl. auch fortfolgend Gadatsch [Grundkurs] 90 ff.
[187] Vgl. Becker [Prozesse] 100 ff.
[188] Vgl. Gadatsch [Grundkurs] 89.
[189] Vgl. auch fortfolgend Becker [Prozesse] 100 ff.

se kann jedoch zu unübersichtlichen Darstellungen führen. Die auf den Symbolen des Flussdiagramms basierenden **Prozessablaufdiagramme** hingegen eignen sich zur Darstellung komplexer Prozesse mit unterschiedlichen Beteiligten und können neben der logischen auch die zeitliche Reihenfolge oder Parallelschaltungen beschreiben. **Netzpläne** dienen der übersichtlichen Darstellung von Prozessen und helfen dabei, zeitkritische Zusammenhänge und Abhängigkeiten sichtbar zu machen.[190] Mit ihrer Hilfe können Schwachstellen der Behandlung aufgedeckt und Durchführungszeiten verkürzt werden. Netzpläne bieten darüber hinaus den Vorteil, dass zeitliche Abhängigkeiten dargestellt werden können, und bilden somit die Grundlage einer zeit- und ressourcenbezogenen Analyse der Teilprozesse.[191] Die Netzplantechnik ermöglicht eine Trennung zwischen Ablauf- und Zeitplanung.[192] So können nach der Darstellung der klinischen Behandlungsabläufe zeitkritische Vorgänge beziehungsweise Engpässe identifiziert werden. Auch unlogische Behandlungsabläufe und redundante Prozessschritte können aufgedeckt werden. Nachteil dieser Abbildung in Netzplänen liegt im Informationsverlust gegenüber anderen Darstellungsformen und dem Unvermögen, Alternativen abbilden zu können.[193]

Ein weiteres Instrument zur grafischen Modellierung von Prozessmodellen ist die **ereignisgesteuerte Prozesskette**, die sich in der Unternehmenspraxis als bevorzugte Methode etabliert hat.[194] Sie bedient sich einer semi-formalen Modellierungssprache, mit deren Hilfe sich komplexe Abläufe abbilden lassen.[195] Grundelemente einer ereignisgesteuerten Prozesskette sind Ereignisse, Funktionen, Kanten und Konnektoren (vgl. Tab. 7).[196] **Ereignisse** bilden den Ausgangs- und Endpunkt eines Teilprozesses und lösen Zustandsänderungen von Objekten aus. Sie sind zeitpunktbezogen

---

190 Vgl. Becker [Einführung] 143; Greiling/Rudloff [Pfade] 131.
191 Vgl. Busse/Schreyögg/Stargardt [Leistungsmanagement] 69; Greiling/Rudloff [Pfade] 67.
192 Vgl. auch fortfolgend Schmidt [Prozessoptimierung] 284.
193 Vgl. Greiling/Rudloff [Pfade] 132.
194 Vgl. Gadatsch [Grundkurs] 86.
195 Vgl. Becker/Mathas/Winkelmann [Management] 43.
196 Vgl. folgend Allweyer [Geschäftsprozessmanagement] 180 f.; Gadatsch [Grundkurs] 189 f.

und stoßen zeitraumbezogene Funktionen an.[197] Dabei verbrauchen Ereignisse keine Ressourcen.[198]

Symbol	Benennung	Bedeutung
	Ereignis	Beschreibung eines eingetretenen Zustandes, von dem der weitere Verlauf des Prozesses abhängt
	Funktion	Beschreibung der Transformation von einem Input- zu einem Outputzustand
XOR	Logischer Operator „exklusives oder"	Logische Verknüpfungsoperatoren beschreiben die logische Verknüpfung von Ereignissen und Funktionen
∧	Logischer Operator „und"	
V	Logischer Operator „oder"	
	Organisatorische Einheit	Beschreibung der Gliederungsstruktur eines Unternehmens
	Informationsobjekt	Abbildung eines Gegenstandes aus der realen Welt
	Datenfluss	Beschreibung, ob von einer Funktion gelesen, geschrieben oder geändert wird
	Zuordnung	Zuordnung von Ressourcen oder organisatorischen Einheiten
	Prozesswegweiser	Horizontale Prozessverknüpfung

Tab. 7: Definition der Symbole einer ereignisgesteuerten Prozesskette [199]

Funktionen ändern den Zustand von Objekten.[200] Sie zeigen die zu bearbeitenden Schritte an und können durch Informationen über die beteiligten Ressourcen, im Sinne von Organisationseinheiten, ergänzt werden. Bei der Modellierung muss darauf geachtet werden, dass auf ein Ereignis nur eine Funktion und umgekehrt folgen darf.[201] Die Reihenfolge der Elemente wird durch den **Kontrollfluss** angegeben, der die zeitliche und logische Verknüpfung der Ereignisse und Funktionen angibt. Hierfür

197 Vgl. Becker/Mathas/Winkelmann [Management] 46.
198 Vgl. Becker [Prozesse] 110 ff.
199 Vgl. Gadatsch [Grundkurs] 97.
200 Vgl. folgend Gadatsch [Grundkurs] 189 f.
201 Vgl. folgend Becker/Mathas/Winkelmann [Management] 47.

werden Kanten und **Konnektoren** zur Verknüpfung von Funktionen und Ereignisse zu einem Prozess eingesetzt, wodurch gerichtete Graphen entstehen.[202] Konnektoren haben die Aufgabe, den Kontrollfluss zusammenzuführen und die Sachverhalte darzustellen.[203] Es wird zwischen den folgenden drei Konnektoren unterschieden:

- Und: a und b müssen erfüllt sein,
- Inklusives Oder: a oder b, oder a und b,
- Exklusives Oder: entweder a oder b, aber nicht beide.

Die **erweiterte ereignisgesteuerte Prozesskette** enthält noch zusätzliche Elemente wie Organisationen und Daten.[204] Ihr Nachteil ist jedoch, dass gerade bei komplexen Prozessen die Gefahr besteht, dass die grafischen Gesamtdarstellungen schnell unübersichtlich werden.[205] Um den Prozess übersichtlich zu gestalten, ist es jedoch möglich, einzelne Teilprozesse separat abzubilden.[206] Hier können **Prozesswegweiser** zur Verknüpfung mehrerer Prozessdarstellungen verwendet werden.[207]

Abb. 1 zeigt beispielhaft die ereignisgesteuerte Prozesskette für den Teilprozess **„Umfelddiagnostik inklusive Ultraschall“** der laparoskopischen Cholezystektomie, die im weiteren Verlauf vereinfacht als Prozess bezeichnet wird. Dieser enthält die drei folgenden **Funktionen**:

- Patientenalter und weitere Behandlung prüfen,
- Sonografieergebnisse auswerten und
- Ergebnisse mitteilen.

---

[202] Vgl. Becker [Prozesse] 110 ff.; Gadatsch [Grundkurs] 190.
[203] Vgl. auch fortfolgend Becker/Mathas/Winkelmann [Management] 47 f.; Becker [Prozesse] 110 ff.
[204] Vgl. Becker [Prozesse] 110 ff.
[205] Vgl. Becker [Prozesse] 89.
[206] Vgl. Becker/Mathas/Winkelmann [Management] 49.
[207] Vgl. Gadatsch [Grundkurs] 206.

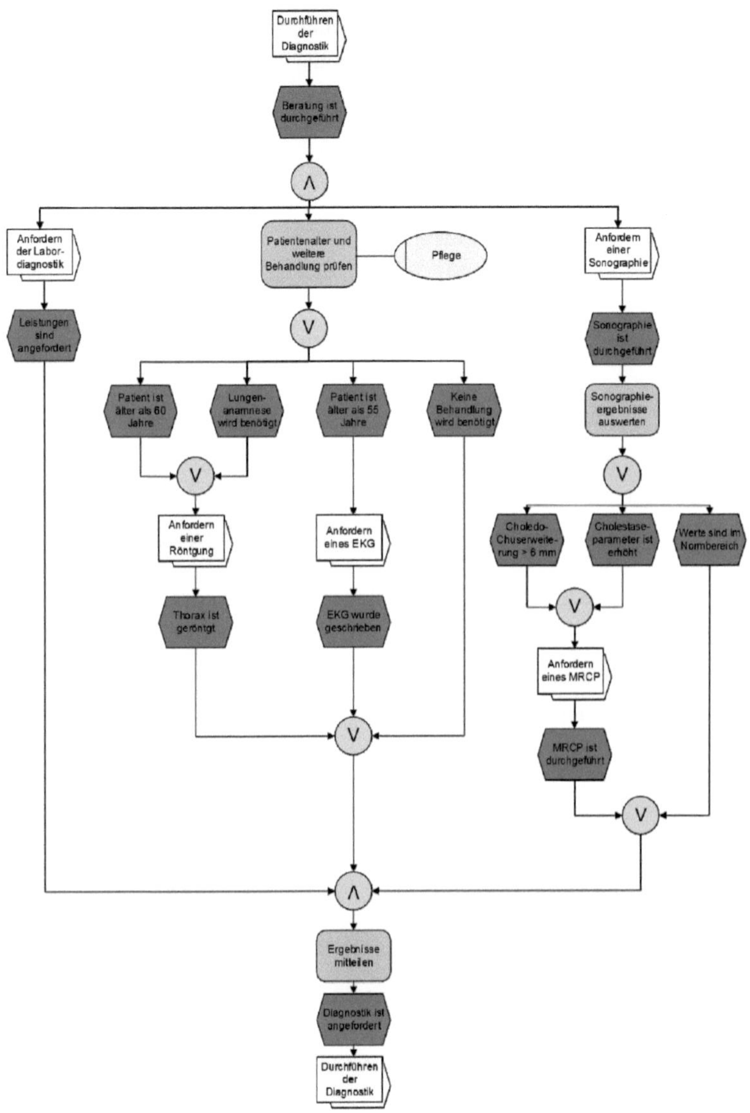

Abb. 1: Prozess „Umfelddiagnostik inklusive Ultraschall“[208]

---

[208] In Anlehnung an Greiling/Rudloff [Pfade] 89 ff.

Zusätzlich zu diesen Funktionen sind zu seiner Durchführung weitere Teilprozesse notwendig, die wiederum mehrere Funktionen enthalten. Der Übersichtlichkeit wegen werden diese in der Darstellung als **Prozesswegweiser** dargestellt. Hierbei handelt es sich um:

- Anfordern Labordiagnostik,
- Anfordern Sonografie,
- Anfordern Röntgen,
- Anfordern Elektrokardiogramm (EKGs) und
- Anfordern Magnetresonanz-Cholangiopankreatikografie (MRCP).

Die Ereignisse, die die Funktionen oder weitere Teilprozesse auslösen, werden mit diesen durch operative **Konnektoren** verbunden. So ist es im Prozess „Umfelddiagnostik inklusive Ultraschall" notwendig, sowohl die Labordiagnostik, als auch die Sonografie anzufordern, wohingegen die Durchführung der Lungenanamnese und des Elektrokardiogramms von der Konstitution des Patienten abhängig sind. Zur Kennzeichnung dieser Zusammenhänge wird im ersten Fall der Und-Konnektor und im zweiten Fall der Oder-Konnektor verwendet. Beteiligte Organisationseinheiten, wie Pflege oder Ärzte oder Funktionsdienste, werden durch die entsprechenden Organisationseinheiten gekennzeichnet. Werden für die einzelnen Untersuchungen weitere Ressourcen, wie beispielsweise ein Elektrokardiogramm- oder ein Ultraschallgerät benötigt, können diese ebenfalls mittels der ereignisgesteuerten Prozesskette modelliert werden.

Die Wahl eines Prozessmodells zur Abbildung klinischer Behandlungspfade muss unter Berücksichtigung der in Kapitel 2.3.2 genannten Einsatzmöglichkeiten und der in Tab. 8 dargestellten Vor- und Nachteile der verschiedenen Prozessmodelle erfolgen.

Modell	Vorteile	Nachteile
Petrinetz	– einfache Darstellung – geeignet für einfache Prozesse	– unübersichtlich und schwer verständlich bei komplexen Prozessen
Flussdiagramm	– einfache Darstellung – schneller Aufbau – geeignet für einfache Prozesse	– unübersichtlich bei komplexen Prozessen – unterstützt keine Parallelisierung von Prozessen
Prozessablaufdiagramm	– logische und zeitliche Folgen können abgebildet werden – Beteiligte können dargestellt werden – geeignet für komplexe Prozesse	– Gefahr der Unübersichtlichkeit – keine standardisierte Notation für Informations- und Materialflüsse – fehlende Abbildung einer Hierarchie
Netzplan	– Abbildung zeitlicher Abhängigkeiten – Identifikation zeitkritischer Vorgänge	– Informationsverlust bei der Abbildung
erweiterte ereignisgesteuerte Prozesskette	– Abbildbarkeit des Prozesses über mehrere Abteilungen	– Gefahr der Unübersichtlichkeit – keine Eignung zur Ablaufsteuerung und Simulation

Tab. 8: Vor- und Nachteile von Prozessmodellen [209]

[209] in Anlehnung an Becker [Prozesse] 100 ff.

3 Ansatzpunkte der Kostensteuerung von Behandlungsprozessen

3.1 Besonderheiten von Krankenhauskosten

3.1.1 Erläuterung des Kostenbegriffs

Um ein Krankenhaus wirtschaftlich zu führen und zu steuern, ist ein Wissen über die eigenen Kostenstrukturen notwendig.[210] **Kosten** können dabei als „der bewertete sachzielbezogene Güterverbrauch einer Abrechnungsperiode"[211] definiert werden. Unter den Kosten eines Krankenhauses wird hierbei „der Wert aller verbrauchten Materialien und Behandlungs-, Pflege- und Dienstleistungen pro Zeitperiode, die zur Erstellung der eigentlichen betrieblichen Leistung des Gesundheitsbetriebes nötig sind"[212], verstanden.

Kosten können nach vielfältigen Kriterien kategorisiert werden. Eine erste Unterscheidung ist die in fixe und in variable Kosten.[213] Diese Definition beruht auf der Möglichkeit, die Kosten durch Änderung der Beschäftigung in einem abgegrenzten Betrachtungszeitraum zu beeinflussen.[214] **Fixe Kosten** fallen unabhängig von der Beschäftigung in einer festen Höhe für einen definierten Zeitraum an, wohingegen **variable Kosten** der Änderung der Beschäftigung gleichgerichtet folgen. Beispiele für fixe Kosten im Krankenhaus sind Labor- und Verwaltungskosten sowie Kosten für den Operationssaal. Im Krankenhaus werden fixe Kosten insbesondere durch vorzuhaltende Kapazitäten zur Erfüllung der Betriebsbereitschaft bestimmt. Variable Kosten fallen beispielsweise für Nahrungsmittel an. Die hohen Personalkosten in Dienstleistungsunternehmen führen zu einem hohen Anteil an Fixkosten, wobei deren Disponierbarkeit stark durch technische, organisatorische und rechtliche Restriktionen eingeschränkt sein kann.[215]

---

[210] Vgl. Töpfer [Kostenanalyse] 72.
[211] Schweitzer/Küpper [Systeme] 13.
[212] Frodl [Gesundheitsbetrieb] 20.
[213] Vgl. Hübner [Kostenrechnung] 44.
[214] Vgl. auch fortfolgend Corsten/Gössinger [Dienstleistungsmanagement] 244; Corsten/Gössinger [Produktion] 130; Frodl [Controlling] 88 f.; Hentze/Kehres [Kosten] 27; Hübner [Kostenrechnung] 53; Troßmann/Baumeister [Internes] 36 ff., 230 ff.; Troßmann [Investition] 50 ff.; Weber/Weißenberger [Einführung] 342; Zeuner [Controlling] 66.
[215] Vgl. Corsten/Gössinger [Dienstleistungsmanagement] 240.

Eine andere Unterscheidung ist möglich hinsichtlich der Zurechenbarkeit zu einem Kalkulationsobjekt.[216] Hierbei kann zwischen Einzel- und Gemeinkosten unterschieden werden. Während **Gemeinkosten** über künstliche Zurechnungsschlüssel einem Kostenträger zugerechnet werden, können **Einzelkosten** dem Kostenträger direkt zugeordnet werden.[217] Laut Kalkulationshandbuch müssen alle Krankenhäuser die in der folgenden Aufzählung dargestellten Kosten als Einzelkosten den Patienten zugeordnet:[218]

- Implantate,
- Transplantate,
- Prothesen (Gefäße),
- Herzschrittmacher und Defibrillatoren,
- Zement (Knochen),
- Herz- und Röntgenkatheter,
- Blutprodukte,
- Kontrastmittel,
- Zytostatika,
- Immunsuppressiva,
- Antibiotika,
- Aufwendige Fremdleistungen.

Hinsichtlich des Merkmals der Herkunft der Güter lassen sich primäre und sekundäre Kosten unterscheiden.[219] **Primäre Kosten** entstehen für die von außen in den Abrechnungsbezirk hineinfließenden, originären Einsatzgüter. Im Krankenhaus können dabei eine Vielzahl der Einzelleistungen im Bereich von Diagnostik, Therapie, Pflege und Hotelversorgung als primärer Mitteleinsatz den Kostenstellen zugeordnet wer-

---

[216] Vgl. folgend Corsten/Gössinger [Dienstleistungsmanagement] 244; Frodl [Controlling] 88 f.; Troßmann/Baumeister [Internes] 49 ff.
[217] Vgl. Schweitzer/Küpper [Systeme] 63 f.; Troßmann/Baumeister [Internes] 50 f.
[218] Vgl. auch fortfolgend Institut für das Entgeltsystem im Krankenhaus GmbH [Handbuch] 105 ff.
[219] Vgl. Schweitzer/Küpper [Systeme] 79.

den.[220] Sekundäre Kosten hingegen fallen für derivate Einsatzgüter an, die innerhalb eines Abrechnungsbezirkes selbst erstellt und wieder eingesetzt werden. [221]

Unterscheidungs-kriterium	Bezeich-nung	Ausprägung	Beispiel
Veränderbarkeit hinsichtlich Beschäftigung und Leistung	Fixe Kosten	Unabhängig von Beschäftigung.	Kosten für langfristige Mietverträge
	Variable Kosten	Abhängig von Beschäftigung.	Kosten für Nahrungsmittel
Zurechenbarkeit zu Kalkulations-objekten	Einzelkosten	Einzelne Behandlung des Patienten als Kalkulationsobjekt, Entstehen durch die Behandlung selbst.	Medikamente
	Gemein-kosten	Fallen nicht ausschließlich für die Behandlung eines einzelnen Patienten als Kalkulationsobjekt an.	Kosten für Strom und Wasser
Kostenentstehungsart	Primäre Kosten	Für von außen bezogene Leistungen oder Güter.	Löhne und Gehälter
	Sekundäre Kosten	Entstehen durch innerbetriebliche Leistungsverrechnung.	Kosten der betriebseigenen Kantine

Tab. 9: Systematisierung des Kostenbegriffs

Kosten lassen sich durch eine **Mengen-** und eine **Wertkomponente** charakterisieren.[222] Nach GUTENBERG können zudem die Kosteneinflussgrößen **Faktorqualität**, **Beschäftigung**, **Betriebsgröße** und **Fertigungsprogramm** unterschieden werden.[223] Krankenhäuser können jedoch nicht alle diese Faktoren beeinflussen. Die Betriebsgröße beispielsweise wird durch den Versorgungsauftrag festgelegt und ist damit ebenso wie das Leistungsprogramm fest vorgegeben.[224] Aufgrund dieses vorgegebenen Leistungsprogramms ist die Höhe der anfallenden Kosten primär abhängig von der Belegung und der Verweildauer der Patienten, von den Preisen der Betriebsmittel und des Sach- und Personaleinsatzes.[225] Demgegenüber stehen beeinflussbare Faktoren.[226] Wird die **Faktorqualität** betrachtet, so kann beim Einsatz von

---

[220] Vgl. Eichhorn [Probleme] 124.
[221] Vgl. Schweitzer/Küpper [Systeme] 79.
[222] Vgl. Freidank [Kostenrechnung] 4 ff.; Hübner [Kostenrechnung] 26.
[223] Vgl. folgend Freidank [Kostenrechnung] 31 ff.; Gutenberg [Grundlagen] 344 ff.
[224] Vgl. Freidank [Kostenrechnung] 31 ff.; Hentze/Kehres [Kosten] 163 f.
[225] Vgl. Eichhorn [Probleme] 132.
[226] Vgl. auch fortfolgend Breyer/Zweifel/Kifmann [Gesundheitsökonomik] 383; Hentze/Kehres [Kosten]

Mitarbeitern auf deren Qualifikation geachtet werden. Auch der Beschäftigungsgrad kann beeinflusst werden. Die **Faktorpreise** hingegen lassen sich nicht uneingeschränkt beeinflussen. Hier muss zwischen tariflich vorgeschriebenen Preisen zum Beispiel für Lohnkosten und solche für Fremdleistungen und Materialien unterschieden werden. Für Materialien lässt sich eine Kostensenkung beispielsweise durch die Reduzierung des Lagerbestandes und damit für die Lagerhaltung mit Hilfe von Just-in-time-Lieferungen erreichen.[227] Tab. 9 fasst die zuvor erläuterten Ausprägungen des Kostenbegriffs zusammen, wobei die ausgewählten Kriterien nicht abschließend sind und weitere Differenzierungen möglich sind.

3.1.2 Elemente der Behandlungskosten am Beispiel der laparoskopischen Cholezystektomie

Im vorliegenden Beispiel wird die Struktur der Behandlungskosten der bereits in Kapitel 2.2.1 kurz vorgestellten laparoskopischen Cholezystektomie betrachtet. Die **Behandlungskosten**, und damit die Prozesskosten, umfassen dabei alle Kosten, die durch den Behandlungsprozess entstehen.[228] Hierfür werden zunächst die eingesetzten Ressourcen betrachtet, um sie anschließend gemäß den vorgestellten Unterscheidungskriterien zu systematisieren. Bei der Betrachtung der Personalressourcen ist hierbei eine zusätzliche Unterscheidung nach der Qualifikation und dem Ausbildungsgrad der Mitarbeiter sinnvoll.[229] So kann in einer späteren Optimierung der Behandlung beispielsweise untersucht werden, welche Schritte zur Einsparung von Kosten zwingend durch einen Mitarbeiter des ärztlichen Diensts und welche kostengünstiger durch einen weisungsgebundenen Mitarbeiter des Funktionsdienst durchgeführt werden können. Zusätzlich werden Leistungen für Supportprozesse aus den Abteilungen zentrale medizinische Dienste für Labor und Pathologie, Zentralsterilisation, Bettenzentrale, Reinigungsservice, Wäscherei, Instandhaltung und Küche in Anspruch genommen. Zudem sind die Kosten des Materialverbrauchs, wie beispielsweise Verbandsmittel, und der Medikamente zu bestimmen.[230]

---

163 f.

[227] Vgl. Maltry/Strehlau-Schwoll [Kostenrechnung] 559.

[228] Vgl. Greiling/Rudloff [Pfade] 26.

[229] Vgl. folgend Multerer/Friedl/Serttas [Gestaltung] 613.

[230] Vgl. Führing/Gausmann [Risikomanagement] 74.

Station	Beteiligte Berufsgruppe
Ambulanz	– Ärztlicher Dienst Ambulanz – Ärztlicher Dienst Anästhesie – Funktionsdienst Ambulanz – Medizinisch-Technischer-Dienst
Normalstation	– Ärztlicher Dienst Chirurgie – Pflegedienst Chirurgie – Physiotherapie – Medizinisch-Technischer-Dienst
Operations-Bereich	– Ärztlicher Dienst Chirurgie – Ärztlicher Dienst Anästhesie – Funktionsdienst Anästhesie – Funktionsdienst Operation

Tab. 10: Beteiligte Berufsgruppen an der Durchführung der „laparoskopischen Cholezystektomie“

Im Rahmen der Durchführung der laparoskopischen Cholezystektomie durchläuft der Patient die drei Stationen Ambulanz, Normalstation und den Operations-Bereich. Auf diesen Stationen sind jeweils, wie in Tab. 10 dargestellt, mehrere Berufsgruppen aus den Bereichen Pflegepersonal und Ärzte beteiligt. Hierbei wird davon ausgegangen, dass es sich bei den Arbeitsverträgen der Mitarbeiter um langfristige Verträge handelt. Grundsätzlich ist es jedoch möglich, dass die Gemeinkosten sowohl aus fixen als auch aus variablen Anteilen bestehen.[231]

Für die laparoskopische Cholezystektomie fallen zudem Materialkosten an, die dem Kalkulationsobjekt als Einzelkosten direkt zugeordnet werden können. Hierbei wird angenommen, dass die Materialien jeweils für den einzelnen Patienten beschafft werden und es sich daher um variable Kosten handelt. Speziell fallen die folgenden Materialgruppen an:[232]

- Arznei,- Heil- und Hilfsmittel,
- Antimikrobielle Chemotherapeutika,

---

[231] Vgl. Freidank [Kostenrechnung] 95; Frodl [Controlling] 88 f.

[232] Die Daten wurden im Rahmen eines Praktikums von Frau Sandra Neu am Universitätsklinikum Homburg erfasst.

- Infusionslösungen,
- Trombolytische und blutungsgerinnungshemmende Mittel,
- Ärztliches- und pflegerisches Verbrauchsmaterial,
- Narkose und Operations-Bedarf,
- Laborbedarf,
- Bedarf für EKG, EEG und Sonografie,
- Desinfektionsmittel,
- Wirtschafts- und Verwaltungsbedarf und Verbandsmittel.

Damit lassen sich die anfallenden Kosten, wie in Tab. 11 dargestellt, gemäß den im vorherigen Kapitel vorgestellten Kriterien differenzieren.

Kostenverursacher	Korrespon-dierende Kos-tenart	Art der Kosten			
		Fix	Vari-abel	Einzel	Gemein
Kernprozess					
Betreuung des Patienten in der Ambulanz	Personalkosten	X			X
Betreuung des Patienten auf der Normalstation	Personalkosten	X			X
Betreuung des Patienten im Operationssaal	Personalkosten	X			X
Medizinischer Bedarf					
Operations-Bedarf	Materialkosten		X	X	
Medikamente	Materialkosten		X	X	
Verbrauchsmaterialien	Materialkosten		X	X	
Supportprozesse					
Labor, Pathologie und Sterilisation	Personalkosten	X			X
Reinigung und Wäscherei	Personalkosten	X			X
Verpflegung	Personalkosten	X			X
	Materialkosten		X	X	
Instandhaltung für Geräteressourcen	Personalkosten	X			X
Bettenzentrale	Personalkosten, Materialkosten	X			X

Tab. 11: Kostenverursacher der „laparoskopischen Cholezystektomie“

Bei der Kategorisierung der Kosten der Supportprozesse wird dabei angenommen, dass diese meist als Einzelkosten zurechenbar sind, jedoch aufgrund des hierzu notwendigen hohen Erfassungsaufwandes oftmals als Gemeinkosten dargestellt werden. Somit fallen für die Durchführung der laparoskopischen Cholezystektomie hauptsächlich Personalkosten an. Hiermit wird auch die allgemeine Kostensituation der Krankenhäuser widergespiegelt, die durch einen hohen Anteil an Gemeinkosten in Form von Personal-,[233] bei einem gleichzeitig nur geringen Anteil an Materialkosten gekennzeichnet ist (vgl. Tab. 12).[234]

Kostenkategorie	Anteil an den gesamten Personal- beziehungsweise Sachkosten
Personalkosten	
Pflegedienst	31,90 %
Ärztlicher Dienst	29,30 %
Funktionsdienst und Medizintechnischer Dienst	23,20 %
Verwaltung	6,40 %
Wirtschafts-, Versorgungs- und technischer Dienst	5,20 %
Sonstige Dienste	3,90 %
Sachkosten	
Medizinischer Bedarf	47,70 %
Wirtschaftsbedarf	8,90 %
Pflegesatzfähige Instandhaltung	10,00 %
Verwaltungsbedarf	7,00 %
Sonstiges	7,00 %
Wasser, Energie, Brennstoffe	6,50 %
Lebensmittel	6,50 %

Tab. 12: Durchschnittliche Personal- und Sachkosten im Jahr 2010[235]

Im Jahr 2010 beispielsweise belief sich der Anteil der Personalkosten auf 60,60 Prozent und der der Sachkosten auf insgesamt 39,40 Prozent.[236] Die Struktur

---

[233] Vgl. Czech/Güssow [Pfadkostenrechnung] 175; Güssow/Greulich/Ott [Beurteilung] 184.

[234] Vgl. Corsten/Gössinger [Dienstleistungsmanagement] 241; Haller [Dienstleistungsmanagement] 308.

[235] Vgl. Deutsche Krankenhausgesellschaft e. V. [Zahlen] 44 f.

der Personalkosten selbst wird dabei sowohl durch die Qualifikations- und die Altersstruktur als auch durch die interdisziplinäre Zusammensetzung des Krankenhauspersonals bestimmt.[237] So setzt sie sich fast ausschließlich aus Kosten für pflegerischen und ärztlichen Dienst beziehungsweise für den medizintechnischen Dienst und den Funktionsdienst zusammen.[238] Bei Betrachtung der Kostenstruktur im Jahre 2010 wird deutlich, dass der medizinische Bedarf mit 47,7 Prozent den größten Anteil an den Sachkosten umfasst. Andere Kategorien, wie die pflegesatzfähige Instandhaltung oder der Wirtschaftsbedarf machen einen weitaus geringeren Anteil aus. Damit muss der Fokus der Kostensteuerung auf den Personalkosten liegen. Hierbei ist ein Instrument zu wählen, welches an die Anforderungen dieser spezifischen Kostensituation angepasst ist.

3.2 Kostensteuerung als zentrale Aufgabe des Kostenmanagements

Nach KAJÜTER lassen sich drei verschiedene Betrachtungsweisen des **Kostenmanagements** unterscheiden.[239] Zum ersten werden unter dem Begriff Kostenmanagement neuere Verfahren der Kostenrechnung zusammengefasst, die Informationen über mittel- bis langfristige Entscheidungen bereitstellen. Zum zweiten wird Kostenmanagement als die bewusste Beeinflussung und Gestaltung von Kosten zur Erhöhung der Wirtschaftlichkeit gesehen.

Die **Hauptaufgaben** des Kostenmanagements stellen die Kostenplanung, -steuerung und -kontrolle dar.[240] Mittels der **Kostenplanung** soll sowohl eine Wirtschaftlichkeitskontrolle ermöglicht als auch eine Dispositionsgrundlage für Entscheidungen getroffen werden.[241] Mit Hilfe der Kostenplanung werden Kostenziele vorgegeben.[242] Im Krankenhaus dürfen die Kosten nicht die durch die Fallpauschale festgelegten Erlöse überschreiten. Somit werden dort die Kostenziele auch durch die Rahmenbedingungen beeinflusst. Die **Kostenanalyse** im Rahmen des Kostenmanagements umfasst

[236] Vgl. Deutsche Krankenhausgesellschaft e. V. [Zahlen] 44 f.
[237] Vgl. Mühlbauer [DRG] 30.
[238] Vgl. auch fortfolgend Deutsche Krankenhausgesellschaft e. V. [Zahlen] 44 f.
[239] Vgl. Geißdörfer/Gleich/Wald [Cost] 467; Kajüter [Kostenmanagement] 9 f.
[240] Vgl. Graumann [Kostenmanagement] 397; Kajüter [Kostenmanagement] 87.
[241] Vgl. Graumann [Kostenmanagement] 397.
[242] Vgl. Kajüter [Kostenmanagement] 88.

die Analyse der Kostensituation sowie der Kostentreiber zur Aufdeckung von Kostensenkungspotenzialen.[243] Die eigentliche Realisierung der Kostenplanung wird durch die **Kostensteuerung** erreicht.[244] Abschließende Aufgabe des Kostenmanagements ist die **Kontrolle** der Erreichung der Kostenziele.[245] Sie dient dazu, die durchgeführten Maßnahmen zu überprüfen und die kontrollierten Bereiche zu einem wirtschaftlichen und zielgerichteten Handeln zu veranlassen.[246]

Ansatzpunkte des Kostenmanagements können beispielsweise die Kosten von Produkten oder Prozessen sein.[247] Speziell bei Dienstleistungen muss darauf geachtet werden, dass alle Kosten und deren Zurechnungsvarianten erfasst werden.[248] So müssen alle Kosten hinsichtlich der Zurechnungs- und Beeinflussungsmöglichkeit analysiert werden. Die Kosten sollen dabei über den gesamten Behandlungsprozess hin betrachtet werden, um eine Beeinflussung bereits in einem frühen Stadium vornehmen zu können.[249]

Im Folgenden wird das Kostenmanagement zur Analyse und Kontrolle der Kosten für die Behandlung eines Patienten eingesetzt. Dabei sollen die Kosten so gestaltet werden, dass eine kostengünstige und qualitativ hochwertige Behandlung erreicht wird. Zudem sind für Krankenhäuser notwendigerweise nicht nur die Behandlungskosten im eigentlichen Sinne, sondern auch die nachlaufenden Kosten zu betrachten. Beispiel dafür sind Kosten, die aufgrund von Komplikationen aufgrund von Fehlern entstehen können, wie zum Beispiel Kosten für zusätzliche Behandlungen oder auch Schadenersatzansprüche. Gerade im Krankenhaus erweisen sich **Fehler** als besonders problematisch. Aus diesem Grund kommt der präventiven Fehlervermeidung eine besondere Bedeutung zu.[250]

---

[243] Vgl. Götze [Kostenrechnung] 272 ff.; Kajüter [Kostenmanagement] 86 f., 117.
[244] Vgl. Graumann [Kostenmanagement] 397.
[245] Vgl. Götze [Kostenrechnung] 272 ff.; Kajüter [Kostenmanagement] 86 f., 117.
[246] Vgl. Graumann [Kostenmanagement] 397.
[247] Vgl. Ewert/Wagenhofer [Unternehmensrechnung] 239, 246; Reiß/Corsten [Kostenmanagement] 1478.
[248] Vgl. folgend Posluschny [Kostenmanagement] 17 f.
[249] Vgl. Götze [Kostenrechnung] 272 ff.
[250] Vgl. Paula [Patientensicherheit] 4.

3.3 Ansatzpunkte der Kostensteuerung

3.3.1 Fehler als Kostenursache

Nach DIN EN ISO 9000:2005 sind **Fehler** die Nichterfüllung einer Anforderung. Speziell im Krankenhaus sind sie die nicht planmäßig vollendete Behandlung des Patienten.[251] Im Krankenhaus können Fehler zu negativen Konsequenzen, wie beispielsweise Komplikationen, führen. Um diese zu beseitigen werden Ressourcen benötigt, weshalb Fehler zu Effizienzdefiziten führen können.[252]

Fehler können in aktive und latente Fehler unterschieden werden.[253] **Aktive Fehler** finden im Krankenhaus unmittelbar an der Schnittstelle zwischen Patient und Mitarbeiter statt, sie lösen Zwischenfälle oder Komplikationen aus und ziehen damit unmittelbare Konsequenzen nach sich.[254] Beispiel hierfür sind mangelnde Hygiene oder die Gabe eines falschen Medikamentes. **Latente Fehler** werden nicht direkt am Patienten begangen, sondern liegen in Strukturen, wie den baulichen Gegebenheiten vor. Diese latenten Fehler haben zunächst keine unmittelbaren Konsequenzen. Jedoch können sie mit lokal auslösenden Faktoren, wie beispielsweise aktiven Fehlern, zu Konsequenzen führen.[255] Nicht zuletzt lassen sich **Beinahe-Fehler** beziehungsweise **kritische Ereignisse** unterscheiden.[256] Diese sind als Fehlervorstufen weitaus häufiger als Fehler mit direkten Auswirkungen, wodurch es notwendig ist, sie in einem geeigneten Fehlererfassungssystem zu dokumentieren. Diese Erfassung von Ereignissen mit Bedrohungscharakter birgt zudem ein hohes Lernpotenzial. Als Resultat von Fehlern können unerwünschte Ereignisse im Sinne eines Schadens auftreten.[257] Diese unerwünschten Ereignisse, die nicht durch die Erkrankung selbst hervorgerufen werden, werden auch als **preventable adverse events** bezeichnet. Im Rahmen der Behandlung können zudem prinzipiell unvermeidbare negative Konse-

---

[251] Vgl. folgend Paula [Patientensicherheit] 5; St. Pierre/Hofinger/Buerschaper [Notfallmanagement] 24.

[252] Vgl. Ziegenbein [Prozessmanagement] 14.

[253] Vgl. Corsten/Gössinger [Produktion] 212.

[254] Vgl. folgend Glazinski/Wiedensohler [Fehlerkultur] 32, 57; St. Pierre/Hofinger/Buerschaper [Notfallmanagement] 24.

[255] Vgl. Glazinski/Wiedensohler [Fehlerkultur] 57; St. Pierre/Hofinger/Buerschaper [Notfallmanagement] 24.

[256] Vgl. auch fortfolgend Glazinski/Wiedensohler [Fehlerkultur] 98.

[257] Vgl. auch fortfolgend Glazinski/Wiedensohler [Fehlerkultur] 6; Paula [Patientensicherheit] 2.

quenzen auftreten. Hierzu gehören beispielsweise Risiken von Behandlungen oder Effekte als Folge einer unheilbaren Krankheit, wie beispielsweise Übelkeit nach einer Chemotherapie.

Fehler können im gesamten **Behandlungsprozess** auftreten. Bereits bei der **Aufnahme des Patienten** kann es bei Rezeptionsdiensten oder bei der Erfassung der Patientendaten zu Fehlern kommen.[258] Zwar ist das Fehlerpotenzial im Rahmen dieser nicht-medizinischen Rezeptionsdienste relativ gering, umso gravierender können sich allerdings Fehler im Rahmen der Erfassung auswirken. Beispiel hierfür können Schreibfehler bei der Erfassung der Personendaten sein. Im Rahmen der **Diagnose** hingegen besteht eine hohe Fehleranfälligkeit. Grund hierfür ist die Vielzahl an diagnostischen Methoden und deren fallweisen Notwendigkeit. Mögliche diagnostische Methoden sind bildgebende Verfahren, elektrische Feldmessverfahren und Funktionsuntersuchungen. Bei der zugrundeliegenden **Anamnese** sind, unter der Annahme, dass keine Fehldiagnose getroffen wird, körperliche Behandlungsschäden nahezu ausgeschlossen, da diese rein auf Kommunikation beruhen. Zu Fehlern kann es hingegen bei der **Behandlung** und der dazugehörigen **Pflege** kommen. Hierbei kann zwischen Therapiefehlern im Rahmen von konservativen Behandlungsszenarien, wie beispielsweise einer falschen Medikation und zwischen Fehlern im Zuge operativer oder chirurgischer Eingriffe am Patienten, unterschieden werden.[259] Typische Beispiele für Behandlungsfehler sind neben falschen Diagnosen und nicht sorgfältig durchgeführten Therapien auch das Zurücklassen von Tupfern oder ähnlichem im Körper oder entstehende Wundinfektionen.[260] Bei der **Arzneimittelbehandlung** lassen sich Fehler bei der Übermittlung pharmazeutischer Informationen, die unzureichende Kontrolle der Arzneimitteldosierung und die falsche Zuordnung der Medikamente zum Patienten unterscheiden.[261] Auch die Nichtbeachtung von Wechselwirkungen oder Allergien stellt ein Problem dar. Den Abschluss des Behandlungsprozesses bildet die **Entlassung** des Patienten. Hierbei können Fehler in der schnittstel-

---

[258] Vgl. auch fortfolgend Löber [Fehler] 105 ff.
[259] Vgl. Glazinski/Wiedensohler [Fehlerkultur] 29 f.; Löber [Fehler] 111.
[260] Vgl. Burchert [Lexikon] 31; Glazinski/Wiedensohler [Fehlerkultur] 31.
[261] Vgl. auch fortfolgend Glazinski/Wiedensohler [Fehlerkultur] 35.

lenübergreifenden Kommunikation, zum Beispiel in Form des Arztbriefes, bei der Festlegung der Folgemedikation oder durch offene Testergebnisse, entstehen.[262]

Im Rahmen der Behandlung stellt nicht zuletzt auch ungenügende **Hygiene** ein großes Fehlerrisiko dar.[263] Ein besonderes Problem bilden hierbei die Krankenhausinfektionen, die auch nosokomiale Infektionen genannt werden.[264] Nach § 2 Infektionsschutzgesetz handelt es sich hierbei um „eine Infektion mit lokalen oder systemischen Infektionszeichen als Reaktion auf das Vorhandensein von Erregern oder ihrer Toxine, die im zeitlichen Zusammenhang mit einer stationären oder ambulanten medizinischen Maßnahme steht, soweit die Infektion nicht bereits vorher bestand." Dabei werden Fehler in den Arbeitsabläufen in der medizinischen, pflegerischen und therapeutischen Versorgung als Ursache für diese Infektionen gesehen.[265] In Deutschland beispielsweise treten jährlich bis zu 800.000 Infektionen im Krankenhaus auf, von denen ein Drittel durch Hygienemaßnahmen hätte vermieden werden können.[266] Zu den häufigsten Infektionen gehören hierbei Harnwegs-, Atemwegs- oder Wundinfekte.[267] Um diese Infektionsprobleme zu erkennen, ist eine kontinuierliche Erfassung und Analyse der aufgetretenen Infektionen unerlässlich.[268] Diese Überwachung der nosokomialen Infektionen ist nicht nur unter medizinischen Gesichtspunkten, sondern auch unter wirtschaftlichen und haftungsrechtlichen Gesichtspunkten sinnvoll.

Um die Behandlungsprozesse für den Patienten sicher zu gestalten, müssen Fehler vermieden werden.[269] Eine **Fehlervermeidung** ist anzustreben, da die Schadensbeseitigung in den meisten Fällen mit einem Mehraufwand verbunden ist. Um Maßnahmen zur Fehlervermeidung durchführen zu können, müssen daher zunächst die latenten Fehler erkannt werden. Hierbei kann jedoch ein längerer Beobachtungszeitraum notwendig sein. So lassen sich systematische Fehler erst durch eine

---

262 Vgl. Löber [Fehler] 126 f.
263 Vgl. Seefeldt/Mentzel [Prozess] 372.
264 Vgl. Felber/Sonnleitner [Umsetzung] 157.
265 Vgl. Burchert [Lexikon] 195.
266 Vgl. Busley/Popp [Hygienefehler] 223.
267 Vgl. Ennker [Hygiene] 87.
268 Vgl. folgend Felber/Sonnleitner [Umsetzung] 157 f.
269 Vgl. auch fortfolgend Ziegenbein [Prozessmanagement] 197 ff.

kontinuierliche Beobachtung und Dokumentation der Abweichungen von den Sollwerten identifizieren. Die Schwachstellenanalyse hingegen hat zum Ziel, Optimierungspotenziale im Prozess aufzudecken. Hierbei sollen beispielsweise ungeeignete Abfolgen von Arbeitsschritten oder mangelhafte Qualität von Untersuchungsergebnissen erkannt werden, die die Ursache für Fehler sind. Mögliche Kriterien für Fehlerquoten sind die Zahl der Infektionen, die Umlaufhäufigkeit von Instrumenten oder die Anzahl der Kontakte zwischen Patienten und Pflegekräften.[270] Zudem ist zu untersuchen, ob das Auftreten von Fehlern von der Konstitution der individuellen Patienten abhängig ist. In diesem Fall sind die jeweiligen auslösenden Eigenschaften zu identifizieren, um bei deren Vorliegen geeignete Maßnahmen ergreifen zu können.

3.3.2 Bestimmungsfaktoren der Kostensituation

Durch die Analyse der Kostensituation sollen Kostenschwerpunkte und Kostenentwicklungen aufgedeckt werden.[271] Die Kostensituation wird durch den Kostenverlauf, das Kostenniveau sowie die Kostenstruktur bestimmt. Grundlage aller sinnvollen Entscheidungen über die Veränderung des **Kostenverlaufs** muss das Verständnis der Zusammenhänge zwischen der erbrachten Leistung und dem damit verbundenen Ressourcenverbrauch sein.[272] Der Kostenverlauf kann in Abhängigkeit von Bezugsgrößen, wie beispielsweise Zeit oder Beschäftigung, beeinflusst werden.[273] Dabei ist darauf zu achten, dass Maßnahmen zur Veränderung des Kostenverlaufs zwingend die Reagibilität der Kosten mit in die Betrachtung einbeziehen müssen, da Kostensenkungen unter Umständen nicht unmittelbar umsetzbar sind.[274] Generell sind degressive Kostenverläufe anzustreben und progressive Kostenverläufe zu vermeiden.[275] Degressive Kostenverläufe sind dadurch gekennzeichnet, dass bei zunehmenden Behandlungsfällen die Kosten pro Fall sinken. Hierzu können beispielsweise

---

[270] Vgl. Ziegenbein [Prozessmanagement] 190.

[271] Vgl. folgend Geißdörfer/Gleich/Wald [Cost] 467; Götze [Kostenrechnung] 274; Kajüter [Kostenmanagement] 117 f.; Reiß/Corsten [Kostenmanagement] 1479.

[272] Vgl. Mühlbauer [DRG] 42.

[273] Vgl. Franz/Kajüter [Kostenmanagement] 10; Götze [Kostenrechnung] 274; Reiß/Corsten [Kostenmanagement] 1479.

[274] Vgl. Graumann [Kostenmanagement] 397.

[275] Vgl. folgend Franz/Kajüter [Kostenmanagement] 10; Frodl [Controlling] 90 ff.; Frodl [Gesundheitsbetrieb] 98 f.

Leerlaufzeiten minimiert, Geräteauslastungen maximiert werden,[276] oder die Komplexität reduziert werden.[277] Auch die zeitliche und örtliche Flexibilisierung von Arbeitszeiten beziehungsweise der Arbeitseinsätze kann zur Minimierung von Leerzeiten beitragen. Zudem können gewonnene Arbeitserfahrungen zu einem degressiven Kostenverlauf beitragen.[278] Hierbei geht man davon aus, dass eine Effizienzsteigerung durch eine Routinisierung identisch auftretender Behandlungssituationen auftritt. Die Effizienzsteigerung im Krankenhaus zeigt sich in sinkenden Kosten je Behandlung, die entweder mittels Übungserfolge durch Wiederholung der Behandlungsvorgänge, medizinischen Fortschritt oder Rationalisierung durch Prozessoptimierung verursacht werden. Da dieser Effekt jedoch mit fortschreitender Zahl abnimmt, entstehen sinkende Degressionseffekte. Zudem tritt auch hier die Kosteneinsparung nicht automatisch ein, sondern versteht sich lediglich als Kostensenkungspotenzial, das nach Möglichkeit auszuschöpfen ist. In Produktionsunternehmen wird zur Beeinflussung des Kostenverlaufs eine Standardisierung und Straffung der Produktpalette angestrebt.[279] Dies ist in Krankenhäusern nur sehr eingeschränkt möglich. Grund hierfür ist die Vorgabe des Leistungsprogramms durch den Krankenhauslandesplan (vgl. Kapitel 2.1.3). Daher besteht lediglich bei den Verhandlungen mit den Krankenkassen die Möglichkeit die Leistungsvorgaben zu beeinflussen.

“Ziel des **Kostenniveaumanagements** ist die Beeinflussung der Kostenhöhe.“[280] Einflussgrößen auf die Höhe der Kosten sind Fallzahlen, Anzahl der Pflegetage und Betten sowie Preise der Ressourcen.[281] Auch die Patientenstruktur wirkt auf die Kosten.[282] Gegenstand der Untersuchung können sowohl die Gesamtkosten als auch die Kosten einzelner Abteilungen oder die Behandlungsfallkosten sein.[283] Ansatzpunkte zur Senkung des Kostenniveaus sind die Preis- und die Mengenkomponente.[284] Die

---

[276] Vgl. folgend Frodl [Gesundheitsbetrieb] 98 f.; Götze [Kostenrechnung] 278; Kajüter [Kostenmanagement] 214.
[277] Vgl. Ewert/Wagenhofer [Unternehmensrechnung] 245; Reiß/Corsten [Kostenmanagement] 1479 ff.
[278] Vgl. auch fortfolgend Frodl [Controlling] 90 ff.
[279] Vgl. auch fortfolgend Franz/Kajüter [Kostenmanagement] 10 f.
[280] Corsten/Gössinger [Dienstleistungsmanagement] 100.
[281] Vgl. Breyer/Zweifel/Kifmann [Gesundheitsökonomik] 376 ff.
[282] Vgl. Baukmann [Prüfung] 184.
[283] Vgl. Frodl [Controlling] 90 ff.
[284] Vgl. Ewert/Wagenhofer [Unternehmensrechnung] 245; Götze [Kostenrechnung] 276; Graumann

Preiskomponente ist im Krankenhaus, wie auch in den meisten Industriebetrieben, nur bedingt beeinflussbar.[285] So unterliegen die Lohnkosten für die Mitarbeiter in den meisten Fällen tariflichen Regelungen. Hingegen können die Preise für sonstige Ressourcen, wie beispielsweise Materialien, im Rahmen von Einkaufsverhandlungen beeinflusst werden. Hierbei kann zudem untersucht werden, ob eine Fremdbeschaffung bisher selbst durchgeführter Leistungen kostengünstiger als eine Eigenerstellung ist. Eine Beeinflussung der **Mengenkomponente** kann im Krankenhaus angestrebt werden durch Entscheidungen über die Realisierung von medizintechnischen Automatisierungspotenzialen, die Verringerung der Patientendurchlaufzeiten, die Eliminierung unnötiger Aktivitäten, die Vermeidung unnötiger Doppelarbeiten und Leerzeiten, die Umdisposition nicht genutzter Ressourcen sowie die Nutzung von Effekten der Fixkostendegression.[286] Aus diesem Grund sind die vorliegenden Prozesse auf nicht wertschöpfende oder nicht benötigte Leistungen, wie Doppelarbeiten aufgrund von Abstimmungsproblemen zwischen verschiedenen Abteilungen, hin zu untersuchen.[287] Dies spielt vor dem Hintergrund des hohen Personalkostenanteils für Krankenhäuser eine bedeutende Rolle.[288] Zur Verringerung des Lohnkostenanteils an der Krankenhausbehandlung können allerdings organisatorische Maßnahmen beitragen. So kann Arbeitszeit durch die Vermeidung von durch Qualitätsmängel verursachten Nacharbeiten eingespart und anderweitig eingesetzt werden.[289]

Die **Kostenstruktur** wird bestimmt durch die Zusammensetzung der Kosten aus unterschiedlichen Kostenkategorien und -arten.[290] Ihre Steuerung hat bei gegebenem Kostenniveau die vorteilhafte Gestaltung der verschiedenen Kostenkategorien und ihr Verhältnis zueinander zum Ziel.[291] Die Kostenstruktur im Krankenhaus wird maßgeblich durch Fixkosten bestimmt.[292] Auslöser hierfür ist, dass Fixkosten, wie Gehäl-

[Kostenmanagement] 394; Reiß/Corsten [Kostenmanagement] 1480 f.

285 Vgl. auch fortfolgend Franz/Kajüter [Kostenmanagement] 9; Graumann [Kostenmanagement] 394.

286 Vgl. Franz/Winkler [Gemeinkosten] 108; Frodl [Gesundheitsbetrieb] 100; Graumann [Kostenmanagement] 394; Maltry/Strehlau-Schwoll [Kostenrechnung] 555; Sure [Instrumente] 22 f.

287 Vgl. Franz/Kajüter [Kostenmanagement] 9; Franz/Winkler [Gemeinkosten] 108; Graumann [Kostenmanagement] 394.

288 Vgl. Maltry/Strehlau-Schwoll [Kostenrechnung] 560.

289 Vgl. Ewert/Wagenhofer [Unternehmensrechnung] 245; Sure [Instrumente] 22 f.

290 Vgl. Graumann [Kostenmanagement] 398; Reiß/Corsten [Kostenmanagement] 1479.

291 Vgl. Backhaus/Funke [Fixkostenmanagement] 37 f.; Franz/Kajüter [Kostenmanagement] 9; Frodl [Controlling] 88 f.; Götze [Kostenrechnung] 276.

292 Vgl. folgend Bruhn [Erfolgskette] 412; Corsten/Gössinger [Dienstleistungsmanagement] 241; Frodl

ter oder Mieten, zur Aufrechterhaltung einer ständigen Leistungsbereitschaft oftmals unabhängig von der Behandlung gezahlt werden müssen und zudem stetig ansteigen (vgl. Kapitel 2.2.1.3). Darüber hinaus können langfristige Vertragsbindungen, zum Beispiel Personalverträge, den Abbau fixer Kosten erschweren.[293] Bei der Reduzierung der Fixkosten ist zudem auf mögliche Auswirkungen zu achten. So können Personalreduzierungen zu Kapazitätsengpässen oder der Verzicht auf Weiterbildungsmaßnahmen zu Qualifikationsdefiziten führen, die Reduzierung der Wartungskosten kann den Reparaturaufwand erhöhen.

3.3.3 Kostentreiber der Behandlung

3.3.3.1 Grundzüge von Kostentreibern

Kostentreiber dienen als Bezugsgrößen im Rahmen der Verrechnung von Gemeinkosten.[294] Sie bilden die Stellgrößen für die Ableitung kostenpolitischer Maßnahmen.[295] Kostentreiber liegen meist in der Dimension von Zeit- und Mengengrößen vor.[296] Um Prozesse verbessern zu können, ist es zunächst notwendig, ihre Schwachstellen aufzudecken und ihre Kostentreiber als Steuerungsgrößen der Kostengestaltung zu identifizieren, um im Anschluss deren Auswirkungen auf die Prozesse zu analysieren. Daher werden im Folgenden die Kostentreiber von Behandlungsprozessen betrachtet.

3.3.3.2 Qualität von Behandlungsprozessen

„Salus aegroti suprema lex – das Wohl des Patienten ist oberstes Gesetz.“[297] Um diese bereits seit der Antike bestehende oberste ethische Verpflichtung zu erfüllen,[298] muss der gesundheitliche Nutzen für den Patienten sowie die Vermeidung von Schäden während seiner Behandlung im Fokus der Aktivitäten stehen.[299] Auch § 9 KHG verpflichtet Krankenhäuser dazu „eine den fachlichen Erfordernissen und dem

[Controlling] 88 f.; Haller [Dienstleistungsmanagement] 308.

293 Vgl. auch fortfolgend Frodl [Controlling] 94.

294 Vgl. Coenenberg/Fischer/Günter [Kostenrechnung] 165.

295 Vgl. Hübner [Kostenrechnung] 162.

296 Vgl. Schweitzer/Küpper [Systeme] 337 ff.

297 Salfeld/Hehner/Wichels [Krankenhaus] 109.

298 Vgl. Salfeld/Hehner/Wichels [Krankenhaus] 109.

299 Vgl. Ertl-Wagner/Steinbrucker/Wagner [Zertifizierung] 16.

jeweiligen Stand der wissenschaftlichen Erkenntnisse entsprechende Qualität ihrer Leistungen zu gewährleisten und sich an einrichtungsübergreifenden Maßnahmen der Qualitätssicherung zu beteiligen." **Qualität** selbst wird nach DIN EN ISO 8402 als „die Gesamtheit von Eigenschaften und Merkmalen eines Produktes oder einer Dienstleistung, die sich auf deren Eignung zur Erfüllung festgelegter oder vorausgesetzter Erfordernisse bezieht", beschrieben. Damit kann Qualität auch als die **Abwesenheit von Fehlern** definiert werden.[300]

Qualität lässt sich in Struktur-, Ergebnis-, und Prozessqualität unterteilen.[301] **Strukturqualität** bezeichnet die Qualität der strukturellen Rahmenbedingungen für die zu erbringende Leistung.[302] Dazu gehören im Krankenhaus die vorhandene Infra- und Personalstruktur, beispielsweise das Vorhandensein von Fachärzten.[303] Die **Ergebnisqualität** umfasst „sowohl die prozessuale, also unmittelbare Qualität des Dienstleistungsergebnisses als auch die Folgequalität, also langfristige Auswirkungen."[304] Die Messung der Ergebnisqualität erweist sich jedoch als schwierig, da die qualitative Veränderung des Gesundheitszustandes nicht eindeutig definiert werden kann.[305] Beispiele für Indikatoren der Ergebnisqualität sind: die Anzahl fehlerfreier Behandlungen, Komplikationsraten, die Anzahl von Rezidiven beziehungsweise Wiederaufnahmen ins Krankenhaus, Ablaufverzögerungen, die Morbiditäts- beziehungsweise Mortalitätsrate oder die Anzahl erworbener Infektionen.[306] Die **Prozessqualität** hingegen ist ein Maß für die Qualität des gesamten Behandlungsprozesses im Krankenhaus, zum Beispiel dafür, dass der Patient seine Medikamente in einer ausreichenden Dosierung erhält.[307] Sie stellt eine Vorstufe der Ergebnisqualität dar.[308] Zu beachten ist, dass die drei Qualitätskategorien sich gegenseitig beeinflussen.[309]

---

300 Vgl. Töpfer [Qualität] 101.
301 Vgl. Tergau [Ergebnisqualität] 145.
302 Vgl. Hellmann [Kontext] 82.
303 Vgl. Lohmann [Erfolgsfaktor] 4.
304 Leimeister [Dienstleistungsengineering] 303 f.
305 Vgl. Ziegenbein [Prozessmanagement] 100.
306 Vgl. Greiling/Rudloff [Pfade] 40; Lohfert/Kalmár [Erfahrungen] 676; Schmidt [Prozessoptimierung] 25.
307 Vgl. Hellmann [Kontext] 82.
308 Vgl. Leimeister [Dienstleistungsengineering] 303 f.; Salfeld/Hehner/Wichels [Krankenhaus] 11.
309 Vgl. folgend Tergau [Ergebnisqualität] 145.

So wirken die Struktur- und die Prozessqualität des Behandlungsablaufes auf die Ergebnisqualität.

Im Krankenhaus speziell erfolgt eine weitere Unterscheidung des Qualitätsbegriffs nach den Feldern klinische Qualität, Patientenzufriedenheit, Patientensicherheit sowie externe Qualitätswahrnehmung und Reputation.[310] **Klinische Qualität** umfasst neben der Qualität der behandlungsspezifischen ärztlichen und pflegerischen medizinischen Leistung auch die der medizinischen Infrastruktur.[311] Sie wird damit, sowohl durch die materielle Ausstattung des Krankenhauses bestimmt, als auch durch die durchgeführten Behandlungsabläufe, die wiederum durch die Qualifikation des Personals beeinflusst werden. Während die **Patientenzufriedenheit** u. a. durch die Qualität der erbrachten Dienstleistung bestimmt wird, soll bei der Wahrung der **Patientensicherheit** der Patient in erster Linie vor fehlerhaften Behandlungen geschützt werden. Beispiele für Indikatoren der Patientenzufriedenheit sind Liege- beziehungsweise Wartezeiten auf Untersuchungen oder Transporte, Verweildauern, Zufriedenheit mit der Unterbringung und der Verpflegung oder die Freundlichkeit und Kompetenz des Personals.[312] **Externe Qualitätswahrnehmung** und **Reputation** spielen für Krankenhäuser ebenfalls eine wichtige Rolle. Liegt eine überdurchschnittliche medizinische Qualität vor, so wird die Verhandlungsposition gegenüber den Geldgebern gestärkt.[313] Zusätzlich werden Kliniken auch attraktiver als Arbeitsstelle für qualifiziertes Personal, was wiederum zu einer Erhöhung der Qualität der Behandlung beitragen kann. Für die Patienten stehen ohnehin die klinische Qualität und seine Zufriedenheit im Vordergrund; die Kosten werden von den Krankenkassen getragen.[314] Somit ist die Qualität der Behandlung ein Unterscheidungsmerkmal zwischen Leistungsanbietern im Fallpauschalensystem und stellt damit einen Wettbe-

---

[310] Vgl. Salfeld/Hehner/Wichels [Krankenhaus] 119.
[311] Vgl. auch fortfolgend Salfeld/Hehner/Wichels [Krankenhaus] 120; Ziegenbein [Prozessmanagement] 98.
[312] Vgl. Brunner/Wagner [Qualitätsmanagement] 237; Schmidt [Prozessoptimierung] 25.
[313] Vgl. folgend Neudamm/Haeske-Seeberg [Qualität] 87.
[314] Vgl. Busse/Schreyögg/Stargardt [Leistungsmanagement] 52.

werbsfaktor dar.[315] Aus diesem Grund ist eine Optimierung der Leistungsprozesse unter Berücksichtigung festgelegter Qualitätskriterien unerlässlich.

Bereits die Gesetzgebung unterstreicht die Bedeutung der Qualität und fordert in den §§ 135 ff. Sozialgesetzbuch (SGBV) die Einführung eines internen **Qualitätsmanagementsystems**. Danach sind laut § 135 a SGBV „die Leistungserbringer (...) zur Sicherung und Weiterentwicklung der Qualität der von ihnen erbrachten Leistungen verpflichtet. Die Leistungen müssen dem jeweiligen Stand der wissenschaftlichen Erkenntnisse entsprechen und in der fachlich gebotenen Qualität erbracht werden.“ Ziel des Qualitätsmanagements ist die Beherrschung der medizintechnischen, organisatorischen und menschlichen Faktoren, welche die Qualität der Behandlungsleistungen beeinflussen.[316] Auf diese Weise sollen Fehler und Ressourcenverschwendung vermieden werden. Im Vordergrund stehen damit die **Vermeidung von Fehlern** und die Suche nach deren **Fehlerursachen**, wodurch der präventive Charakter des Qualitätsmanagements hervorgehoben wird.[317] Als Informationsquelle können die Daten aus dem gesetzlich vorgeschriebenen Qualitätsmanagement dienen.[318] Somit kann bereits vorhandenes Datenmaterial, wie etwa Ergebnisse der Tätigkeitsbeschreibungen, genutzt werden.

3.3.3.3 Art der Ausgestaltung von Behandlungsprozessen

Zweck aller im Krankenhaus erbrachten Leistungen ist die Behandlung der Patienten.[319] Eine Unterscheidung der Aktivitäten lässt sich im Hinblick auf ihren Beitrag zum Behandlungsziel treffen.[320] Hierbei lassen sich Nutz- und Stützleistungen sowie Blind- und Fehlleistungen unterscheiden. Die erste Kategorie der **Nutzleistungen**, wie zum Beispiel die Schmerztherapie, führt aus Sicht des Patienten zu einer Wertsteigerung und ist daher fortwährend zu optimieren. **Stützleistungen** hingegen, wie beispielsweise die Vorbereitung des Intensivplatzes, unterstützen Nutzleistungen und

---

[315] Vgl. folgend Roeder/Hensen [Konsequenzen] 7 f.
[316] Vgl. folgend Brunner/Wagner [Qualitätsmanagement] 251; Frodl [Controlling] 165.
[317] Vgl. Ertl-Wagner/Steinbrucker/Wagner [Zertifizierung] 17.
[318] Vgl. folgend Greiling/Mormann/Westerfeld [Pfade] 126.
[319] Vgl. Baukmann [Prüfung] 145.
[320] Vgl. auch fortfolgend Greiling/Muszynski [Krankenhaus] 57 f.

tragen nur indirekt zur Wertsteigerung bei. Da Stützleistungen zwar notwendig sind und Kosten verursachen, sind sie möglichst wirtschaftlich zu gestalten und auf das kleinstmögliche Maß zu reduzieren. Die Kategorie der **Blindleistungen** enthält die ungeplant erbrachten Leistungen, die keinen Beitrag zur Wertschöpfung des Ergebnisses leisten. Dadurch, dass sie nicht vom Patienten nachgefragt werden und trotzdem Kosten verursachen, sind sie zu eliminieren. Die letzte Kategorie der **Fehlleistungen**, wie beispielsweise die Erstellung eines falschen Röntgenbilds, sind Leistungen, bei deren Entstehung Fehler aufgetreten sind, und die nicht verwendet werden können. Diese sind durch eine verbesserte Planung und Prozessstrukturierung möglichst zu vermeiden. Somit spielt ein Fehlermanagement auch eine Rolle bei der Beeinflussung des Kostentreibers „Art der Ausgestaltung des Behandlungsprozesses".

3.3.3.4 Verweildauer des Patienten

Nach § 1 Abs. 7 KFPV umfasst die **Verweildauer** die Zahl der Belegungstage des Patienten, den Aufnahmetag sowie jeden weiteren Tag des Krankenhausaufenthalts, mit Ausnahme von eventuellen Verlegungstagen und dem Entlassungstag. Zur Vermeidung einer Unter- oder Überversorgung wurden für jeden Behandlungsfall, abgeleitet aus den Datensätzen der Kalkulationskrankenhäuser, eine untere und eine obere Grenzverweildauer festgelegt (vgl. Kapitel 2.1.2).[321] Überschreitet ein Patient die obere Grenzverweildauer, so wird dem Krankenhaus ein tagesbezogener Zuschlag gezahlt.[322] Dieser konstante tagesbezogene Zuschlag ist jedoch geringer, als der durchschnittliche Tageserlös innerhalb der Verweildauer.[323] Auf diese Weise soll eine Ausweitung der Liegezeit zur Verbesserung des Betriebsergebnisses ausgeschlossen werden. Mit der Festlegung der unteren Grenze hingegen soll eine ausreichende Behandlung des Patienten sichergestellt und eine „blutige Entlassung" verhindert werden.[324] Bei einer Unterschreitung der Grenze erfolgt ein Abschlag auf die Pauschalvergütung.[325] Bei einer Wiederaufnahme des Patienten mit derselben Diag-

321 Vgl. Braun [Ökonomisierung] 120; Zeuner [Controlling] 57.
322 Vgl. Mühlbauer [DRG] 21; o. V. [Vereinbarung] 2.
323 Vgl. folgend Fleßa/Weber [Controlling] 361.
324 Vgl. Braun [Ökonomisierung] 120.
325 Vgl. Braun [Ökonomisierung] 120; Rogge [Steuerung] 114.

nose, beispielsweise aufgrund von Komplikationen, innerhalb der oberen Grenzverweildauer wird der Patient wieder in den alten Fall eingestuft.[326]

Durch die Einführung dieser Regelungen des Fallpauschalensystems wurde die Erreichung der durch die Fallpauschalen vorgegebenen Durchschnittskosten zu einer **Kernaufgabe** der Krankenhäuser, da Kostenüberschreitungen nunmehr von ihnen selbst getragen werden müssen.[327] Liegen die Kosten des Krankenhauses für die Patientenbehandlung über den Fallpauschalen, kann es im schlimmsten Fall zu einer Überschuldung und damit zu einer Insolvenz kommen.[328] Damit steigt das Interesse den Behandlungsprozess zügig und störungsfrei zu durchlaufen, um eine verlängerte Verweildauer des Patienten zu vermeiden und die gegebenen Mittel wirtschaftlich zu verwenden.[329] So erlangt die Verweildauer einen zentralen Stellenwert bei der Kostenminimierung.[330] Die Verkürzung der Verweildauer kann zudem eine Reduzierung der Belegung ermöglichen.[331] Dies führt dazu, dass langfristig Kapazitäten, wie Personal und Betten sowie Infrastruktur reduziert werden können.

Um die Einhaltung der vorgegebenen Verweildauer und damit eine Überschreitung zusätzlicher Kosten zu vermeiden, müssen vorhandene Ressourcen optimal genutzt und bestehende Strukturen hinterfragt werden.[332] Bei der Analyse der bestehenden Strukturen können anfallende Leerzeiten, Durchlaufzeiten und Wartezeiten Aufschluss über die effiziente Auslastung von Ressourcen geben. Eine Verkürzung der Verweildauer kann beispielsweise durch Eliminierung nicht wertschöpfender oder doppelter Tätigkeiten erreicht werden.[333] Hierzu gehören neben den Rüstzeiten auch die Liegezeiten. Diese sind durch eine umfassende Abstimmung der Teilprozesse, insbesondere an Schnittstellen der Behandlung, zu eliminieren. Der reibungslose Übergang an den Schnittstellen, die eine Fehlerquelle darstellen, spielt für Kranken-

---

[326] Vgl. Fleßa/Weber [Controlling] 361; Wrabel/Seidel-Kwem [Preissystem] 60.
[327] Vgl. Busse/Schreyögg/Stargardt [Leistungsmanagement] 61.
[328] Vgl. Salfeld/Hehner/Wichels [Krankenhaus] 19.
[329] Vgl. Burchert [Lexikon] 93.
[330] Vgl. Schmidt [Prozessoptimierung] 7.
[331] Vgl. folgend Töpfer/Großekatthöfer [Analyse] 117.
[332] Vgl. folgend Roeder/Küttner [Behandlungspfade] 684.
[333] Vgl. auch fortfolgend Gaitanides [Entwicklung] 218; Greiling/Mormann/Westerfeld [Pfade] 125; Koch [Einführung] 93.

häuser eine besondere Rolle.[334] Durch diese Maßnahme wird nicht nur die Durchlaufgeschwindigkeit erhöht, sondern auch die Qualität und die Kostensituation verbessert.[335] Somit spielt das **Fehlermanagement** auch eine Rolle bei der Beeinflussung des Kostentreibers „Verweildauer des Behandlungsprozesses", da Fehler zu einer unnötigen Verlängerung der Verweildauer beitragen können und daher vermieden werden müssen.

3.3.4 Darstellung der Wechselwirkungen zwischen den Kostentreibern

Ziel der Optimierung von Prozessen ist es, diese in möglichst kurzer Zeit, mit hoher Qualität und möglichst geringen Kosten durchzuführen.[336] Im Krankenhaus bedeutet dies, dass Gesundheitsleistungen in der richtigen Menge, dem richtigen Patienten, zu möglichst geringen Kosten, aber in möglichst guter Qualität, angeboten werden müssen.[337] Hierbei stehen Krankenhäuser vor einer Herausforderung, da zwischen den Einflussfaktoren Verweildauer, Qualität und Kosten **Abhängigkeitsbeziehungen** existieren.[338] Wird die Verweildauer verkürzt, kommt es zu einer Verringerung der Prozesskosten.[339] Auf diese Weise gestaltete Prozessabläufe führen damit zu Kosteneinsparungen und bewirken zusätzlich die Steigerung der Patientenzufriedenheit.[340] Bei einer ausschließlich unter Beachtung der Kosten durchgeführten Optimierung besteht die Gefahr, dass die Qualität der Behandlung leidet. Bei Einbeziehung der Qualität und der damit verbundenen Maßnahmen, muss darauf geachtet werden, dass sich Durchlaufzeiten einzelner Arbeitsprozesse ändern können. Auch geht mit einer Verbesserung der Qualität oftmals eine Erhöhung der Kosten einher.[341] Dies beruht darauf, dass zur Steigerung der Qualität beispielsweise höher qualifizierteres Personal eingesetzt wird, welches jedoch auch höhere Kosten verursacht.[342] Dabei lässt sich sagen, dass in aller Regel die qualitativ beste Behandlung auch die wirt-

---

[334] Vgl. Haller [Dienstleistungsmanagement] 179 f.
[335] Vgl. Töpfer [Theorie] 427; Töpfer/Großekatthöfer [Analyse] 118.
[336] Vgl. Allweyer [Geschäftsprozessmanagement] 229.
[337] Vgl. Breyer/Zweifel/Kifmann [Gesundheitsökonomik] 373 f.
[338] Vgl. Allweyer [Geschäftsprozessmanagement] 229; Gaitanides [Entwicklung] 208; Töpfer [Qualität] 99.
[339] Vgl. Greiling/Muszynski [Krankenhaus] 64.
[340] Vgl. auch fortfolgend Brettschneider/Bohnet-Joschko [Communities] 34.
[341] Vgl. Töpfer [Qualität] 99.
[342] Vgl. Hübner [Kostenrechnung] 166.

schaftlichste Option für das Krankenhaus ist.[343] Grund hierfür ist, dass eine Überschreitung der Verweildauer durch die Verschlechterung des Gesundheitszustandes des Patienten seit Einführung des Fallpauschalensystems nur zu einer sehr geringen Steigerung der Erlöse führt. Gleichzeitig sind jedoch Maßnahmen durchzuführen, die den Gesundheitszustand des Patienten verbessern, wodurch die Prozesskosten steigen.

Tab. 13 fasst abschließend die **Ansatzpunkte und Maßnahmen zur Kostensteuerung** von Behandlungsprozessen zusammen. Bei Betrachtung der Maßnahmen zur Beeinflussung der Kostentreiber wird ersichtlich, dass Fehler die Haupteinflussgröße darstellen. So kann beispielsweise die Kostenstruktur durch die Vermeidung von Fehlern und das Kostenniveau durch die Vermeidung von Verschwendung durch Fehler beeinflusst werden. Zudem kann die Vermeidung von Fehlern zu einer Verkürzung des Prozessablaufes und damit zu einer störungsfreien Behandlung führen. Die Vermeidung von Fehlern und damit von zusätzlichen Kosten zur Behebung von Komplikationen stellt somit einen wichtigen Beitrag für die Wirtschaftlichkeit der Krankenhäuser dar.[344] So verlängert sich beispielsweise durch nosokomialen Infektionen die Behandlung eines Patienten um bis zu 10 Tage, wobei 30-50 Prozent dieser Infektionen durch entsprechende Hygienemaßnahmen vermeidbar wären.[345] Allein in Deutschland beläuft sich der daraus resultierende Anstieg der Behandlungskosten auf jährlich 1,5 Milliarden Euro.

Nicht zuletzt führen die vom Fallpauschalensystem vorgegebenen Fallpauschalen dazu, dass die Krankenhausbehandlung bereits bei leichter Überschreitung der Behandlungsdauer defizitär wird.[346] Die Behandlungsprozesse müssen daher so gestaltet werden, dass Fehler vermieden werden.[347] So muss die Behandlung von Anfang an qualitativ hochwertig durchgeführt werden, so dass Fehler, die nachträglich mit hohem Aufwand behoben werden müssten, gar nicht erst auftreten. Um die Wechselwirkungen zu berücksichtigten, ist die ausschließliche Betrachtung von Behandlungs-

---

343 Vgl. folgend Salfeld/Hehner/Wichels [Krankenhaus] 118 f.
344 Vgl. Paula [Patientensicherheit] 131.
345 Vgl. folgend Burchert [Lexikon] 195.
346 Vgl. Paula [Patientensicherheit] 131.
347 Vgl. folgend Allweyer [Geschäftsprozessmanagement] 271; Paula [Patientensicherheit] 132.

fehlern nicht ausreichend, vielmehr müssen die Kosten betrachtet werden. Grund hierfür ist, dass durch die Vermeidung von Fehlern zwar Kosten eingespart, die Qualität erhöht und die Verweildauer gesenkt werden können, jedoch die Durchführung von Fehler vermeidenden oder -behebenden Maßnahmen ebenfalls Kosten verursacht.

Steuerungsgröße	Ansatzpunkt der Steuerungsgrößen	Für Krankenhäuser geeignete Maßnahmen
Kostenstruktur	Wert- und Mengengerüst der Kosten	– Fixkostenmanagement – Vermeidung von Fehlern
Kostenniveau	Mengengerüst	– Verringerung der zeit- und mengenmäßigen Inanspruchnahme der Ressourcen – Vermeidung von Doppelarbeiten – Qualitätsmanagement
	Wertgerüst	– Optimierung der Einstandspreise – Outsourcing
Ausgestaltung des Behandlungsprozesses	Elemente des Behandlungsprozesses	– Vermeidung nicht-wertschöpfender Tätigkeiten, wie zum Beispiel Fehler – Outsourcing – Veränderung der Ablaufstruktur
Verweildauer	Reihenfolge und Elemente des Behandlungsprozesses	– Verringerung von Durchlauf- und Wartezeiten sowie Schnittstellen – Verminderung von nicht und indirekt wertschöpfenden Aktivitäten – Vermeidung von Fehlern
Qualität	Fehler	– Qualitätsmanagement

Tab. 13: Ansatzpunkte der Kostensteuerung von Behandlungsprozessen[348]

[348] Vgl. Allweyer [Geschäftsprozessmanagement] 266 ff.; Ertl-Wagner/Steinbrucker/Wagner [Zertifizierung] 17 ff; Ewert/Wagenhofer [Unternehmensrechnung] 266 ff.; Gaitanides [Entwicklung] 218 ff.; Greiling/Mormann/Westerfeld [Pfade] 125 ff.; Haller [Dienstleistungsmanagement] 176 ff.; Koch [Einführung] 93.

4 Besonderheiten der Fehlerkostenrechnung im Krankenhaus

4.1 Ausprägungen von Fehlerkosten im Krankenhaus

Fehlerkosten entstehen durch die Nichterfüllung von Qualitätsanforderungen und schließen diejenigen Kosten ein, die durch mangelhafte Qualität entstehen.[349] Beispiele hierfür sind Kosten, die für Abweichungen von Mengen- oder Zeitvorgaben oder, speziell im Krankenhaus, Kosten, die für die Behebung von Behandlungsfehlern entstehen. Damit stellen sie einen Teil der Qualitätskosten dar. Qualitätskosten sind nach DIN 55355 alle Kosten der Fehlerverhütung, der Qualitätsprüfung sowie der Fehlerbeseitigung und sind damit die Summe aller Kosten, die direkt oder indirekt für die Bemühungen um hochwertige Qualität von Produkten oder Prozessen anfallen.[350]

Zur weiteren Kategorisierung können Kosten der Fehlerursachenbeseitigung, Prüfkosten, Fehlervermeidungskosten, Fehlerbehebungskosten sowie Fehlerfolgekosten unterschieden werden.[351] **Kosten der Fehlerursachenbeseitigung** fallen für die Beseitigung von Schwachstellen im Unternehmen an, die im Rahmen einer Fehlerursachenanalyse aufgedeckt wurden.[352] **Prüfkosten** umfassen alle Kosten, die durch Personen und Material im Rahmen von Qualitätsprüfungen und -kontrollen anfallen.[353] Beispiele für Prüfkosten im Krankenhaus sind Kosten für Laborkontrollen oder Qualitätsdokumentation. Spielen Prüfkosten im Rahmen der normalen Aufgabenerfüllung der Qualitätslenkung eine nur untergeordnete Rolle, so können diese vernachlässigt werden.[354] **Fehlervermeidungskosten** umfassen alle Kosten für vorbeugende Maßnahmen, wie Kosten für Qualitätsschulungen oder die Kosten des Berichtswesens und der Qualitätslenkung selbst.[355]

---

349 Vgl. folgend Hahner [Qualitätskostenrechnung] 24 f.; Hensen [Qualitätsmanagement] 225.

350 Vgl. Haller [Dienstleistungsmanagement] 308; Wilken [Qualität] 165.

351 Vgl. Brunner/Wagner [Qualitätsmanagement] 255; Götze [Kostenrechnung] 247; Haller [Dienstleistungsmanagement] 308 f.; Töpfer [Qualität] 108; Wilken [Qualität] 167.

352 Vgl. Hahner [Qualitätskostenrechnung] 27 f.

353 Vgl. folgend Corsten/Gössinger [Produktion] 213; Hahner [Qualitätskostenrechnung] 22; Hensen [Qualitätsmanagement] 225; Weidner [Kosten] 901.

354 Vgl. Hahner [Qualitätskostenrechnung] 27 f.

355 Vgl. Corsten/Gössinger [Produktion] 213; Hahner [Qualitätskostenrechnung] 22; Weidner [Kosten]

Zu den Fehlerbehebungs- beziehungsweise Fehlerfolgekosten gehören Kosten, die für Nacharbeit und zusätzliche Nachsorge, Wiedergutmachung und Regressansprüche anfallen.[356] **Fehlerbehebungskosten** umfassen hierbei die Kosten für Ausschuss, zum Beispiel für nutzlos verbrauchtes Material oder Nacharbeit, und stellen damit eine 100-prozentige Blindleistung dar. Sie sind möglichst zu vermeiden, da ihnen keine Wertschöpfung gegenübersteht. **Fehlerfolgekosten** hingegen umfassen beispielsweise Schadensersatzzahlungen im Sinne von Gewährleistungskosten. Erleidet der Patient durch seine Behandlung im Krankenhaus einen Schaden, so kann dieser gegen das Krankenhaus oder die behandelnden Personen Schadensersatz- oder Schmerzensgeldansprüche geltend machen.[357] Zusätzlich kann das Krankenhaus nach § 230 Strafgesetzbuch wegen Körperverletzung oder nach § 222 Strafgesetzbuch auch wegen fahrlässiger Tötung belangt werden. Neben diesen Strafzahlungen spielen für Krankenhäuser auch der dadurch entstehende Imageverlust und der resultierende Anstieg der Versicherungsprämien eine bedeutende Rolle.[358] In Deutschland beispielsweise lässt sich ein zunehmender Anstieg an anerkannten Behandlungsfehlern und den damit verbundenen Schadenersatzzahlungen verzeichnen.[359]

Eine weitere Unterteilung der Qualitätskosten kann in die beiden Kategorien Übereinstimmungskosten (Konformitätskosten) und Abweichungskosten (Nichtkonformitätskosten) erfolgen.[360] Die **Übereinstimmungskosten** umfassen die Kosten für die Ressourcenverbräuche, die zur Erreichung der gewünschten Qualität notwendig sind, wie beispielsweise die Fehlerverhütungskosten. Die **Abweichungskosten** hingegen umfassen die Kosten für die Nichteinhaltung des Qualitätsniveaus, wie beispielsweise die internen Fehlleistungen im Sinne von Nachbearbeitungen.

Zu beachten ist, dass die Fehlerkosten zu **unterschiedlichen Zeitpunkten** anfallen können.[361] Während Prüfkosten beispielsweise während der Behandlung selbst an-

---

901.

[356] Vgl. auch fortfolgend Brunner/Wagner [Qualitätsmanagement] 252; Hahner [Qualitätskostenrechnung] 24 f.; Haller [Dienstleistungsmanagement] 308 f.; Töpfer [Qualität] 106 ff.

[357] Vgl. folgend Debong/Kleine/Pietrowski [Rahmenbedingungen] 13.

[358] Vgl. Brunner/Wagner [Qualitätsmanagement] 252; Töpfer [Qualität] 106.

[359] Vgl. Felber/Sonnleitner [Umsetzung] 155.

[360] Vgl. auch fortfolgend Deimel/Isemann/Müller [Kostenrechnung] 489; Götze [Kostenrechnung] 247.

[361] Vgl. folgend Hahner [Qualitätskostenrechnung] 30 ff.

fallen, fallen Kosten für Regressansprüche unter Umständen erst mit einer zum Teil erheblichen zeitlichen Differenz an. Aus diesem Grund ist es notwendig, die Fehlerkosten für die Behandlungsprozesse periodenübergreifend zu betrachten. Tab. 14 fasst die Kategorisierungsmöglichkeiten der Qualitätskosten zusammen.

Kostenkategorie nach Wertschöpfung	Kostenkategorie nach Funktionen	anfallende Kostenarten
Übereinstimmungskosten	– Fehlerverhütungskosten – Prüfkosten	– Lohnkosten – Prüfmaterialkosten
Abweichungskosten	– Fehlerkosten – Fehlerfolgekosten	

Tab. 14: Kategorisierung von Qualitätskosten [362]

Da die Übereinstimmungskosten für planbare Tätigkeiten anfallen, kann auch ihre Höhe weitestgehend exakt vorausgesagt werden. Anders verhält sich die Bestimmung der Abweichungskosten, die im Fokus der vorliegenden Arbeit stehen. Die Höhe der Abweichungskosten kann nur abgeschätzt werden, da der Zeitpunkt des Auftretens der zugrundeliegenden Fehler nicht exakt bekannt ist und die Höhe der korrespondierenden Fehlerkosten unsicher ist.

4.2 Problem der Unsicherheit der Höhe der Fehlerkosten

4.2.1 Wahrscheinlichkeitstheorie zur Beschreibung der Unsicherheit von Größen

Wie in Kapitel 2.2.1 beschrieben, handelt es sich bei der Patientenbehandlung um einen Prozess. Einzelne Behandlungsteilprozesse können hierbei mit bestimmten Wahrscheinlichkeiten eintreten. Ebenso können Fehler mit bestimmten Wahrscheinlichkeiten eintreten und entsprechende Maßnahmen zur Behebung der resultierenden Komplikationen notwendig machen. Diese Maßnahmen werden im weiteren Verlauf der Arbeit ebenfalls als Fehlerteilprozess, kurz Fehler, definiert.

Diese Wahrscheinlichkeiten der Teilprozesse können durch Risikofaktoren des Patienten, wie beispielsweise Alter oder Übergewicht, beeinflusst werden. Daher wird im

[362] in Anlehnung an Deimel/Isemann/Müller [Kostenrechnung] 490.

Rahmen der vorliegenden Arbeit die Behandlung im Krankenhaus einschließlich möglicher Fehler(-teilprozesse) als stochastischer Prozess definiert und mit stochastischen Methoden ausgewertet. **Stochastische Prozesse** stellen eine Folge von Zufallsgrößen über einen Zeitbereich dar und bilden somit Modelle für die zeitabhängige Entwicklung zufälliger Werte.[363] Diese stochastischen Modelle finden in Situationen Verwendung, in denen Vorgänge zufallsabhängig sind und ein Ergebnis nicht exakt vorhersagbar ist.[364] Um diese Vorgänge abbilden zu können, wird die Wahrscheinlichkeitsrechnung eingesetzt. Sie ist die mathematische Grundlage der stochastischen Modellierung.

Die **Wahrscheinlichkeitsrechnung** betrachtet Vorgänge, deren Ausgang vom Zufall abhängig und damit ungewiss ist.[365] Hierbei wird versucht, die Gesetzmäßigkeiten zu beschreiben und das Ausmaß der Sicherheit zahlenmäßig zu erfassen, mit der ein Ausgang des Vorgangs eintritt. Kennzeichen dieser Vorgänge, auch Zufallsvorgänge, **Zufallsexperiment** oder Zufallsbeobachtung genannt, ist, dass deren Ausgang trotz fester Rahmenbedingungen ungewiss ist und dass diese unter gleichen Bedingungen wiederholbar sind.[366] Die möglichen Ausgänge eines Zufallsexperiments werden als **Elementarereignisse** bezeichnet. Werden alle möglichen Elementarereignisse zusammengefasst, so erhält man den **Elementarereignisraum**, auch Wertebereich genannt. Das **Ereignis** selbst ist der interessierende Ausgang eines Experiments und ein Element des Wertebereichs. Es kann aus einem oder mehreren Elementarereignissen bestehen. Spezielle Formen von Ereignissen sind das unmögliche, das sichere, das disjunkte und das komplementäre Ereignis.[367] Während das unmögliche Ereignis als Ereignis definiert ist, welches nicht eintreten kann, tritt das sichere Ereignis auf jeden Fall ein. Disjunkte Ereignisse sind dadurch gekennzeichnet, dass der Durchschnitt zweier Ereignisse eine leere Menge bildet. Das Merkmal, welches den Ausgang eines Zufallsexperimentes beschreibt, wird als Zufallvariable bezeichnet (vgl. ausführlich Kapitel 5.3.1).

---

[363] Vgl. Eckstein [Statistik] 348, 372; Hillier/Lieberman [Research] 479; Mürmann [Prozesse] 223.
[364] Vgl. auch fortfolgend Cramer/Kamps [Statistik] 153.
[365] Vgl. folgend Boudier [Statistik] 2; Duller [Einführung] 159.
[366] Vgl. auch fortfolgend Boudier [Statistik] 6; Cramer/Kamps [Statistik] 154 ff; Duller [Einführung] 159 ff.
[367] Vgl. auch fortfolgend Duller [Einführung] 159 ff.

Im **Anwendungsfall** ist der Ausgang der einzelnen Behandlungsschritte ungewiss. Daher wird die Durchführung der gesamten Behandlung des Patienten als Zufallsexperiment aufgefasst. Die Zufallsvariablen stellen die Fehler, beziehungsweise deren korrespondierende Kosten dar, wodurch die Realisierung eines einzelnen Fehlers als Elementarereignis definiert werden kann. Die Menge aller möglichen Fehler beziehungsweise das Intervall der Werte, die die Fehlerkosten annehmen können, legt den Wertebereich fest. Nicht zuletzt stellt das Ereignis die tatsächliche Realisierung eines Fehlers oder einer Kombination aus Fehlern bei einer Behandlung beziehungsweise deren resultierende Fehlerkosten dar.

4.2.2 Unsicherheit als Einflussfaktor auf die Steuerung von Fehlerkosten

In Krankenhäusern sind Entscheidungen über die Behandlung zu treffen.[368] Jedoch können die Auswirkungen von medizinischen Entscheidungen nicht mit absoluter Sicherheit vorausgesagt werden. Darüber hinaus besteht die Gefahr, dass Komplikationen oder Nebenwirkungen auftreten. Ist dabei lediglich bekannt, dass ein Zustand eintreten kann, so spricht man von **Ungewissheit**.[369] Sind hingegen zusätzlich die Wahrscheinlichkeiten für das Eintreten der Zustände bekannt, so spricht man von **Risiko**. Die **Wahrscheinlichkeit** gibt dabei das Maß an, mit der ein zufälliges Ereignis eintritt.[370] Im vorliegenden Beispielszenario unterliegen das Eintreten von Fehlern und die Höhe der Fehlerkosten einer Unsicherheit. Dabei wird davon ausgegangen, dass Informationen über die Wahrscheinlichkeiten vorliegen und daher eine Problemstellung unter Risiko vorliegt.[371]

Neben der Unsicherheit über die Häufigkeit des Eintretens der Fehler liegen weitere Unsicherheiten vor, die Einfluss auf die Höhe der Fehlerkosten haben. Ihre Modellierung ist nötig, um eine Schätzung der Unsicherheit des Ergebnisses, in diesem Fall

---

[368] Vgl. folgend Siebert et al. [Modellierung] 275.

[369] Vgl. folgend Bamberg/Coenenberg/Krapp [Entscheidungslehre] 19; Eisenführ/Weber [Entscheiden] 19.

[370] Vgl. Eckstein [Statistik] 131; Spreckelsen/Spitzer [Medizin] 172.

[371] Vgl. zu den Verfahren bei unvollständigen Informationen und zu den Entscheidungsregeln bei Ungewissheit zum Beispiel Adam [Planung] 231 und Eisenführ/Weber [Entscheiden] 257 ff.

der Höhe der Fehlerkosten, vornehmen zu können.[372] Die Unsicherheiten resultieren aus dem Mangel an Wissen über den wahren Wert der Inputparameter. Sie wird typischerweise durch eine Wahrscheinlichkeitsverteilung für jeden Parameter repräsentiert. Wahrscheinlichkeitsverteilungen geben die Zusammengehörigkeit von Ereignissen und Wahrscheinlichkeiten an und bilden die Grundlage statistischer Analysen.[373] Dabei wird zwischen diskreten und stetigen Wahrscheinlichkeitsverteilungen unterschieden. Beispiele für **diskrete Verteilungen** sind Binominal-, hypergeometrische und geometrische Verteilung sowie die Poissonverteilung. Die **hypergeometrischen Verteilung** findet beispielsweise im Qualitätsmanagement Anwendung, wenn Teile auf Fehler untersucht werden und nicht wieder in den Produktionsprozess gelangen. Für sehr seltene Ereignisse kann die **Poissonverteilung** verwendet werden.[374] Mittels der **geometrischen Verteilung** können diskrete Lebensdauern oder Wartezeiten abgebildet werden.[375] Um zu bestimmen, wann ein Ereignis zum ersten Mal eintritt, wird hierzu die Zeitachse in gleich lange Zeitintervalle eingeteilt. Am Ende eines jeden Zeitintervalls erfolgt dann eine Überprüfung, ob das Ereignis eingetreten ist, wobei die Zufallsvariable die Wartezeit bis zum Eintreten des Ereignisses angibt. Zu den **stetigen** Verteilungen gehört die **Normalverteilung**.[376] Kann die Zufallsvariable nur Werte größer Null annehmen, so kann speziell die **logarithmische Normalverteilung** verwendet werden.[377] Sind nur wenige Werte der Verteilung bekannt, so kann die **Dreiecksverteilung** eingesetzt werden.[378]

Im Krankenhaus beeinflusst die **Individualität des Patienten** das Ergebnis von Behandlungsprozessen.[379] Grund hierfür ist die unterschiedliche Patientenkonstitution, die auch bei gleicher Diagnose einen unterschiedlichen Behandlungsablauf und damit auch unterschiedliche Kosten bedingen (Kapitel 4.4.2.3). Zur Analyse der Kosten können (diskrete) Untergruppen, im Sinne von **Risikoklassen**, gebildet oder stetige

---

[372] Vgl. auch fortfolgend Koerkamp et al. [Uncertainty] 651 f.
[373] Vgl. Toutenburg/Knöfel [Sigma] 103.
[374] Vgl. Cramer/Kamps [Statistik] 164 f.
[375] Vgl. auch fortfolgend Kohn [Statistik] 297 f.
[376] Vgl. Duller [Einführung] 199.
[377] Vgl. Schlittgen [Statistik] 264 f.
[378] Vgl. Davis/Pecar [Methods] 562 f.
[379] Vgl. Koerkamp et al. [Uncertainty] 651 f.

Einflussgrößen, die die Patientenheterogenität repräsentieren, einbezogen werden.[380] Beispielhaft kann eine Risikoklasse für Patienten mit einem erhöhten Cholesterinspiegel gebildet werden, da dieser einen Einfluss auf die Wahrscheinlichkeit eines Herzinfarkts haben kann. Innerhalb dieser Risikoklassen werden alle Individuen gleich behandelt. Für die einzelnen Gruppen werden jeweils spezifische Merkmalswerte angenommen und das hierfür erwartete Ergebnis ermittelt. Informationen zur Abgrenzung einzelner Patientengruppen können hierzu aus den Patientenakten gewonnen werden. Sind diese in Form einer elektronischen Patientenakte verfügbar, so ist es möglich, diese Informationen EDV-gestützt auszuwerten.

Nicht zuletzt sind die **Art** und die **Häufigkeit des Auftretens** von **Fehlern** unsicher. Daher muss zunächst eine Analyse der Fehler erfolgen. Dazu sind diejenigen Patientencharakteristika zu bestimmen, die einen Einfluss auf die Fehlerhäufigkeiten haben. Hierzu ist eine Ursachenanalyse durchzuführen, die beispielsweise mögliche Fehlerursachen sichtbar macht und mit Hilfe statistischer Tests vermutete Zusammenhänge aufzeigt oder widerlegt (vgl. Kapitel 5.2.2). Zusätzlich ist die Art und Stärke des Zusammenhangs zu ermitteln. Hierzu können Korrelations- und Regressionsanalysen durchgeführt werden. Beispiel für einen solchen Zusammenhang ist die erhöhte Wahrscheinlichkeit einer Nebendiagnose für eine abgegrenzte Altersgruppe.

4.3 Kostenrechnung zur Spezifizierung der Fehlerkosten

4.3.1 Ausgestaltung der Kostenrechnung

Die **Kostenrechnung** dient dem Kostenmanagement als Informations- sowie Datenlieferant und ermöglicht eine Übersicht über die angefallenen Kosten.[381] Für Krankenhäuser bildet die Krankenhaus-Buchführungsverordnung (KHBV) die Grundlage der Kostenrechnung. Sie „stellt die Mindestanforderungen an das Rechnungswesen für jedes Krankenhaus dar."[382] Nach § 8 KHBV hat das Krankenhaus „eine Kosten- und Leistungsrechnung zu führen, die eine betriebsinterne Steuerung sowie eine Be-

---

380 Vgl. auch fortfolgend Koerkamp et al. [Uncertainty] 651 f.

381 Vgl. Kajüter [Kostenmanagement] 12; Posluschny [Kostenmanagement] 18; Schlüpfer/Bauer [Controlling] 61.

382 Keun/Prott [Einführung] 7.

urteilung der Wirtschaftlichkeit und Leistungsfähigkeit erlaubt; sie muss die Ermittlung der pflegesatzfähigen Kosten sowie die Erstellung der Leistungs- und Kalkulationsaufstellung nach den Vorschriften der Bundespflegesatzverordnung ermöglichen." Detailvorschriften zum Aufbau der Kosten- und Leistungsrechnung werden hierbei nicht gegeben.[383] Als **Mindestanforderungen** werden jedoch eine Kostenartenrechnung sowie eine Kostenstellenrechnung vorgeschrieben. Mittels der **Kostenartenrechnung** wird die Höhe der Kosten erfasst und nach Kostenarten gegliedert.[384] Beispiele für Kostenarten sind Material- oder Personalkosten. Die Krankenhaus-Buchführungsverordnung legt die zu verwendenden Kostenarten und den Kontenrahmen fest.[385] Die **Kostenstellenrechnung** gibt den Ort beziehungsweise die Partialprozesse der Kostenentstehung an.[386] Sie liefert Informationen darüber, an welchen Leistungsstellen des Krankenhauses (Operationssaal, Labor etc.) die Kosten entstanden sind.[387] Sie dient der Kontrolle der Wirtschaftlichkeit in den Leistungsbereichen.

Die **Kostenträgerrechnung** erweist sich in der Mehrzahl der Krankenhäuser als unterentwickelt.[388] Aber gerade mit ihrer Hilfe werden die Kosten auf Produktgruppen, -arten, -funktionen oder -einheiten aufgeschlüsselt.[389] Zudem hat die Krankenhausführung oftmals ein nur geringes Wissen über ihre Kostenstrukturen.[390] Damit ist eine Neuausrichtung und Weiterentwicklung der Krankenhauskostenrechnung notwendig.[391] Hierzu ist, neben einer sauberen Erfassung der innerbetrieblichen Leistung als Basis einer Optimierung der Prozesse, auch die Einführung der Kostenträgerrechnung notwendig.[392] Bei der Dokumentation der kostenrelevanten Daten ist auf deren Vollständigkeit und Validität zu achten, wobei der Fallbezug zu jeder Zeit nachvollziehbar sein muss.

---

[383] Vgl. folgend Keun/Prott [Einführung] 8.
[384] Vgl. folgend Schweitzer/Küpper [Systeme] 78.
[385] Vgl. KHBV § 8 und Anlage 4.
[386] Vgl. Schweitzer/Küpper [Systeme] 122.
[387] Vgl. folgend Keun/Prott [Einführung] 8.
[388] Vgl. Töpfer [Kostenanalyse] 71; Vera [Entwicklungen] 142.
[389] Vgl. Schweitzer/Küpper [Systeme] 50.
[390] Vgl. Töpfer [Kostenanalyse] 71; Vera [Entwicklungen] 142.
[391] Vgl. Güssow/Greulich/Ott [Beurteilung] 179; Larbig/Ackermann [Instrumente] 340 f.
[392] Vgl. folgend Baukmann [Prüfung] 138; Eichhorn [Situation] 461; Larbig/Ackermann [Instrumente] 341.

Die konkrete **Zuordnung** der Kosten zu den behandelten Patienten kann jedoch Schwierigkeiten bereiten.[393] Grund hierfür ist der hohe Anteil an Gemeinkosten bei der Behandlung der Patienten. Erschwert wird die Zuordnung zusätzlich dadurch, dass im Regelfall nicht nur eine einzige Abteilung an der Behandlung eines Patienten beteiligt ist.[394] Vielmehr erfolgt eine abteilungsübergreifende Zusammenarbeit, beispielsweise in der Form von Konsilen[395] oder Laborleistungen. Zudem wird das Krankenhauspersonal, insbesondere die Pflegekräfte, für vielfältige Leistungen eingesetzt, was eine verursachungsgerechte Zuordnung zu Kostenträgern erschwert.[396] Auch können die fallspezifischen Kosten in Folge der Individualität des Patienten stark variieren und eine korrekte Zuordnung erfordert einen sehr hohen Erfassungsaufwand.[397]

4.3.2 Spezielle Anforderungen an die Kostenträgerrechnung im Krankenhaus

Das aus der Krankenhaus-Buchführungsverordnung resultierende Instrumentarium der Kostenrechnung wird lediglich der geforderten Dokumentationspflicht gerecht.[398] Ausgangspunkt einer betriebswirtschaftlichen Steuerung des Leistungsgeschehens bildet die **Kostenträgerrechnung**.[399] Sie liefert ein Instrument zur Wirtschaftlichkeitskontrolle sowie detaillierte Informationen über die Kosten der Prozesse. Im Krankenhaus besteht jedoch das Problem, dass durch das Fehlen eines physischen Produktes der Kostenträger nicht direkt bestimmt werden kann.[400] Als Kostenträger im Gesundheitsbetrieb können alle am Patienten erbrachten medizinischen Dienstleistungen, wie zum Beispiel die Behandlung selbst, betrachtet werden.[401] Somit ist es möglich, den Patienten als individuellen Kostenträger im Sinne einer Kostenträger-

---

393 Vgl. Greiner/Damm [Berechnung] 31; Lux/Raphael [Informationssysteme] 73.
394 Vgl. folgend Rieben/Müller [mipp] 79; Rieben et al. [Kostenträgerrechnung] 54.
395 „Das Konsil ist (...) eine Form der Einbeziehung eines zweiten Arztes in die Behandlung eines Patienten." Burchert [Lexikon] 158.
396 Vgl. Maltry/Strehlau-Schwoll [Kostenrechnung] 558 f.
397 Vgl. Greiner/Damm [Berechnung] 31.
398 Vgl. Friedl/Multerer/Ott [Erfolg] 285.
399 Vgl. folgend Brösel/Köditz/Schmitt [Anforderungen] 250; Hentze/Kehres [Kosten] 108; Larbig/Ackermann [Instrumente] 340.
400 Vgl. Töpfer [Kostenanalyse] 74.
401 Vgl. Frodl [Gesundheitsbetrieb] 77 f.

stückrechnung zu sehen.[402] Auch bieten sich innerhalb der Kostenträgerrechnung Fallgruppen beziehungsweise einzelne Behandlungsfälle als Kostenträger an.[403]

Beeinflusst wird die Kostenträgerrechnung im Krankenhaus insbesondere durch die differenzierte Leistungserstellung sowie die spezifische Kostensituation. Die **differenzierte Leistungserstellung** zeigt sich im komplexen abteilungsübergreifenden Behandlungsablauf, der neben der Diagnostik, Therapie und Pflege auch die Beherbergung des Patienten beinhaltet.[404] Aufgrund dieser komplexen Behandlungsabläufe stoßen herkömmliche Verfahren zur Kostenträgerrechnung, wie die der Zuschlagskalkulation, die die Kosten auf der Basis wertmäßiger Größen verrechnet, an ihre Grenzen.[405] Die **spezifische Kostensituation** der Krankenhäuser wird durch die Notwendigkeit einer ständigen Aufrechterhaltung der Leistungsbereitschaft bestimmt. Diese führt dazu, dass viele Kosten, wie beispielsweise die Personalkosten als Fixkosten anfallen.[406] Aufgrund dieses hohen Fixkostenanteils erweist sich die Kostenzurechnung als schwierig. Basis einer vollständigen Kostentransparenz ist jedoch die hinreichend genaue Unterscheidung zwischen Einzel- und Gemeinkosten und fixen und variablen Kostenbestandteilen.[407]

Eine solch differenzierte Dokumentation der Kosten bildet die Basis für die Kostentransparenz beziehungsweise für die **Zuordnung von Ressourcen** auf die Behandlungstätigkeiten.[408] Hierfür müssen zunächst detaillierte Informationen über die zu erbringenden beziehungsweise erbrachten Leistungen gesammelt werden.[409] Darüber hinaus sind Angaben über die die Leistung anfordernde Abteilung und über die Patienten erforderlich. Dies ist von besonderer Bedeutung, da sich die Behandlungskosten des Patienten je nach dessen individueller Konstitution unterscheiden kön-

---

[402] Vgl. Jap/Wagner [Aspekte] 36; Töpfer [Kostenanalyse] 74.
[403] Vgl. Vera [Entwicklungen] 142.
[404] Vgl. Brösel/Köditz/Schmitt [Anforderung] 248; Multerer/Friedl/Serttas [Gestaltung] 605.
[405] Vgl. Franz/Winkler [Gemeinkosten] 104.
[406] Vgl. folgend Bruhn [Erfolgskette] 405 f.; Töpfer [Kostenanalyse] 75.
[407] Vgl. Maltry/Strehlau-Schwoll [Kostenrechnung] 554.
[408] Vgl. Franz/Winkler [Gemeinkosten] 104; Schmidt [Prozessoptimierung] 32 f.
[409] Vgl. folgend Hentze/Kehres [Kosten] 78 ff.

nen.[410] Auch ist eine Unterscheidung sinnvoll, ob die Leistungen innerhalb der Regelarbeitszeit oder bei Bereitschaftsdiensten erbracht wurden.

Im Krankenhaus liefert die Kostenträgerrechnung Patienten- und Leistungsinformationen, auf deren Grundlage fundierte Diskussionen sowohl innerhalb des Personals als auch mit den Krankenkassen geführt werden können.[411] In diesem Zusammenhang können beispielsweise Budgetabweichungen zu Vergleichskrankenhäusern leistungsbezogen aufbereitet oder Aussagen über Auswirkungen von Leistungsänderungen hinsichtlich der Kosten analysiert werden. Somit bildet die Kostenträgerrechnung die Grundlage für die zukünftige Gestaltung des Leistungsspektrums im Sinne einer strategischen Leistungsplanung. In Deutschland verfügt allerdings nur ein sehr geringer Teil der Krankenhäuser über eine funktionierende Kostenträgerrechnung, obwohl verlässliche fallbezogene Informationen die Grundlagen der operativen und strategischen Entscheidungen bilden.[412] Daher wird es in Zukunft zusätzlich erforderlich sein, die Kostenträgerrechnung weiterzuentwickeln und sie hinsichtlich einer prozessorientierten Kalkulation der Behandlungskosten auszubauen.[413]

4.3.3 Anforderungen an die Fehlerkostenrechnung

Ein **Fehlermanagement** umfasst die Elemente der Fehlerdefinition, Fehleridentifikation, Fehlerevaluation, Fehlermeldung und Fehlerprävention.[414] Die Fehlerdefinition beantwortet die Frage „Was ist ein Fehler?". Nach der Definition und der darauf folgenden Identifikation der Fehler im Prozess müssen diese im Rahmen der Evaluation analysiert und klassifiziert werden. Hierbei sind sowohl Fehlerart, als auch Fehlerhäufigkeit von Bedeutung.[415] Die Fehlerart bestimmt die Höhe der Fehlerkosten, da diese vom Ausmaß und der Wirkung der Fehler abhängig sind. Die Fehlerhäufigkeit bestimmt ebenfalls die Höhe der Fehlerkosten. Durch eine Bewertung der Fehler können diejenigen bestimmt werden, die zu den höchsten Kosten führen und damit

---

[410] Vgl. Bruhn [Erfolgskette] 410; Corsten/Gössinger [Dienstleistungsmanagement] 243.
[411] Vgl. auch fortfolgend Hentze/Kehres [Kosten] 108; Tuschen/Philippi [Entgeltsystem] 49.
[412] Vgl. Larbig/Ackermann [Instrumente] 336.
[413] Vgl. Larbig/Ackermann [Instrumente] 344.
[414] Vgl. auch fortfolgend Glazinski/Wiedensohler [Fehlerkultur] 16 ff.
[415] Vgl. folgend Wilken [Qualität] 211.

das größte Verbesserungspotenzial bieten.[416] Die abschließende Fehlerprävention kann nicht nur auf der Prozessebene, sondern auch auf der Verhaltens- oder auf der Organisationsebene ansetzen[417]

Im Krankenhaus gestaltet sich die vollständige Bestimmung und Analyse der Qualitäts- und damit insbesondere auch der Fehlerkosten als schwierig.[418] Grund hierfür ist die spezifische Kostenstruktur der Krankenhäuser und die damit verbundene Problematik der Zurechnung der Kosten auf die Kostenträger. Im Rahmen der herkömmlichen Kostenrechnung wird nur ein geringer Teil der Kosten als fehlerbedingte Kosten ausgewiesen.[419] Eine aussagekräftige Wirtschaftlichkeitskontrolle der Qualitätssicherung wird dadurch erschwert. Folglich müssen die vorhandenen Kostenrechnungssysteme erweitert werden. Eine Fehlerkostenrechnung als **Sonderrechnung** stellt kein paralleles Verfahren zur herkömmlichen Kostenrechnung dar, sondern ist als statistische Nebenrechnung zu implementieren.[420] Sie soll die Fehlerkosten bestimmen und dabei helfen ihre Zusammensetzung zu analysieren.[421] Damit kann sie nach HAHNER als „ein Informationssystem, das aufgrund der periodischen Erfassung, Aufschlüsselung und Analyse von Fehlerverhütungs-, Prüf- und Fehlerkosten eine wirtschaftliche Qualitätslenkung ermöglicht“[422], definiert werden. Im Krankenhaus muss eine Kostenrechnung implementiert werden, die die Individualität berücksichtigt und eine Darstellung von Behandlungsvarianten erlaubt. Um diese zu erreichen, benötigt sie außer den Daten aus der Kostenrechnung zusätzlich Informationen aus dem Betriebsprozess. Ein möglicher Ansatz hierfür ist die Prozesskostenrechnung.[423]

In der **vorliegenden Arbeit** liegt die Behandlung des Patienten als Kernprozess im Fokus der Ausführungen. Hierbei sollen nicht nur die Kosten, die unmittelbar wäh-

---

[416] Vgl. Götze [Kostenrechnung] 247; Hahner [Qualitätskostenrechnung] 13 f.
[417] Vgl. Glazinski/Wiedensohler [Fehlerkultur] 16 ff.
[418] Vgl. folgend Haller [Dienstleistungsmanagement] 308 f.
[419] Vgl. auch fortfolgend Haller [Dienstleistungsmanagement] 308 f.; Schmidt [Entwicklung] 20; Weidner [Kosten] 900.
[420] Vgl. Hahner [Qualitätskostenrechnung] 14.
[421] Vgl. Haller [Dienstleistungsmanagement] 308 f.
[422] Hahner [Qualitätskostenrechnung] 11.
[423] Vgl. Haller [Dienstleistungsmanagement] 308 f.

rend des primären Krankenhausaufenthalts entstehen, betrachtet werden, sondern auch diejenigen, die unter Umständen erst zu einem späteren Zeitpunkt anfallen. Beispiel hierfür sind Kosten für Nacharbeit oder Schadensersatzansprüche. Diese Betrachtung erlangt vor dem Hintergrund des Fallpauschalensystems eine besondere Bedeutung. So treten die Auswirkungen von Fehlern unter Umständen nicht unmittelbar, sondern erst später auf. Damit ist es möglich, dass sich der Gesundheitszustand des Patienten nach seiner Entlassung verschlechtert und somit eine Wiederaufnahme nötig wird. Ist dies innerhalb einer vorgeschriebenen Zeitspanne der Fall, so wird der Patient in denselben Fall eingeordnet (vgl. Kapitel 2.1.2). Damit erfolgt im Rahmen der Fehlerkostenrechnung eine Betrachtung der Abweichungskosten (vgl. Kapitel 4.1).

4.4 Prozesskostenrechnung als ausgewähltes Instrument der Kostenrechnung zur Abbildung der Fehlerkosten

4.4.1 Eignung der Prozesskostenrechnung für Krankenhäuser

Grundlage aller zielorientierten Steuerung der Krankenhausprozesse ist eine transparente Kostensituation.[424] Als ein mögliches Instrument zur Kostenträgerrechnung steht dem Management die **Prozesskostenrechnung** zur Verfügung.[425] Als Weiterentwicklung der traditionellen Kostenrechnungssysteme ermöglicht sie eine verursachungsgerechte Verteilung der Gemeinkosten auf die erbrachten Leistungen, hier auf die Krankenhausleistungen.[426] Hierfür werden die Gemeinkosten systematisch über Bezugsgrößen, wie beispielsweise Beanspruchungszeiten, auf die Kostenträger verrechnet.[427] So wird eine Kostentransparenz in den indirekten Bereichen geschaffen, welche die Basis einer effizienten Ressourcensteuerung bildet.[428]

---

[424] Vgl. Düsch/Platzköster/Steinbach [Kostenträgerrechnung] 151 f.

[425] Vgl. Kothe-Zimmermann [Prozessoptimierung] 66; Troßmann [Koordination] 200.

[426] Vgl. Allweyer [Geschäftsprozessmanagement] 238; Männel [Entwicklungsperspektiven] 49; Vera/Kuntz [Organisation] 179.

[427] Vgl. zum Vorgehen der Prozesskostenrechnung ausführlich Troßmann/Baumeister [Internes] 235 ff.

[428] Vgl. Franz/Winkler [Gemeinkosten] 104.

Zu Beginn der Prozesskostenrechnung werden die verschiedenen Tätigkeiten den Kostenstellen zugeordnet.[429] Dem schließt sich die Aufstellung einer Prozesshierarchie an. In einem nächsten Schritt müssen aussagefähige Kostentreiber ermittelt und Prozesskostensätze berechnet werden. Danach werden die Gemeinkosten entsprechend ihrer Inanspruchnahme auf die Kalkulationsobjekte verteilt. Im Krankenhaus bietet der Einsatz der Prozesskostenrechnung den Vorteil, dass im Gegensatz zur pauschalen Zuordnung der Kosten über Pflegetage oder Behandlungsfälle eine verursachungsgerechte Zuordnung der Kosten auf Kostenträger ermöglicht wird.[430]

Die Prozesskostenrechnung eignet sich grundsätzlich nicht nur für Industriebetriebe, sondern auch für **Dienstleistungsunternehmen** und damit auch für Krankenhäuser.[431] Ihre Anwendung findet auf repetitive Arbeitsabläufe statt. Mit ihrer Hilfe sollen insbesondere in personalintensiven Dienstleistungsbereichen Art und Menge der Ressourcennutzung aufgedeckt werden.[432] Somit sind die Ziele der Prozesskostenrechnung die Analyse der Kosten sowie die laufende Prüfung der Leistungsfähigkeit des Prozesses.[433] Dabei erfolgt nicht eine ausschließliche Betrachtung einzelner Kostenstellen, sondern der Fokus wird vielmehr auf kostenstellenübergreifende Betriebsabläufe gerichtet.[434] Ausgangspunkt hierfür ist die Zusammenfassung sachlich zusammenhängender Tätigkeiten zu Prozessen, wobei diese auch über Kostenstellen hinweg vorliegen können.[435] Die stärkere Orientierung an patientenbezogenen Prozessabläufen bildet den zentralen Vorteil der Prozesskostenrechnung gegenüber der herkömmlichen Kostenrechnungsmethoden für Krankenhäuser.[436] Durch die Betrachtung von kostenstellenübergreifenden Prozessen ermöglicht die Prozesskostenrechnung eine Durchleuchtung von Kostenbestimmungsfaktoren und bildet

---

[429] Vgl. auch fortfolgend Götze [Grundlagen] 6; Güssow/Greulich/Ott [Beurteilung] 182; Langenbeck [Leistungsrechnung] 199; Troßmann/Baumeister [Internes] 235 ff.

[430] Vgl. Czech/Güssow [Pfadkostenrechnung] 194; Deimel/Isemann/Müller [Kostenrechnung] 328.

[431] Vgl. Götze [Grundlagen] 6.

[432] Vgl. Langenbeck [Leistungsrechnung] 192; Männel [Entwicklungsperspektiven] 53; Raphael/Schenck [Performance] 252.

[433] Vgl. Bruggeman/Moreels/Bruyneel [Paradigm] 53; Stöger [Produktivität] 132 f.

[434] Vgl. Schüpfer/Bauer [Controlling] 64.

[435] Vgl. Möller/Cassack [Planung]165.

[436] Vgl. Breu [Prozessmanagement] 191.

den Ausgangspunkt für eine Optimierung von Strukturen und Abläufen.[437] Somit geht die Denkweise weg von einer bloßen Verrechnung der Gemeinkosten hin zu einem Ansatz, der die Kosten der Nutzung der Ressourcen fokussiert.[438]

Als **Schwächen** einer falsch durchgeführten Prozesskostenrechnung werden ihr Vollkostencharakter und das Problem der Proportionalisierung kurzfristig nicht veränderbarer Kosten angesehen.[439] Bei Vollkostenrechnungen werden die erfassten Kosten auf die Kostenträger verteilt, wohingegen Teilkostenrechnungen nur die Kosten auf den Kostenträger verrechnen, die auch direkt oder indirekt von ihm abhängen.[440] Im Rahmen des Fallpauschalensystems wird jedoch vom Gesetzgeber eine Vollkostenrechnung gefordert, die alle Kosten eines Behandlungsfalles abbildet.[441]

Die Prozesskostenrechnung eignet sich zur Nachkalkulation der Behandlungen. Unabhängig davon sollte für kurzfristige Entscheidungen parallel ein Kostenrechnungssystem auf Teilkostenbasis eingeführt werden. Die Prozesskostenrechnung sollte damit nicht als Alternative, sondern als Ergänzung bestehender Kostenrechnungssysteme betrachtet werden. Zudem kann sie so ausgestaltet werden, dass Fixkostenanteile, die nicht mit den Kostentreibern variieren, auch als abzugrenzender Fixkostenblock im Rahmen einer Deckungsbeitrags- oder einer allgemeinen Erfolgsrechnung weiterverrechnet werden.[442]

4.4.2 Time-Driven Activity-Based Costing als Weiterentwicklung der Prozesskostenrechnung

4.4.2.1 Kostenermittlung im Time-Driven Activity-Based Costing

Eine Variante der Prozesskostenrechnung ist das Time-Driven Activity-Based Costing. Ziel der Prozesskostenrechnung, als auch desTime-Driven Activity-Based Cos-

---

437 Vgl. Becker [Prozesse] 207; Männel [Entwicklungsperspektiven] 50, 89; Stöger [Prozessmanagement] 194.

438 Vgl. Ewert/Wagenhofer [Unternehmensrechnung] 254 f.

439 Vgl. Männel [Entwicklungsperspektiven] 59 ff.; Troßmann/Baumeister [Internes] 99.

440 Vgl. Schweitzer/Küpper [Systeme] 63; Troßmann/Baumeister [Internes] 232.

441 Vgl. Güssow/Greulich/Ott [Beurteilung] 179 ff.

442 Vgl. Troßmann/Baumeister/Werkmeister [Controlling] 47 ff.

tings, ist die **verursachungsgerechte Verteilung von Gemeinkosten**.[443] Hierfür werden die Prozessabläufe mit ihren Varianten im Unternehmen abgebildet und konsequent ausschließlich die Kosten der genutzten Ressourcen auf die Prozesse verrechnet.[444] Im Anwendungsfall können die Kosten detaillierter Bezugsobjekte, wie die des einzelnen Patienten oder auch einer Fallpauschale, ermittelt werden. Der Ablauf des Time-Driven Activity-Based Costing gliedert sich in die folgenden sechs Schritte:[445]

- Ermittlung der tatsächlich zur Verfügung stehenden Ressourcenkapazität,
- Berechnung des Minutenkostensatzes der Ressource,
- Ermittlung der Zeitverbrauchsfunktion des Teilprozesses,
- Ermittlung der Ressourcenverbrauchsfunktion des Teilprozesses,
- Berechnung der Kosten des Teilprozesses und
- Zuordnung der Kosten des Teilprozesses zu einem Kostenträger.

In einem ersten Schritt werden zunächst die tatsächlich zur **Verfügung stehenden Netto-Ressourcenkapazitäten** der Ressourcen bestimmt.[446] Bei der Berechnung dieser tatsächlich zur Verfügung stehenden Kapazität wird einbezogen, dass nicht die gesamte Arbeitszeit produktiv genutzt werden kann. Vielmehr muss sowohl für Urlaub und Pausen als auch für Schulungen, Meetings oder ähnliches Zeit aufgewendet und berücksichtigt werden. In der Literatur wird daher ein pauschaler Abschlag in Höhe von 15-20 Prozent auf die Brutto-Ressourcenkapazitäten vorgeschlagen,[447] CONERS spricht sogar von einem Abschlag in Höhe von 30 Prozent.[448]

Beispielhaft soll die **Netto-Ressourcenkapazität** einer Pflegekraft berechnet werden. Für die Berechnung wird im vorliegenden Beispiel von einer durchschnittlichen Arbeitszeit von 7,5 Stunden pro Tag ausgegangen.[449] Mit einem pauschalen Ab-

[443] Vgl. Kaplan/Anderson [Time] 5 ff.
[444] Vgl. Coners/von der Hardt [Time] 108; Kaplan/Anderson [Time] 8.
[445] Vgl. auch fortfolgend Kaplan/Anderson [Time] 10 ff.
[446] Vgl. folgend Kaplan/Anderson [Time] 10 f.
[447] Vgl. Bruggeman/Moreels [Emergence] 601.
[448] Vgl. Coners [Zeitstudien] 257 f.
[449] Vgl. Kaplan/Porter [Cost Crisis] 51 ff.

schlag von 20 Prozent ergibt sich eine Nettokapazität in Höhe von 6 Stunden pro Tag beziehungsweise 360 Minuten pro Tag. Während die Anzahl an Urlaubstagen beispielsweise aus tariflichen Vorgaben für einzelne Bundesländer abgeleitet werden kann, wird bei der Angabe der Feiertage von zwölf Feiertagen pro Jahr ausgegangen, wobei davon statistisch gesehen zwei mit einem Wochenende zusammenfallen. Die Anzahl der Krankheitstage wird aus einem Erfahrungswert abgeleitet. Die Berechnung der Arbeitstage im Jahr beziehungsweise im Monat ergibt sich damit wie in Tab. 15 dargestellt.

Die Zeit, in der die Pflegekraft im Monat zur Verfügung steht, wird berechnet, indem die Anzahl der Arbeitstage im Monat mit den zur Verfügung stehenden Minuten pro Tag multipliziert wird.[450] Damit ergibt sich für das vorliegende Beispiel eine **Bruttokapazität** in Höhe von 8.212,50 Minuten pro Monat. Da jedoch ein Abschlag in Höhe von 20 Prozent für Pausen und ähnliches berücksichtigt werden muss, stehen für die Arbeit am Patienten lediglich 6.570 Minuten pro Monat als **Nettokapazität** zur Verfügung. Damit ergibt sich die Leerkapazität der Ressource als Differenz der beiden Werte in Höhe von 1.642,50 Minuten pro Monat. Diese **Leerkapazität** steht nicht für die Pflege oder Behandlung des Patienten zur Verfügung.

	Tage im Jahr	365	Tage
–	Wochenendtage	104	Tage
–	Urlaubstage	25	Tage
–	Feiertage	10	Tage
–	Krankheitstage	7	Tage
=	Arbeitstage pro Jahr	219	Tage
=	Arbeitstage pro Monat	18,25	Tage
=	Arbeitsminuten pro Monat	8.212,50	Minuten

Tab. 15: Berechnung der Arbeitszeit einer Pflegekraft[451]

In einem zweiten Schritt werden die **Minutenkostensätze c_b** der Ressourcen, die an der Prozessdurchführung beteiligt sind, berechnet. Die Minutenkostensätze, auch

[450] Vgl. Kaplan/Porter [Cost Crisis] 52.
[451] Vgl. Baltzer/Zirkler [Time-driven] 31; Kaplan/Porter [Cost Crisis] 52.

Kapazitätskostenrate oder Ressourcenkostensatz genannt, werden bestimmt durch die Division der Kosten einer Ressource durch ihre Nettokapazität.[452]

$$c_b = \frac{\text{Kosten pro Periode der Ressource b}}{\text{Nettokapazität pro Periode der Ressource b}} \qquad (1)$$

mit b = {1, 2, ..., B}, wobei B die Anzahl der verschiedenen Ressourcen darstellt.

Im Krankenhaus können die Ressourcen für einzelne Mitarbeiter oder einzelnen Berufsgruppen stehen. Im Anwendungsfall wird angenommen, dass alle Personen innerhalb einer Berufsgruppe derselben Bezahlung unterliegen. Daher werden die unterschiedlichen Berufsgruppen als Ressourcen definiert. Zur Erfassung und Verrechnung der Kosten werden Kostenarten verwendet. Mit ihrer Hilfe können die Kosten der einzelnen Ressourcen differenziert werden.[453] Im Krankenhaus werden laut Kalkulationshandbuch unter anderem die folgenden Kostenarten unterschieden:[454]

- Personalkosten Pflege-/Erziehungsdienst,
- Personalkosten ärztlicher Dienst,
- Personalkosten medizinisch-technischer Dienst/Funktionsdienst,
- Personalkosten Psychologen,
- Personalkosten Sozialarbeiter/Sozial-/Heilpädagogen und
- Personalkosten Spezialtherapeuten.

Im vorliegenden Beispiel ergibt sich bei angenommenen monatlichen Kosten für eine Pflegekraft in Höhe von 3.000 € und einer Nettoarbeitszeit von 6.570 Minuten der Ressourcenkostensatz c_1 einer Pflegekraft wie folgt:

$$c_1 = \frac{3.000\ \text{€/Monat}}{6.570\ \text{Min./Monat}} \approx 0{,}46\ \text{€/Min.} \qquad (2)$$

---

[452] Vgl. Sarens/Anderson/Levant [Cost] 176.
[453] Vgl. Gaitanides [Entwicklung] 227; Troßmann/Baumeister [Internes] 47 ff.
[454] Vgl. auch fortfolgend Institut für das Entgeltsystem im Krankenhaus GmbH [Handbuch] 129.

In einem dritten Schritt wird die **Zeitverbrauchsfunktion** des zu untersuchenden Prozesses erstellt.[455] Der zugrundeliegende Prozess kann in verschiedenen **Varianten y** durchgeführt werden, die seinen Umfang und Ablauf bestimmen. Zur Beschreibung des Prozesses wird dieser in Teilprozesse und Aktivitäten unterteilt (vgl. auch fortfolgend Abb. 2). So besteht der Prozess selbst aus mehreren **Teilprozessen i**, wobei i = {1, 2, ..., I} und I die Anzahl der Teilprozesse angibt. Zur Durchführung der Teilprozesse sind wiederum verschiedene **Aktivitäten j**, im Sinne von Arbeitstätigkeiten, notwendig, wobei j = {1, 2, ..., J} und J gleich der maximalen Anzahl an Aktivitäten ist. Im Time-Driven Activity-Based Costing werden die Aktivitäten zur Durchführung einer Variante des Teilprozesses durch ihre Durchführungszeiten beziehungsweise **Zeitbedarfe** $\boldsymbol{\beta_{i,j,b}}$ und ihre **Zeittreiber** $\boldsymbol{X_{i,j,y}}$ gekennzeichnet. Die Aktivitäten selbst werden durch die Ressourcen b mit b = {1, 2, ..., B}, mit B gleich der maximalen Anzahl an Ressourcen, durchgeführt.

Im **Anwendungsfall** entspricht die **Behandlung** des Patienten, die mit Hilfe eines klinischen Behandlungspfades abgebildet wird, dem Prozess. Art und Umfang der Behandlung werden durch die Individualität des Patienten bestimmt. Die jeweiligen beeinflussenden Eigenschaften des Patienten stehen jeweils für eine **Risikogruppe**, die Einfluss auf die Kosten des Prozesses hat. Die Auswirkungen der Risikogruppen auf die Kosten werden im Time-Driven Activity-Based Costing durch die Verwendung von Wenn-Dann-Beziehungen sichergestellt. Jedoch kann der Patient mehreren dieser Risikogruppen angehören. Diese Kombination aus Risikogruppen bestimmt die durchzuführende Variante des Prozesses. Daher wird in der vorliegenden Arbeit jede mögliche Kombination der Risikogruppen als **Risikoklasse y** definiert, die jeweils genau einer Behandlungsvariante entspricht. Somit kann jeder Patient aufgrund seiner Zuordnung zu den einzelnen Risikogruppen genau einer Behandlungsvariante zugeordnet werden. Die Teilprozesse entsprechen den einzelnen **Behandlungsschritten i** des klinischen Behandlungspfades, dem die Behandlung zugeordnet ist. Beispiel hierfür sind einzelne Untersuchungen oder die Durchführung einer Operation.

---

[455] Vgl. auch fortfolgend Baltzer/Zirkler [Time-driven] 38; Bruggeman/Everaert/Levant [Contribution] 9 ff.; Kaplan/Anderson [Time] 15 f.

Zur Durchführung dieser Behandlungsschritte sind wiederum einzelne **Aktivitäten j** notwendig. Diese werden durch die **Zeitbedarfe** $\boldsymbol{\beta_{i,j,b}}$ und die risikoklassenabhängigen **Zeittreiber** $\boldsymbol{X_{i,j,y}}$ beschrieben. Beispiel hierfür ist, dass einzelne Untersuchungen nur für Personen einer bestimmten Altersgruppe anfallen. Die Aktivitäten werden durch die **Ressourcen b** ausgeführt.

Die **Zeitverbrauchsfunktionen** bilden die durch den Teilprozess beanspruchten Ressourcen in Form von Zeitangaben ab.[456] Sie haben den Vorteil, dass die Beanspruchung mehrerer Ressourcen durch einen Teilprozess abgebildet werden kann.[457] Dies ist notwendig, da beispielsweise bei der Durchführung einer Computertomografie sowohl die Kapazität des Computertomografen als auch die der Pflegekräfte beansprucht werden und somit Einfluss auf die Höhe der Kosten haben. Um die unterschiedlichen Ressourcenverbräuche der Teilprozesse abbilden zu können, werden die Zeitverbrauchsfunktionen mit Hilfe von Wenn-Dann-Beziehungen dargestellt.[458] Dies ist insbesondere aufgrund der Individualität der Patienten ein wichtiges Kriterium für die Eignung des Time-Driven Activity-Based Costing für die Krankenhauskostenrechnung. So können die im Krankenhaus vorliegenden komplexen Behandlungsabläufe unter Berücksichtigung der Individualität der Patienten kostenrechnerisch exakt dargestellt werden. Durch die Verwendung der Wenn-Dann-Beziehungen können zudem nicht-lineare und sprungfix verlaufende Prozesskostenfunktionen modelliert werden.[459]

Eine Zeitverbrauchsfunktion für den Teilprozess „Aufnahme eines Patienten auf die Station“ durch eine Pflegekraft kann wie folgt aussehen:

$$\text{Zeit der Pflegekraft für Aufnahme} = \begin{cases} 15 \text{ Minuten für Neuaufnahme} \\ 5 \text{ Minuten für Wiederaufnahme} \end{cases} \quad (3)$$

[456] Vgl. Grob/Bensberg/Coners [Analytisch] 604.

[457] Vgl. Grob/Bensberg/Coners [Analytisch] 603; Hoozée/Bruggeman [ABC] 186; Sarens/Anderson/Levant [Cost] 176.

[458] Vgl. Coners/von der Hardt [Time] 113.

[459] Vgl. Coners/von der Hardt [Time] 113.

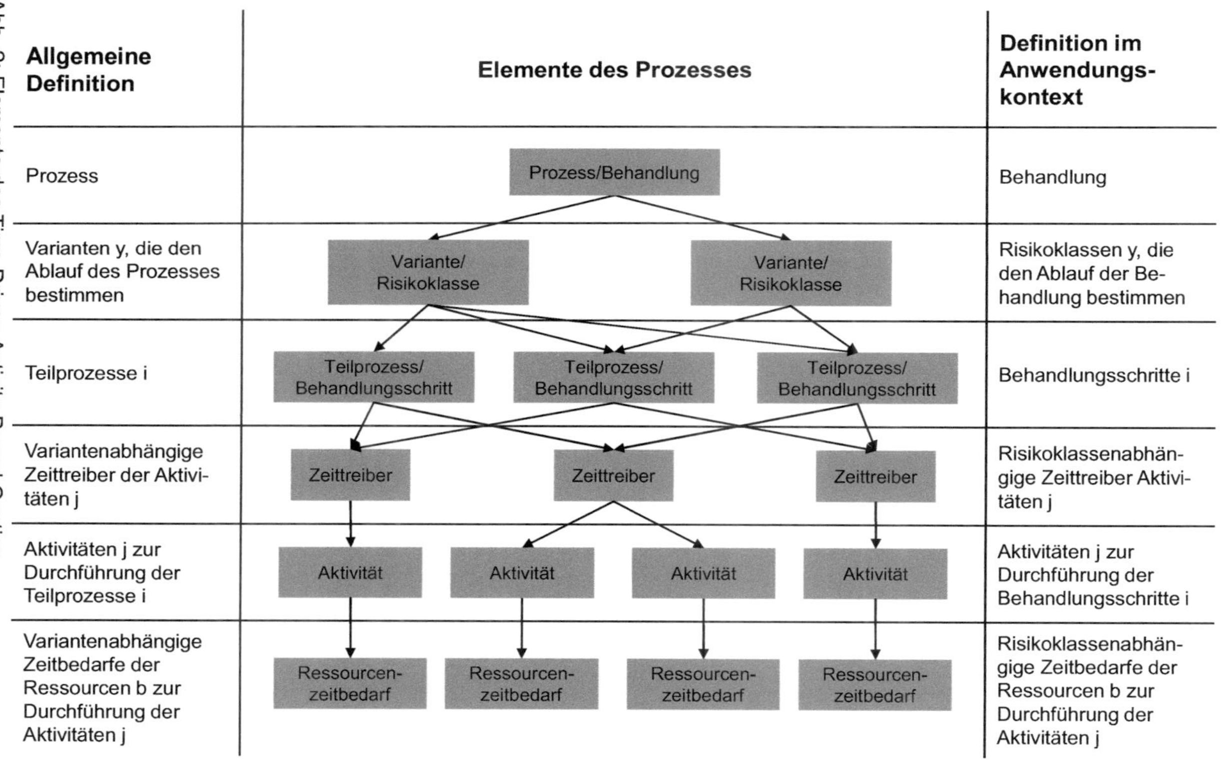

Abb. 2: Elemente des Time-Driven Activity-Based Costing

Dies bedeutet, dass für die Neuaufnahme eines Patienten 15 Minuten veranschlagt werden. Handelt es sich um eine Wiederaufnahme des Patienten, das heißt, der Patient wurde in der Vergangenheit bereits in diesem Krankenhaus behandelt, so sind hierfür lediglich 5 Minuten nötig.

Neben der Darstellung mit Hilfe von Wenn-Dann-Beziehungen kann die **Zeitverbrauchsfunktion** für einen Teilprozess i in der Variante y, auch wie folgt dargestellt werden:[460]

$$t_{i,y} = \sum_{j=1}^{J} \sum_{b=1}^{B} \beta_{i,j,b} \cdot X_{i,j,y} \qquad (3)$$

Die Variable $\mathbf{t_{i,y}}$ stellt die **situationsspezifische Sollzeit** in Minuten für die einmalige Prozessausführung des **Teilprozesses i** dar, wobei i = {1, 2, ..., I} und I die Anzahl der Teilprozesse angibt.[461] Die Variable y mit y = {1, 2, ..., Y} gibt die unterschiedlichen Durchführungsmöglichkeiten des Prozesses an, wobei Y die maximale Anzahl an Durchführungsmöglichkeiten beschreibt. Damit beschreibt y eine einzelne Variante. Je nach Variante des Prozesses sind zu dessen Durchführung unterschiedliche Teilprozesse und Aktivitäten notwendig. Im **Anwendungsfall** beschreibt $t_{i,y}$ die situationsspezifische Sollzeit in Minuten für die einmalige Durchführung des Behandlungsschrittes i für einen Patienten der Risikoklasse y.

Damit kann die **Ressourcenverbrauchsfunktion** erstellt werden, die sich aus den Zeitverbräuchen der Ressourcen zur Durchführung der Aktivitäten und den entsprechenden Ressourcenkostensätzen zusammensetzt. Der Einsatz von Ressourcenverbrauchsfunktionen bildet sowohl die Grundlage für eine differenzierte Analyse der Kosten, als auch für eine Simulation der Kosten unter Berücksichtigung verschie-

---

[460] Vgl. folgend Baltzer/Zirkler [Time-driven] 38.

[461] Vgl. auch fortfolgend Baltzer/Zirkler [Time-driven] 38; Bruggeman/Everaert/Levant [Contribution] 9 ff.; Kaplan/Anderson [Time] 15 f.

dener Umweltbedingungen.[462] Die **Kosten des Teilprozesses i in der Variante y ($K_{i,y}$)** ergeben sich wie folgt:[463]

$$K_{i,y} = \sum_{j=1}^{J} \sum_{b=1}^{B} \beta_{i,j,b} \cdot X_{i,j,y} \cdot c_b \qquad (3)$$

Dabei ist zu beachten, dass an der Durchführung einer Variante mehrere Ressourcen beteiligt sein können. Damit belaufen sich beispielhaft für die einmalige Aufnahme eines Patienten, der noch nicht im System erfasst ist, die Kosten für eine Pflegekraft auf 15 Min · 0,46 €/Min = 6,90 €.

Die **Gesamtkosten eines Prozesses in der Variante y $K_{Ges,y}$** lassen sich damit als Summe der Kosten aller Teilprozesse wie folgt darstellen:[464]

$$K_{Ges,y} = \sum_{i=1}^{I} K_{i,y} = \sum_{i=1}^{I} \sum_{j=1}^{J} \sum_{b=1}^{B} \beta_{i,j,b} \cdot X_{i,j,y} \cdot c_b \qquad (4)$$

Bei der beschriebenen Methodik handelt es sich um eine **prozessorientierte Kostenträgerrechnung.**[465] Um im Anwendungsfall die gesamten Kosten des Behandlungsfalles zu berechnen, werden zu den Kosten der Teilprozesse zusätzlich die Materialeinzelkosten, die beispielsweise für Medikamente anfallen, addiert.

4.4.2.2 Vorteile des Time-Driven Activity-Based Costing

Das Time-Driven Activity-Based Costing rückt den Fokus auf eine **zeitorientierte Betrachtung** und setzt bei der Berechnung der Prozesskosten explizit am Zeitbedarf des betrachteten Prozesses an.[466] Die Bewertung der durchgeführten Tätigkeiten ermöglicht es, die Dokumentationen über Prozessabläufe in Kostenflussmodelle zu überführen.[467] Zur Durchführung des Time-Driven Activity-Based Costing ist die Ermittlung und Prognose möglichst realistischer Dauern der einzelnen Aktivitäten not-

---

[462] Vgl. auch fortfolgend Bruggeman/Moreels/Bruyneel [Costing] 17; Kaplan/Anderson [Time] 15 f.
[463] Vgl. folgend Bruggeman/Everaert/Levant [Contribution] 9 ff.
[464] Vgl. auch fortfolgend Bruggeman/Everaert/Levant [Contribution] 9 ff.
[465] Vgl. Gaitanides [Entwicklung] 230 f.
[466] Vgl. Baltzer/Zirkler [Time-driven] 2; Bruggeman/Moreels/Bruyneel [Costing] 21.
[467] Vgl. Mitchell [Costing] 19.

wendig.[468] Die Bestimmung der Dauern kann dabei sowohl durch direkte Beobachtungen als auch durch Befragungen der beteiligten Mitarbeiter erfolgen.[469] Vorteil der Befragung der Mitarbeiter ist der geringe Kostenaufwand, wohingegen empirische Zeitabnahmen einen hohen Erfassungsaufwand benötigen und dadurch zusätzliche, aber vermutlich nur einmalige Personalkosten verursachen. Ein Fehler bei der Erfassung der Zeiten kann zu falschen Berechnungen und damit zu falschen Entscheidungen führen.[470]

Mit Hilfe des Time-Driven Activity-Based Costings soll eine genaue **Analyse der Kostenverursacher** erfolgen.[471] Im Beispielszenario können Kosten nunmehr zusätzlich zu den Behandlungsprozessen auch hinsichtlich der Patientengruppen, Diagnosen und weiterer Kriterien analysiert werden. Auch können durch Komorbiditäten entstandene Kosten analysiert werden. Wird bei einem Patienten beispielsweise eine weitere Diagnose festgestellt, die nicht primär mit der Haupt-Fallpauschale zusammenhängt, so kann die vorhandene Ressourcenverbrauchsfunktion entsprechend erweitert oder mit einer separaten Funktion für die Nebendiagnose dargestellt werden. Dies hat den Vorteil, dass die zur Behandlung der Komorbidität verbrauchten Ressourcen nicht pauschal der Hauptdiagnose zugerechnet werden und somit eine Verzerrung der Kostensituation vermieden wird. Auf diese Weise wird eine verursachungsgerechte Kostenanalyse gewährleistet.

Bei Betrachtung des Time-Driven Activity-Based Costing wird jedoch ersichtlich, dass seine Zeitorientierung keinen völlig neuen Ansatz bildet.[472] Das Neue beim Time-Driven Activity-Based Costing liegt in der ausschließlichen Verwendung von **Zeittreibern**. Grundlegende Schwächen der Prozesskostenrechnung bleiben bestehen. So erfolgt beispielsweise keine Spaltung der Kosten hinsichtlich ihrer fixen und variablen Anteile, wodurch sich die **Problematik einer Fixkostenproportionalisierung** ergeben kann. Um diese Schwäche zu umgehen, können Kostenarten in je in eine Kos-

---

[468] Vgl. Grob/Bensberg/Coners [Analytisch] 607.
[469] Vgl. folgend Deimel/Isemann/Müller [Kostenrechnung] 333 ff.; Greiling/Muszynski [Krankenhaus] 49; Kaplan/Anderson [Time] 11; Koch [Einführung] 77.
[470] Vgl. Kaplan/Anderson [Time] 11.
[471] Vgl. Kaplan/Anderson [Time] 18.
[472] Vgl. auch fortfolgend Baltzer/Zirkler [Time-driven] 46 ff.

tenart für variable und in eine Kostenart für fixe Kosten aufgespalten werden. So kann im Rahmen des Time-Driven Activity-Based Costings für jede Kostenart ein eigener Zeitkostensatz gebildet werden.

Die **praktische Umsetzbarkeit** des Time-Driven Activity-Based Costing ist eng mit der Bereitstellung der benötigten Daten verbunden. Die Lösung dieses Problems bildet dessen Anknüpfung an das Krankenhausinformationssystem und insbesondere die Verwendung eines Enterprise-Ressource-Planning-Systems (ERP-System). In einem ERP-System können beispielsweise Schlüssel wie Belegungstage oder Fallzahlen mit Hilfe des Berichtswesens analysiert werden.[473] Speziell für Krankenhäuser kann beispielsweise das ERP-System von SAP um weitere Module, wie zum Beispiel das Modul ISH, erweitert werden. Dennoch ist die auch hierbei notwendige Erstellung der Zeitstudien mit einem hohen Aufwand verbunden.[474] Deshalb werden die fraglichen Zeiten oftmals geschätzt, was zu Ungenauigkeiten der Ergebnisse führen kann. Damit die Daten aus den ERP-Systemen auch für die Durchführung des Time-Driven Activity-Based Costing genutzt werden können, sind diese so anzupassen, dass Eingabemöglichkeiten für die Elemente der Zeitverbrauchsfunktion geschaffen werden. Beispiel hierfür ist die Eingabemöglichkeit zur Erfassung der Risikoklassen des Patienten.

Zu beachten ist, dass bei der Durchführung des Time-Driven nicht alle Kosten verrechnet werden. So können die Kosten, die sich aus dem pauschalen Abschlag für Pausen und Schulungen ergeben, im Rahmen einer Ergebnisrechnung berücksichtigt werden.[475] Nicht zuletzt ist zu beachten, zu welchem Zeitpunkt die Kostensätze ermittelt werden. Werden die Kostensätze zu Beginn der Planungsperiode ermittelt, so werden sie auf Basis der Nettokapazität bestimmt. Am Ende der Periode hingegen ist es möglich, diese auf Basis der genutzten Kapazität zu bestimmen.

---

[473] Vgl. Möller/Borges/Schmitz [Kostenträgerrechnung] 7.
[474] Vgl. folgend Baltzer/Zirkler [Time-driven] 51.
[475] Vgl. auch fortfolgend Baltzer/Zirkler [Time-driven] 52.

4.4.2.3 Beispielhafte Bestimmung der Kostenfunktion des Prozesses „Umfelddiagnostik inklusive Ultraschall" der laparoskopischen Cholezystektomie

Ausgangspunkt für das vorliegende Beispiel bildet der in Kapitel 2.2.1.3 vorgestellte klinische Behandlungspfad der **laparoskopischen Cholezystektomie** mit seinem Prozess **„Umfelddiagnostik inklusive Ultraschall"**, welcher Teil der vorstationären Ambulanz ist. Für die zugrunde liegende Modellierung mittels einer ereignisgesteuerten Prozesskette wurde auf die Darstellung der laparoskopischen Cholezystektomie nach GREILING und RUDLOFF zurückgegriffen (vgl. Kapitel 2.2.1.3).[476] Die Ermittlung der Kosten erfolgt, wie in Kapitel 4.4.2.1 dargestellt.

In einem ersten Schritt müssen die zur Behandlung notwendigen Ressourcen analysiert und den Aktivitäten zugeordnet werden. Zudem muss untersucht werden, wie viel der zur Verfügung stehenden Kapazität sie beanspruchen. In einem weiteren Schritt müssen die Kosten der Teilprozesse bestimmt werden. Als Basis dient hierbei das in Kapitel 2.3.3.2 dargestellte Prozessmodell der ereignisgesteuerten Prozesskette. Dieses bietet neben einer intuitiven und übersichtlichen Darstellung und der Möglichkeit der differenzierten Modellierung der Behandlungsschritte auch den Vorteil, dass die an den einzelnen Behandlungsschritten beteiligten Abteilungen und Ressourcen direkt erkennbar werden. Die differenzierte Erfassung der Ressourcen ist wichtig, weil deren Inanspruchnahme Kosten in unterschiedlicher Höhe verursacht. Eine derartige Analyse ist auch im Hinblick auf eine eventuelle Umstrukturierung, wie beispielsweise die Übertragung von Aufgaben auf andere Berufsgruppen oder die Anschaffung neuer Maschinen, notwendig.

Der Prozess „Umfelddiagnostik inklusive Ultraschall" umfasst eine Vielzahl an Behandlungsschritten (vgl. auch fortfolgend Tab. 16). Dabei werden für das Beispielszenario die einzelnen Funktionen und Prozesswegweiser betrachtet und für sie die Kosten ermittelt. Start der Behandlung bildet die Durchführung der **Patientenbe-**

---

[476] Vgl. Greiling/Rudloff [Pfade] 89 ff. Weitere Informationen über den Behandlungsablauf, wie konkrete Kosten und Standardzeiten, wurden im Rahmen eines Praktikums und einer anschließenden Bachelorarbeit von Frau Sandra Neu am Universitätsklinikum des Saarlandes aufgezeichnet, vgl. Neu [Prozesskostenrechnung] 1 ff.

ratung und die Aufnahme der persönlichen Daten des Patienten. Danach werden eine **Labordiagnostik** sowie eine **Sonografie** angefordert. Die Befunde der Sonografie des Abdomen entscheiden über den weiteren Verlauf der Behandlung. Liegt dieses Ergebnis im Normalbereich, so ist keine weitere Untersuchung notwendig. Ist jedoch die Choledochuserweiterung[477] größer als sechs Millimeter oder liegen erhöhte Cholesterinwerte vor, so ist eine **Magnetresonanz-Cholangiopankreatikographie** (MRPC) durchzuführen. Um Komplikationen ausschließen zu können, wird zudem bei Patienten, die älter als 55 Jahre sind, standardmäßig ein **Elektrokardiogramm** (EKG) durchgeführt. Besteht der Verdacht auf ein Lungenleiden oder ist der Patient älter als 60 Jahre, so erfolgt zusätzlich das **Röntgen** des Thorax. Liegen alle **Ergebnisse** vor, so werden diese vom Pflegepersonal gesammelt und weitergeleitet. Im Anschluss wird die eigentliche **Ultraschalluntersuchung** durchgeführt. Nach der Durchführung aller Teilaktivitäten werden die **Ergebnisse** abschließend zusammengefasst. Zur Durchführung der Behandlungsschritte werden **Personalressourcen** der Berufsgruppen ärztlicher Dienst, Pflegepersonal, zentralmedizinische Dienste, wie Labor oder Pathologie, therapeutische Dienste, wie Physio- oder Ergotherapie, und medizinische Dienste, wie Operationsschwester oder Radiologieassistent benötigt. Zudem werden zur Durchführung die **Maschinenressourcen** Röntgen-, EKG- und Ultraschall-Gerät sowie Kernspintomograf benötigt. Hierbei ist bei der Erstellung des Prozessmodells darauf zu achten, dass alle Ressourcen auch mittels der festgelegten Symbole abgebildet werden, da diese als Basis für die Verbrauchsfunktion des Time-Driven Activity-Based Costings dienen. Denn eine unvollständige Erfassung führt später zu einer unvollständigen Berechnung der Kosten der Behandlung. Leistungen, die zwar für den Patienten erbracht werden, jedoch kein unmittelbarer Bestandteil des Behandlungspfades sind, können hingegen als **Pauschale** ausgewiesen werden. Zu diesen Bereichen gehören zum Beispiel Hotellerie und Verwaltung. Nach RIEBEN und MÜLLER sollen bei der Pfadkalkulation nur Aktivitäten berücksichtigt werden, die sich direkt auf den Patienten beziehen oder den Behandlungsprozess mitbestimmen.[478] Im vorliegenden Beispiel soll der Fokus auf der Ana-

[477] Choledochus ist die Bezeichnung für den Hauptgallengang.
[478] Vgl. auch fortfolgend Rieben/Müller [mipp] 76 f.

lyse des Kernprozesses der Behandlung liegen. Aus diesem Grund erfolgt die Verrechnung der Laborleistung im Behandlungsschritt „Durchführung Labordiagnostik inklusive Blutabnahme und Auswertung der Ergebnisse" separat. Dieser Prozess wird als Supportprozess angesehen und nicht in der Übersicht aufgeführt.

Die „Umfelddiagnostik inklusive Ultraschall" enthält damit sieben **Behandlungsschritte** (vgl. Tab. 16). Die Behandlungsschritte enthalten wiederum 22 verschiedene Aktivitäten, die durch unterschiedliche Personengruppen durchgeführt werden. So sind an der Aufzeichnung des EKGs beispielsweise ärztlicher Dienst, Funktionsdienst, Chirurg und Pflegepersonal als Personenressourcen beteiligt und führen unterschiedliche Aufgaben aus. Der Übersichtlichkeit wegen wird jedoch auf eine genaue Differenzierung dieser Aufgaben verzichtet.

In einem ersten Schritt müssen die insgesamt neun Ressourcenkostensätze ermittelt werden, die sich aus denen für Personal und Maschinen zusammensetzen. Die **Personalressourcenkostensätze** können analog Tab. 17 ermittelt werden. Die vorliegenden Kosten für den ärztlichen Dienst, Funktionsdienst und Pflege entstammen dem Kostenstellenblatt der Abteilung „Allgemeinchirurgie des Universitätsklinikums des Saarlandes" aus dem Jahr 2008.[479] Sie umfassen neben dem Grundlohn auch Sozialabgaben, Zuschläge für Bereitschaftsdienste, Mehrarbeit, Sondervergütungen und sonstige Zulagen. Für die Kosten der Maschinenressourcen liegen für das EKG- und Ultraschallgerät konkrete Werte vor, jedoch gibt es für die einzelnen Funktionsdienste keine differenzierten Angaben. Daher wird für die Funktionsdienste EKG-Funktionsdienst, medizinisch-technische Radiologieassistenten nur ein einziger Ressourcenkostensatz gebildet. Für die sonstigen Kosten werden aufgrund fehlender Angaben hypothetische Werte angenommen.

In gleicher Weise können auch die **Maschinenressourcenkostensätze**, wie in Tab. 18 dargestellt, ermittelt werden. Im vorliegenden Beispiel wird dabei von einer Kapazität der Geräte in Höhe von 6.570 Minuten pro Monat ausgegangen.

---

[479] Vgl. folgend Neu [Prozesskostenrechnung] 23 ff.

Behandlungsschritt i		Aktivität j		beteiligte Ressource
Beschreibung	Nummer	Beschreibung	Nummer	
Patientendaten prüfen	1	Überprüfen des Patientenalters und der weiteren Behandlungen	1	Pflege
Durchführung Labordiagnostik	2	Durchführen der Labordiagnostik inkl. Blutabnahme und auswerten der Ergebnisse	2	Stationsarzt
Durchführung Thorax-Röntgen inkl. Auswertung	3	Röntgen Thorax	3	Radiologe
		Röntgen Thorax	4	MTRA
		Röntgen Thorax	5	Chirurg
		Röntgen Thorax	6	Pflege
		Röntgen Thorax	7	Röntgengerät
Aufzeichnung EKG	4	Durchführung EKG	8	MTRA
		Durchführung EKG	9	Chirurg
		Durchführung EKG	10	Pflege
		Aufzeichnen EKG	11	EKG
Durchführung Sonografie Abdomen	5	Durchführung Sonografie	12	Radiologe
		Durchführung	13	MTRA
		Durchführung	14	Chirurg
		Durchführung	15	Pflege
		Ultraschallgerät wird zur Durchführung der Sonografie benutzt	16	Ultraschall
Durchführung MRCP	6	Durchführung MRCP	17	Radiologe
		Durchführung MRCP	18	MTRA
		Durchführung MRCP	19	Chirurg
		Durchführung MRCP	20	Pflege
		Kernspingerät wird zur Durchführung des MRCPs benutzt	21	Kernspintomograf
Ergebnisse zusammenfassen	7	Zusammenfassung der Ergebnisse der Diagnostik	22	Pflege

Tab. 16: Elemente der Behandlung „Umfelddiagnostik inklusive Ultraschall“

Personalressource	Ressourcenkosten	Nettokapazität[480]	Ressourcenkostensatz	Bezeichnung des Ressourcenkostensatzes
Pflegepersonal	3.350,70 €/Monat	6.570 Min./Monat	c_1 = 0,51 €/Min.	Ressourcenkostensatz „Pflege“
Ärztlicher Dienst Station	5.978,70 €/Monat		c_2 = 0,91 €/Min.	Ressourcenkostensatz „Stationsarzt“
Ärztlicher Dienst Radiologie	6.044,40 €/Monat		c_3 = 0,92 €/Min.	Ressourcenkostensatz „Radiologe“
Ärztlicher Dienst Chirurgie	6.767,10 €/Monat		c_4 = 1,03 €/Min.	Ressourcenkostensatz „Chirurg“
Funktionsdienst	4.007,70 €/Monat		c_5 = 0,61 €/Min.	Ressourcenkostensatz „MTRA“

Tab. 17: Beispielhafte Berechnung der Personalressourcenkostensätze

Gerätebezeichnung	Nutzungsdauer	Anschaffungswert	Ressourcenkostensatz[481]	Bezeichnung des Ressourcenkostensatzes
Röntgen-Gerät	8 Jahre	10.000,00 €	c_6 = 0,02 €/Min.	Ressourcenkostensatz „Röntgen“
EKG-Gerät	8 Jahre	5.088,16 €	c_7 = 0,01 €/Min.	Ressourcenkostensatz „EKG-Gerät“
Ultraschallgerät	5 Jahre	31.567,16 €	c_8 = 0,08 €/Min.	Ressourcenkostensatz „Ultraschallgerät“
Kernspingerät	8 Jahre	750.000,00 €	c_9 = 1,19 €/Min.	Ressourcenkostensatz „Kernspingerät“

Tab. 18: Beispielhafte Berechnung der Maschinenressourcenkostensätze

Betrachtet man die ereignisgesteuerte Prozesskette der Prozesses „Umfelddiagnostik inklusive Ultraschall“, so haben die folgenden **Risikogruppen** Einfluss auf dessen Kosten.

- Patient ist älter als 55 Jahre,
- Lungenanamnese wird benötigt,
- Patient ist älter als 60 Jahre,

[480] Zum Vorgehen zur Berechnung der Nettokapazität vgl. Kapitel 4.4.2.1.

[481] Bei einer Nutzung der Geräte in Höhe von 6.570 Minuten im Monat. Hierbei wird davon ausgegangen, dass kein Schichtdienst vorliegt.

— es liegt eine Choledochuserweiterung vor,

— die Cholestaseparameter sind erhöht.

Beispielhaft soll der Prozess für zwei unterschiedliche Patienten, Patient 1 und Patient 2, mit den in Tab. 19 dargestellten Patienteneigenschaften betrachtet werden. Die Kombination der daraus resultierenden Risikogruppen werden beispielhaft den Risikoklassen 1 und 2 zugeordnet.

Patient	Patienteneigenschaft	Risikoklasse
1	— Patient ist 40 Jahre — es liegt keine Choledochuserweiterung vor — Cholestaseparameter sind nicht erhöht	1
2	— Patient ist 65 Jahre — Lungenanamnese wird benötigt — Choledochuserweiterung ist größer als 6 mm	2

Tab. 19: Patienteneigenschaften der Musterpatienten

Die Darstellung des Behandlungsablaufs mittels der ereignisgesteuerten Prozesskette unterstützt die Erstellung der Zeit- und Ressourcenverbrauchsfunktionen. Mittels ihrer Konnektoren kann abgelesen werden, an welcher Stelle die Zeitverbrauchsfunktion um eine **Wenn-Dann-Beziehung** zur Darstellung einer Variante erweitert werden muss beziehungsweise welche Teilprozesse immer zur Berechnung der Kosten herangezogen werden müssen. Letztere werden durch die Und-Konnektoren angezeigt, wohingegen die Wenn-Dann-Beziehungen durch die Oder-Konnektoren dargestellt werden. Der Teilprozess **„Umfelddiagnostik inklusive Ultraschall“** enthält drei Oder-Konnektoren (vgl. Abb. 1). Hierzu gehören die Durchführungen eines EKGs, einer Röntgenuntersuchung sowie eines MRCPs. Die entsprechenden Kriterien für die Durchführung dieser Aktionen und damit die Grundlage der Wenn-Dann-Beziehungen können aus der ereignisgesteuerten Prozesskette abgelesen werden. Für die Röntgenuntersuchung des Thorax zum Beispiel sind ein Alter von mehr als 60 Jahren oder die Notwendigkeit einer Lungenanamnese mögliche Kriterien. Damit können, wie in Tab. 20 dargestellt, die Standardzeiten und ihre Zeittreiber definiert werden. Die Maschinenzeiten enthalten dabei sowohl die Durchführungszeiten als auch die Rüstzeiten.

<table>
<tr><th rowspan="2">Behandlungs-schritt</th><th rowspan="2">beteiligte Res-source</th><th colspan="2">Standardzeit</th><th colspan="2">Zeitreiber</th></tr>
<tr><th>Ausprägung</th><th>Variable</th><th>Ausprägung</th><th>Variable</th></tr>
<tr><td>Patientendaten prüfen</td><td>Pflege</td><td>3:00 Min.</td><td>$\beta_{1,1,1}$</td><td>1</td><td>$X_{1,1,y}$</td></tr>
<tr><td>Durchführung Labordiagnostik</td><td>Stationsarzt</td><td>6:30 Min.</td><td>$\beta_{2,2,2}$</td><td>1</td><td>$X_{2,2,y}$</td></tr>
<tr><td rowspan="5">Durchführung Thorax-Röntgen inkl. Auswertung</td><td>Radiologe</td><td>9:00 Min.</td><td>$\beta_{3,3,3}$</td><td rowspan="5">1, falls Patient über 55 Jahre ist oder eine Lungenanamnese benötigt wird, sonst 0</td><td>$X_{3,3,y}$</td></tr>
<tr><td>MTRA</td><td>16:00 Min.</td><td>$\beta_{3,4,5}$</td><td>$X_{3,4,y}$</td></tr>
<tr><td>Chirurg</td><td>4:00 Min.</td><td>$\beta_{3,5,4}$</td><td>$X_{3,5,y}$</td></tr>
<tr><td>Pflege</td><td>11:00 Min.</td><td>$\beta_{3,6,1}$</td><td>$X_{3,6,y}$</td></tr>
<tr><td>Röntgengerät</td><td>16:00 Min</td><td>$\beta_{3,7,6}$</td><td>$X_{3,7,y}$</td></tr>
<tr><td rowspan="4">Aufzeichnung EKG</td><td>MTRA</td><td>6:00 Min.</td><td>$\beta_{4,8,5}$</td><td rowspan="4">1, falls Patienten älter als 60 Jahre, sonst 0</td><td>$X_{4,8,y}$</td></tr>
<tr><td>Chirurg</td><td>4:00 Min.</td><td>$\beta_{4,9,4}$</td><td>$X_{4,9,y}$</td></tr>
<tr><td>Pflege</td><td>8:00 Min.</td><td>$\beta_{4,10,1}$</td><td>$X_{4,10,y}$</td></tr>
<tr><td>EKG</td><td>6:00 Min.</td><td>$\beta_{4,11,7}$</td><td>$X_{4,11,y}$</td></tr>
<tr><td rowspan="5">Durchführung Sonografie Abdomen</td><td>Radiologe</td><td>39:00 Min.</td><td>$\beta_{5,12,3}$</td><td>1</td><td>$X_{5,12,y}$</td></tr>
<tr><td>MTRA</td><td>8:00 Min.</td><td>$\beta_{5,13,5}$</td><td>1</td><td>$X_{5,13,y}$</td></tr>
<tr><td>Chirurg</td><td>4:00 Min.</td><td>$\beta_{5,14,4}$</td><td>1</td><td>$X_{5,14,y}$</td></tr>
<tr><td>Pflege</td><td>8:00 Min.</td><td>$\beta_{5,15,1}$</td><td>1</td><td>$X_{5,15,y}$</td></tr>
<tr><td>Ultraschall</td><td>39:00 Min.</td><td>$\beta_{5,16,8}$</td><td>1</td><td>$X_{5,16,y}$</td></tr>
<tr><td rowspan="5">Durchführung MRCP</td><td>Radiologe</td><td>60:00 Min.</td><td>$\beta_{6,17,3}$</td><td rowspan="5">1, falls Choledochuserweiterung größer als 6 mm ist oder erhöhte Cholestaseparameter vorliegen, sonst 0</td><td>$X_{6,17,y}$</td></tr>
<tr><td>MTRA</td><td>41:00 Min.</td><td>$\beta_{6,18,5}$</td><td>$X_{6,18,y}$</td></tr>
<tr><td>Chirurg</td><td>4:00 Min.</td><td>$\beta_{6,19,4}$</td><td>$X_{6,19,y}$</td></tr>
<tr><td>Pflege</td><td>11:00 Min.</td><td>$\beta_{6,20,1}$</td><td>$X_{6,20,y}$</td></tr>
<tr><td>Kernspintomograf</td><td>60:00 Min.</td><td>$\beta_{6,21,9}$</td><td>$X_{6,21,y}$</td></tr>
<tr><td>Dokumentieren</td><td>Pflege</td><td>4:00 Min.</td><td>$\beta_{7,22,1}$</td><td>1</td><td>$X_{7,22,y}$</td></tr>
</table>

Tab. 20: Standardzeiten und Zeittreiber der „Umfelddiagnostik inklusive Ultraschall“

Die **Ressourcenverbrauchsfunktion** für den Prozess „Umfelddiagnostik inklusive Ultraschall“ für einen Patienten der Risikoklasse y lässt sich damit wie folgt formulieren:

$$K_{Umfelddiagnostik,y} = \sum_{i=1}^{7} K_{i,y} = \sum_{i=1}^{7}\sum_{j=1}^{22}\sum_{b=1}^{9} \beta_{i,j,b} \cdot X_{i,j,y} \cdot c_b \qquad (4)$$

Damit können die Kosten berechnet werden. Tab. 21 zeigt beispielhaft die Berechnung der Kosten des Teilprozesses für Patient 1 und Patient 2.

Behandlungsschritt	Standardzeit		Kostensatz beteiligte Ressource		Kosten	
			Personal	Maschine	Patient 1 y = 1	Patient 2 y = 2
Patientendaten prüfen	$\beta_{1,1,1}$	3:00 Min.	0,51 €	– –	1,53 €	1,53 €
Durchführung Labordiagnostik	$\beta_{2,2,2}$	6:30 Min.	0,91 €	– –	5,92 €	5,92 €
Durchführung Thorax-Röntgen inkl. Auswertung	$\beta_{3,3,3}$	9:00 Min.	0,92 €	– –	– –	8,28 €
	$\beta_{3,4,5}$	16:00 Min.	0,61 €		– –	9,76 €
	$\beta_{3,5,4}$	4:00 Min.	1,03 €		– –	4,12 €
	$\beta_{3,6,1}$	11:00 Min.	0,51 €		– –	5,61 €
	$\beta_{3,7,6}$	16:00 Min.	– –	0,02 €	– –	0,32 €
Aufzeichnung EKG	$\beta_{4,8,5}$	6:00 Min.	0,61 €	– –	– –	3,66 €
	$\beta_{4,9,4}$	4:00 Min.	1,03 €		– –	4,12 €
	$\beta_{4,10,1}$	8:00 Min.	0,51 €		– –	4,08 €
	$\beta_{4,11,7}$	6:00 Min.	– –	0,01 €	– –	0,06 €
Durchführung Sonografie Abdomen	$\beta_{5,12,3}$	39:00 Min.	0,92 €	– –	35,88 €	35,88 €
	$\beta_{5,13,5}$	8:00 Min.	0,61 €		4,88 €	4,88 €
	$\beta_{5,14,4}$	4:00 Min.	1,03 €		4,12 €	4,12 €
	$\beta_{5,15,1}$	8:00 Min.	0,51 €		4,08 €	4,08 €
	$\beta_{5,16,8}$	39:00 Min.	– –	0,08 €	3,12 €	3,12 €
Durchführung MRCP	$\beta_{6,17,3}$	60:00 Min.	0,92 €	– –	– –	55,20 €
	$\beta_{6,18,5}$	41:00 Min.	0,61 €		– –	25,01 €
	$\beta_{6,19,4}$	4:00 Min.	1,03 €		– –	4,12 €
	$\beta_{6,20,1}$	11:00 Min.	0,51 €		– –	5,61 €
	$\beta_{6,21,9}$	60:00 Min.	– –	1,19 €	– –	71,40 €
Ergebnisse zusammenfassen	$\beta_{7,22,1}$	4:00 Min.	0,51 €	– –	2,04 €	2,04 €
				Kosten gesamt:	61,57 €	262,92 €

Tab. 21: Beispielhafte Berechnung der Kosten der „Umfelddiagnostik inklusive Ultraschall“

Hierbei wird ersichtlich, dass die Höhe der Kosten für diese beiden Patienten aufgrund der unterschiedlichen Ressourceninanspruchnahme unterschiedlich ausfällt. Hierbei kostet die Behandlung für Patient 1 61,57 Euro und für Patient 2 262,92 Euro. Grund hierfür ist, dass aufgrund des geringeren Alters von Patient 1 für diesen nur die Patientendaten geprüft, die Labordiagnostik und die Sonografie des Abdomen durchgeführt und die Ergebnisse zusammengefasst werden müssen. Für Patient 2 hingegen ist zusätzlich die Durchführung und Auswertung des Thorax-Röntgen, die Aufzeichnung des Elektrokardiogramms und die Durchführung eines MRCPs notwendig.

Aus der großen Anzahl der bei der Behandlung eingesetzten Ressourcen und der Vielzahl an Aktivitäten werden die Komplexität der Behandlung und die Schwierigkeit ihrer Dokumentation ersichtlich. Daher muss festgelegt werden, für welche Leistungen und Materialien eine Dokumentation überhaupt sinnvoll ist. Hier stellt sich die Frage, ob beispielsweise einer Pflegekraft in ihrem täglichen Arbeitsablauf überhaupt die Zeit bleibt, jedes Verbandsmaterial zu dokumentieren. Werden beispielsweise Verbandsmittel oder Instrumente standardmäßig für einzelne Behandlungen benötigt, so erscheint es sinnvoll **pauschale Kostenblöcke** zu bilden. So werden zum Beispiel je nach Operationstyp verschiedene Instrumente benötigt.[482] Diese werden nach der Sterilisation nach vorgegebenen Standards zu Operations-Sieben zusammengestellt. Tab. 22 gibt beispielhaft einen Überblick über die Art und Menge der Elemente eines Laparoskopie-Sets.

Material	Anzahl
Operations-Tape 9 x 50 cm^2, dehnbar	2 Stück
Abdecktuch 130 x 155 cm^2	1 Stück
Mullkompresse RK, 10 x 10 cm^2, 16 fach	20 Stück
Mulltupfer, RK, 30 x 40 cm^2, extra groß	10 Stück
Präpariertupfer, RK, 6 x 6 cm^2, klein, länglich	10 Stück
Cutiplast Wundverband 7,2 x 5 cm^2	3 Stück

[482] Vgl. Diez [Modell] 86 ff.

Material	Anzahl
Microdon Wundverband 10 x 10 cm^2	1 Stück
Intrafix Safeset R.V.P, 180 cm^2	1 Stück
Skalpellklinge Fig. 20 Aesculap	1 Stück
Skalpellklinge Fig. 15 Aesculap	2 Stück
Saugerschlauch CH30, 3 m, 2 Trichter	1 Stück
Ligaclips Titan mittelgroß Bänkchen à 6 Clipse	1 Stück
Heidelberger Verlängerung 140 cm	1 Stück
Kombikappe-Verschlußkonus rot	4 Stück
Kamerabezug 13 x 250 cm^2	1 Stück
Skalpellklinge Fig.11 Aesculap	1 Stück
Vicryl Plus USP1, CT3-plus, 70 cm, Homburg	1 Stück
Sterітüte 150 x 270 mm^2	1 Stück
Steritüte 75 x 150 mm^2	1 Stück
Schüssel 500 ml, blau	1 Stück
Tablett standard	1 Stück
Zählkarte 8-f. perf. 105,0 x 74,0 mm^2	2 Stück
Tablett 27 x 22 x 5 cm^3, blau	1 Stück
Aluschale 110 ml, Durchmesser 99 mm, 25 mm	1 Stück

Tab. 22: Inhalt eines Laparoskopie-Sets [483]

4.4.2.4 Beispielhafte Bestimmung der Kostenfunktion des Teilprozesses „Pflege“ der laparoskopischen Cholezystektomie unter Berücksichtigung der Pflegestufe des Patienten

Eine besondere Rolle bei der Behandlung des Patienten spielt dessen **pflegerische Versorgung.**[484] Hierzu gehören neben der Unterkunft und Versorgung des Patienten vor allem pflegerische Tätigkeiten, die dessen Heilungsprozess unterstützen. Dabei wird die Art der Pflege maßgeblich durch die Individualität des Patienten bestimmt (vgl. hierzu auch Kapitel 2.2.1.2).[485] Zudem kann sich der Pflegeaufwand eines Patienten im Laufe seines stationären Aufenthaltes ändern. So wird dieser beispielsweise direkt nach einem operativen Eingriff tendenziell höher sein als kurz vor der Ent-

[483] Vgl. Neu [Prozesskostenrechnung] 99.
[484] Vgl. folgend Baukmann [Prüfung] 45 f.
[485] Vgl. Bartholomeyczik [Pflege] 211 f ; Hammerich [Pflegediagnosen] 35 f.

lassung. Deshalb ist es wichtig, die Ressourcenverbrauchsfunktion der Pflege während des Behandlungsablaufs gegebenenfalls anzupassen, um die tatsächlichen Ressourcenverbräuche möglichst genau abbilden zu können.

Ein weiterer Einflussfaktor auf die benötigte Pflegeintensität ist eine mögliche **Pflegebedürftigkeit** des Patienten. Als pflegebedürftig gelten nach § 14 Sozialgesetzbuch XI Personen, die in gewöhnlichen und regelmäßig wiederkehrenden Verrichtungen im Ablauf des täglichen Lebens Hilfe benötigen. Hierzu gehört sowohl die Pflege bei der Körperhygiene und Ernährung als auch bei der Mobilität, wie beispielsweise beim Aufstehen und Zubettgehen oder im Rahmen des An- und Auskleidens. Damit benötigt ein Patient, welchem eine höhere Pflegestufe zugeordnet wird, mehr Pflegeressourcen und verursacht damit auch mehr Kosten. § 15 Sozialgesetzbuch XI unterscheidet diesbezüglich Pflegestufen, die sich in der Pflegeintensität und der benötigten Zeit unterscheiden. Die Einteilung erfolgt in drei Pflegestufen: Stufe I für erheblich Pflegebedürftige, Stufe II für Schwerpflegebedürftige und Stufe III für Schwerstpflegebedürftige.

Die **Zeitverbrauchsfunktion** bietet die Möglichkeit, sowohl den unterschiedlichen Pflegebedarf während der Behandlung als auch die verschiedenen Pflegestufen zu berücksichtigen. Bei der vorliegenden Funktion für den Teilprozess „tägliche Pflege" (i = 100) wird davon ausgegangen, dass dieser standardmäßig 60 Minuten dauert. Zudem verlängert sich diese Zeit an den Tagen 1 und 2 nach einer Operation um jeweils 15 Minuten. Wird der Patient den Pflegestufen I, II oder III zugeordnet, so verlängert sich die tägliche Pflege nochmals um jeweils 30, 60 oder 90 Minuten. Damit können folgende Varianten unterschieden werden:

Variante	Eigenschaften der Variante
y = 201	Patient hat keine Pflegestufe und hatte keine OP innerhalb der letzten 48 Stunden
y = 202	Patient hat keine Pflegestufe und hatte eine OP innerhalb der letzten 48 Stunden
y = 203	Patient hat Pflegestufe I und hatte keine OP innerhalb der letzten 48 Stunden
y = 204	Patient hat Pflegestufe I und hatte eine OP innerhalb der letzten 48 Stunden
y = 205	Patient hat Pflegestufe II und hatte keine OP innerhalb der letzten 48 Stunden

Variante	Eigenschaften der Variante
y = 206	Patient hat Pflegestufe II und hatte eine OP innerhalb der letzten 48 Stunden
y = 207	Patient hat Pflegestufe III und hatte keine OP innerhalb der letzten 48 Stunden
y = 208	Patient hat Pflegestufe III und hatte eine OP innerhalb der letzten 48 Stunden
y = 209	Patient hat Pflegestufe I und hatte keine OP innerhalb der letzten 48 Stunden
y = 210	Patient hat Pflegestufe I und hatte eine OP innerhalb der letzten 48 Stunden

Tab. 23: Varianten für Pflegestufen

Dabei wird vorausgesetzt, dass die Pflege ausschließlich vom Pflegepersonal (b = 1) durchgeführt wird und keine anderen Ressourcen beansprucht werden. Damit kann eine mögliche Zeitverbrauchsfunktion für den Teilprozess i =100 „tägliche Pflege" wie folgt aussehen:

$$\begin{aligned} t_{100,y} &= \sum_{j=1}^{5} \beta_{100,j,1} \cdot X_{100,j,y} \\ &= \beta_{100,1,1} \cdot X_{100,1,y} + \beta_{100,2,1} \cdot X_{100,2,y} + \beta_{100,3,1} \cdot X_{100,3,y} \\ &\quad + \beta_{100,4,1} \cdot X_{100,4,y} + \beta_{100,5,1} \cdot X_{100,5,y} \end{aligned} \tag{4}$$

Tab. 24 zeigt die Variablendefinition der vorliegenden Zeitverbrauchsfunktion. Somit können nun die **Personalkosten** berechnet werden.

Variable	Variablendefinition
$\beta_{100,1,1}$	Standardzeit „Pflegepersonal" zur Pflege des Patienten
$X_{100,1,y}$	1
$\beta_{100,2,1}$	Standardzeit „Pflegepersonal" für die Pflege eines Patienten mit Pflegestufe I
$X_{100,2,y}$	1, falls Patient Pflegestufe I hat, sonst 0
$\beta_{100,3,1}$	Standardzeit „Pflegepersonal" für die Pflege eines Patienten mit Pflegestufe II
$X_{100,3,y}$	1, falls Patient Pflegestufe II hat, sonst 0
$\beta_{100,4,1}$	Standardzeit „Pflegepersonal" für die Pflege eines Patienten mit Pflegestufe III
$X_{100,4,y}$	1, falls Patient Pflegestufe III hat, sonst 0
$\beta_{100,5,1}$	Standardzeit „Pflegepersonal" zur post-operativen Pflege
$X_{100,5,y}$	1, falls Operation nicht länger als 48 Stunden zurückliegt, sonst 0

Tab. 24: Variablendefinition des Teilprozesses „tägliche Pflege"

Tab. 25 zeigt beispielhaft die Berechnung der Kosten für die Pflege zweier Patienten für einen Aufenthaltstag im Krankenhaus. Hierbei wird zum einen der Wert für einen Patienten ohne gesonderte Pflegestufe und ohne operativen Eingriff ermittelt (Patient 1, y = 201). Zum anderen werden die Kosten für einen Patienten mit Pflegestufe III an Tag 1 nach einem operativen Eingriff betrachtet (Patient 2, y = 210). Hierbei zeigt sich, dass die Kosten zur Durchführung der Pflege zwischen 30,60 Euro für Patient 1 und 84,15 Euro für Patient 2 schwanken können.Auch bei dieser Berechnung ist es möglich eine weitere **Differenzierung** durchzuführen, zum Beispiel nach einzelnen Pflegeschritten wie Bettenmachen, Waschen oder Servieren des Essens. Hier ist abzuwägen, ob eine tiefer gehende Differenzierung und der damit zusätzliche Arbeitsaufwand zielführend sind. So ist auch hier zu untersuchen, für welche Teilprozesse es - analog zu den Materialien - möglich ist, pauschale Kostenblöcke zu bilden.

Aktivität	Standardzeit		Personal-ressour-cenkos-tensatz (b = 1)	Kosten	
				Patient 1 (y = 201)	Patient 2 (y = 210)
Pflege des Patienten	$\beta_{100,1,1}$	60:00 Min	0,51 €/Min	30,60 €	30,60 €
Pflege eines Patienten mit Pflegestufe I	$\beta_{100,2,1}$	30:00 Min		--	--
Pflege eines Patienten mit Pflegestufe II	$\beta_{100,3,1}$	60:00 Min		--	--
Pflege eines Patienten mit Pflegestufe III	$\beta_{100,4,1}$	90:00 Min		--	45,90 €
Post-operative Pflege	$\beta_{100,5,1}$	15:00 Min		--	7,65 €
			Kosten gesamt:	30,60 €	84,15 €

Tab. 25: Beispielhafte Berechnung der Kosten des Teilprozesses „tägliche Pflege“

Plausibel erscheint eine Unterscheidung der Pflege nach Stationen. So ist beispielsweise die Pflege des Patienten im Rahmen einer Behandlung auf einer Intensivstation wesentlich ressourcen- und damit kostenintensiver als die auf einer Normalstation. Das Time-Driven Activity-Based Costing bietet durch die Verwendung der Ressourcenkostensätze die Möglichkeit, die verschiedenen an der Behandlung des Patienten beteiligten Abteilungen in die Kostenbetrachtung zu integrieren. Auf diese

Weise können nicht nur die Kosten eines Behandlungsfalles verursachungsgerecht bestimmt werden, sondern es wird gleichzeitig die Grundlage für eine exakte innerbetriebliche Leistungsverrechnung geschaffen. Durch die Zuordnung des Behandlungsfalles zu einer Station wird zudem ersichtlich, welche Kapazitäten der anderen Stationen für ihn in Anspruch genommen wurden. Die Ressourcen können nun minutengenau den einzelnen Stationen zugeordnet werden und die Verwendung pauschaler Zuschlagssätze kann entfallen.

5 Steuerung von Fehlerkosten als Entscheidungsproblem im Krankenhaus

5.1 Ansätze zur Abbildung von Entscheidungsproblemen

5.1.1 Entscheidungsbäume zur Abbildung von Behandlungsalternativen

Zur Darstellung medizinischer Entscheidungen können **Entscheidungsbäume** eingesetzt werden, die Handlungsalternativen der Behandlung darstellen können.[486] Entscheidungsbäume dienen damit der transparenten Darstellung komplexer, mehrstufiger Entscheidungsprozesse mit all ihren Entscheidungsoptionen.[487] Zu ihrer Abbildung wird die Struktur eines Baumes mit seinen Verästelungen gewählt, um die Elemente in ihrer zeitlichen oder logischen Abfolge darzustellen. Dabei nimmt die Genauigkeit der Gliederung und Beschreibung auf jeder Ebene zu. Der Vorteil von Entscheidungsbäumen liegt durch die vollständige Abbildung aller Entscheidungsoptionen in der Anwendbarkeit für komplexe Problemstellungen. Voraussetzung zur Erstellung des Entscheidungsbaums ist das Wissen über die Eintrittswahrscheinlichkeiten der Umweltereignisse. Entscheidungsbäumen können Wahrscheinlichkeiten zugeordnet werden, die **Übergangswahrscheinlichkeiten** darstellen.[488] Zur Bestimmung der Wahrscheinlichkeiten kann die Analyse von Daten aus der Vergangenheit dienen. Hierfür können Patientenakten ausgewertet und hinsichtlich des Auftretens der Konsequenzen von Entscheidungen untersucht werden.

Entscheidungsbäume enthalten Entscheidungs- und Zufallsknoten. **Entscheidungsknoten** symbolisieren Entscheidungsalternativen und werden als beschriftetes Rechteck dargestellt.[489] Sie stellen das Resultat eines möglichen Entscheidungspfades dar. Von diesem Entscheidungsknoten gehen beschriftete **Kanten** ab, die die konkreten Entscheidungsalternativen darstellen und damit die alternativen Aktionsmöglichkeiten zeigen.[490] **Zufallsknoten,** auch Verzweigungsknoten genannt, stellen

---

[486] Vgl. Laux/Gillenkirch/Schenk-Mathes [Entscheidungstheorie] 291; Spreckelsen/Spitzer [Medizin] 186 ff.

[487] Vgl. auch fortfolgend Koch [Einführung] 143; Schawel/Billing [Tools] 77; Siebert [Entscheidungen] 8.

[488] Vgl. Henze [Stochastik] 92.

[489] Vgl. folgend Spreckelsen/Spitzer [Medizin] 188.

[490] Vgl. auch fortfolgend Eisenführ/Weber [Entscheiden] 38 f.; Laux/Gillenkirch/Schenk-Mathes [Ent-

Ereignisse mit ungewissem Ausgang dar. Sie werden als beschrifteter Kreis dargestellt. Die alternativen Ausgänge treten zufällig, aber mit bekannter Wahrscheinlichkeit ein und werden durch auslaufende, beschriftete Kanten dargestellt und mit Werten für die Eintrittswahrscheinlichkeiten der entsprechenden Umweltzustände versehen. So wird jeder Kante die Wahrscheinlichkeit dafür zugeordnet, dass die Zufallsvariable diesen Wert annimmt, wobei es sich hierbei um eine bedingte Wahrscheinlichkeit handelt. Grund hierfür ist die Abhängigkeit vom Vorgängerknoten beziehungsweise von dessen Vorgängerknoten. Das Produkt aller bedingten Wahrscheinlichkeiten, die den enthaltenen Kanten zugeordnet sind, wird dabei als Pfadwahrscheinlichkeit bezeichnet. Bedingt durch die Zufallsknoten sind im erweiterten Entscheidungsbaum die Folgen von Entscheidungen nicht deterministisch bestimmbar. Daher wird der Weg von der Wurzel des Entscheidungsbaumes bis hin zu einem Endwert, dem Blatt, als möglicher Entscheidungspfad bezeichnet. Den Blättern können zudem Zielausprägungen, wie beispielsweise im Falle der Anwendung im Krankenhaus krankheitsfreies Überleben oder Kosten, zugeordnet werden.[491] Damit können Erwartungswerte für einzelne Handlungsalternativen bestimmt werden.

Entscheidungsbäume können im Rahmen der **flexiblen Planung** eingesetzt werden.[492] Mittels des Entscheidungsbaums werden sowohl die möglichen Umweltentwicklungen als auch die jeweils möglichen Aktionen und ihre Ergebnisse abgebildet. Zudem können jedem Knoten Entscheidungsvariablen zugeordnet werden, die Maßnahmen repräsentieren, sowie Nebenbedingungen, die den Aktionsspielraum einschränken. Zur Lösung kann die mathematische Programmierung eingesetzt werden.[493] Problematisch ist hierbei jedoch die Größe des Entscheidungsbaums in komplexen Entscheidungssituationen, wodurch die Verarbeitung der Informationen Probleme verursachen kann.

Abb. 3 zeigt beispielhaft den Entscheidungsbaum für die Durchführung einer Operation eines Patienten, der nach einem Verkehrsunfall mit einer schwerwiegenden, le-

scheidungstheorie] 291 f.; Obermaier/Saliger [Entscheidungstheorie] 153; Siebert [Entscheidungen] 8 f.; Spreckelsen/Spitzer [Medizin] 186 ff.

491 Vgl. folgend Siebert [Entscheidungen] 9.

492 Vgl. auch fortfolgend Hax/Laux [Planung] 326; Laux/Gillenkirch/Schenk-Mathes [Entscheidungstheorie] 291.

493 Vgl. folgend Laux/Gillenkirch/Schenk-Mathes [Entscheidungstheorie] 298 f.

bensbedrohlichen Beinverletzung in das Krankenhaus eingeliefert wurde. Hierbei müssen die Ärzte entscheiden, ob die verletzte Gliedmaße amputiert werden muss, oder ob eine alternative Behandlung anzuwenden ist. Wird die Entscheidung für eine Teilamputation getroffen, so überlebt der Patient mit einer Wahrscheinlichkeit von 98 Prozent und stirbt mit einer Wahrscheinlichkeit von 2 Prozent. Entscheiden sich die Ärzte gegen eine direkte Teilamputation, besteht die Möglichkeit, dass das Bein des Patienten gerettet werden kann und in 70 Prozent der Fälle eine Genesung des Patienten erfolgt. Jedoch besteht auch die Gefahr, dass eine Verschlimmerung seines Zustandes eintritt, die eine vollständige Amputation des Beines oder im schlimmsten Fall den Tod des Patienten nach sich zieht. Das Überleben des Patienten wird damit als Zufallsknoten modelliert und die Überlebens- beziehungsweise Sterbenswahrscheinlichkeiten werden an den entsprechenden Kanten, die zu den Entscheidungsknoten führen, notiert. Diese stellen dabei die Endergebnisse einer möglichen Entscheidung dar.

Im vorliegenden **Anwendungsfall** können neben den Behandlungsschritten mögliche Fehler durch die Zufallsknoten abgebildet werden. Die Wahrscheinlichkeit des Eintretens der Fehler wird an den Kanten vermerkt.

Die darauf folgenden Entscheidungsknoten zeigen die möglichen Maßnahmen zur Fehlerbehebung. Als Zielausprägungen können die Kosten zur Fehlerbehebung den Blättern zugeordnet werden. Hierbei stößt das Modell jedoch schnell an seine Grenzen, da diese Abbildung zwar möglich ist, den Baum jedoch schnell sehr unübersichtlich werden lässt. Zudem bereitet die Darstellung gleichzeitig auftretender Fehler Probleme. Sollten diese mitintegriert werden, so müsste eine neue Kante eingefügt werden, die die Wahrscheinlichkeit des Auftretens der beiden Fehler enthält, wodurch das Modell noch unübersichtlicher wird. Somit bedarf es einer erweiterten Darstellungsmöglichkeit, mit der es gelingt, sowohl die Behandlungsschritte als auch die Fehler übersichtlich abzubilden. Hierzu wird im folgenden Abschnitt das Markov-Modell eingeführt.

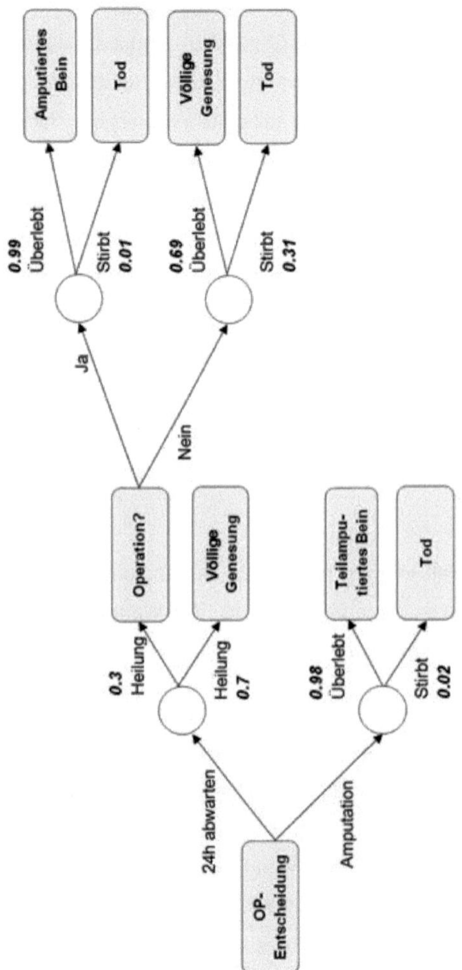

Abb. 3: Beispiel eines Entscheidungsbaums[494]

[494] Vgl. Spreckelsen/Spitzer [Medizin] 188.

5.1.2 Markov-Ketten zur Abbildung mehrstufiger Entscheidungen

Zur Abbildung können neben den in Kapitel 5.1.1 dargestellten Entscheidungsbäumen auch **Markov-Modelle** verwendet werden.[495] Sie eignen sich für Entscheidungsprobleme, bei denen Ereignisse mehrmals auftreten können.[496] Markov-Modelle stellen formal eine Folge von Zufallsvariablen mit einer bestimmten Abhängigkeitsstruktur und damit stochastische Prozesse dar.[497] Dabei gilt die Annahme, dass ihre zeitliche Entwicklung in der Zukunft nur vom augenblicklichen Zustand abhängt. Diese Eigenschaft wird auch als markovsche Eigenschaft bezeichnet.[498]

Ein Einsatzgebiet von Markov-Modellen ist beispielsweise die Simulation von Warteschlangen oder die Qualitätssicherung.[499] Die interessierenden Ereignisse werden im Markov-Modell als Übergänge zwischen den Zuständen modelliert.[500] Die Übergänge mit ihren Übergangswahrscheinlichkeiten können in einer **Übergangsmatrix** dargestellt werden.[501] Unter Berücksichtigung des Satzes der totalen Wahrscheinlichkeit lassen sich mit dieser Matrix die Wahrscheinlichkeiten der Zustände im Zeitpunkt n+1 berechnen, wobei die Wahrscheinlichkeit zum Zeitpunkt n bekannt sein muss. Nicht erlaubte Übergänge werden dabei mit der Übergangswahrscheinlichkeit Null gekennzeichnet.[502] Hinsichtlich der Eigenschaften der Übergangswahrscheinlichkeiten können Markov-Modelle in **Markov-Prozesse** und **Markov-Ketten** unterschieden werden.[503] Erstere zeichnen sich dadurch aus, dass sich die Übergangswahrscheinlichkeiten im zeitlichen Ablauf ändern, während sie bei Markov-Ketten konstant bleiben. Abb. 3 zeigt beispielhaft eine Übergangsmatrix für ein System mit drei Zuständen. In diesem Beispiel ist es möglich, dass mit 70 Prozent ein Übergang von Zu-

---

495 Vgl. Siebert [Entscheidungen] 8.
496 Vgl. Sonnenberg/Beck [Markov] 322.
497 Vgl. folgend Meintrup/Schäffler [Stochastik] 229; Müller/Denecke [Stochastik] 171; Mürmann [Prozesse] 183.
498 Vgl. Götz [Stochastik] 97; Meintrup/Schäffler [Stochastik] 229; Müller/Denecke [Stochastik] 172; Nollau [Prozesse] 2; Schneeweiß [Programmieren] 183 f.
499 Vgl. Müller/Denecke [Stochastik] 171; Mürmann [Prozesse] 183.
500 Vgl. Siebert [Entscheidungen] 10; Sonnenberg/Beck [Markov] 322.
501 Vgl. Müller/Denecke [Stochastik] 172; Siebert [Entscheidungen] 10; Siebert et al. [Modellierung] 307 f.; Sonnenberg/Beck [Markov] 325.
502 Vgl. Sonnenberg/Beck [Markov] 325.
503 Vgl. folgend Siebert et al. [Modellierung] 309 f.; Siebert [Entscheidungen] 10; Sonnenberg/Beck [Markov] 325.

stand 0 zum einen in sich selbst und zum anderen mit 30 Prozent in den Zustand 1 erfolgen kann. Ein Übergang von Zustand 0 in den Zustand 2 ist jedoch nicht möglich. Analog können die weiteren Übergänge interpretiert werden.

		Zustand		
		0	1	2
Zustand	0	0,7	0,3	0
	1	0,2	0,5	0,3
	2	0,1	0,4	0,5

Abb. 4: Beispiel einer Übergangsmatrix mit drei Zuständen[504]

Das Markov-Modell wird komplett durch die Wahrscheinlichkeitsverteilung des Startzustandes und der Wahrscheinlichkeiten der individuell erlaubten Übergänge beschrieben.[505] Zusätzlich können den einzelnen Zuständen **Nutzwerte**, wie beispielsweise Kosten, zugeordnet werden.[506] Zur Bestimmung dieses Nutzens können alle Methoden zur Entscheidungsfindung, wie beispielsweise die des Risikomanagements, herangezogen werden.[507] Nutzenwerte lassen sich nicht nur den Zuständen, sondern auch den Übergängen zuordnen.[508]

Eine Darstellungsform von Markov-Modellen sind **Blasendiagramme**.[509] Hier wird jeder **Zustand** durch einen Kreis repräsentiert.[510] Die verschiedenen Zustände werden dann durch **Pfeile** miteinander verbunden, die die erlaubten Übergänge zwischen den Zuständen darstellen. Zudem kann die Verweildauer in den einzelnen Zuständen erfasst werden.[511] Im Blasendiagramm wie auch in der Übergangsmatrix können **absorbierende Zustände** abgebildet werden.[512] Dies sind Zustände, die nicht wieder verlassen werden können. Beispiel hierfür im Anwendungsfall ist der Tod des Patienten. Die sonstigen Zustände hingegen werden als **nicht absorbie-**

---

[504] Vgl. Meintrup/Schäffler [Stochastik] 228.
[505] Vgl. Sonnenberg/Beck [Markov] 325.
[506] Vgl. Siebert [Entscheidungen] 10; Sonnenberg/Beck [Markov] 325.
[507] Vgl. Beck/Pauker [Markov] 449 f.
[508] Vgl. Siebert [Entscheidungen] 10; Sonnenberg/Beck [Markov] 325.
[509] Vgl. Siebert [Entscheidungen] 11.
[510] Vgl. folgend Sonnenberg/Beck [Markov] 323.
[511] Vgl. Beck/Pauker [Markov] 420.
[512] Vgl. folgend Siebert [Entscheidungen] 11.

rende Zustände bezeichnet.[513] Abb. 5 zeigt beispielhaft das zugehörige Blasendiagramm zu der in Abb. 3 dargestellten Übergangsmatrix.

Der sogenannte **Markov-Zustand** hängt ausschließlich nur vom unmittelbar vorangegangenen Zustand ab, weshalb das Markov-Modell als gedächtnislos beschrieben wird.[514] Auf die Problematik im Krankenhaus übertragen, wird angenommen, dass Patienten sich immer in einem endlichen Gesundheitszustand befinden.[515] Dabei wird davon ausgegangen, dass die Behandlung durch das Markov-Modell abgebildet wird. Mögliche Vorerkrankungen oder andere gleichzeitige Leiden werden dabei nicht betrachtet. Die Behandlung (und damit das Modell) starten bei der im Krankenhaus gestellten Diagnose. Nebenerkrankungen müssen daher separat betrachtet werden.

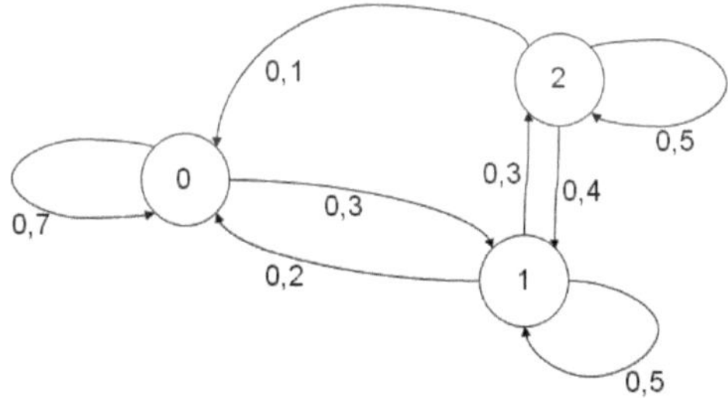

Abb. 5: Beispiel eines Blasendiagramms[516]

Bei der Betrachtung der Behandlung werden im Krankenhaus langfristige und temporäre Zustände unterschieden.[517] **Langfristige Zustände** erlauben es, in diesem Zustand zu verweilen. Dies wird im Modell dadurch realisiert, dass Übergänge in sich selbst für diese Zustände möglich sind. Anwendung finden diese Zustände unter anderem bei Langzeittherapien. **Temporäre Zustände** werden immer dann berücksichtigt, wenn ein Ereignis auftritt, welches nur einen Kurzzeiteffekt hat. Solche Zustände

513 Vgl. Beck/Pauker [Markov] 420.
514 Vgl. Siebert et al. [Modellierung] 307 f.
515 Vgl. Müller/Denecke [Stochastik] 172; Siebert [Entscheidungen] 10; Sonnenberg/Beck [Markov] 322.
516 Vgl. Hübner [Stochastik] 123.
517 Vgl. auch fortfolgend Beck/Pauker [Markov] 423.

kommen bei stationären Behandlungen vor.[518] Sie haben zwar Übergänge zu anderen Zuständen, jedoch nicht zu sich selbst. Damit ist es möglich, für diese Ereignisse zeitlich abweichende Übergangswahrscheinlichkeiten anzugeben. Können die Zustände nur einen weiteren Zustand erreichen, so spricht man von **Tunnelzuständen**, für deren Durchlaufen eine feste Sequenz eingehalten werden muss.

Eine Verallgemeinerung von Markov-Ketten stellen **semi-markovsche Prozesse**, auch halb-markovsche Prozesse oder Erneuerungsprozesse genannt, dar.[519] Während bei Markov-Ketten die Übergänge in gleichen Zeitabständen stattfinden, erfolgen die Übergänge bei semi-markovschen Prozessen zu zufälligen Zeitpunkten, wodurch eine Modellierung dieser zufälligen Übergangszeiten mittels einer Verweilzeitfunktion notwendig ist. Die Funktionsweise eines semi-markovschen Prozesses wird wie folgt beschrieben:[520] Zunächst erfolgt unter Berücksichtigung der Anfangsverteilung und den Übergangswahrscheinlichkeiten ein Übergang vom ersten zum zweiten Zustand. Die Verweilzeit in den Zuständen ist dabei abhängig von den entsprechenden Verweilzeitfunktionen. Ist der zweite Zustand erreicht, so ist eine Strategie oder Entscheidung über den weiteren Verlauf des Prozesses zu treffen. Für die weiteren Zustände erfolgt ein analoges Vorgehen. Auch hier werden die Verweilzeitverteilungen jeweils durch die beiden aufeinander folgenden Zustände bestimmt. Die jeweils anzuwendende Strategie (vgl. Kapitel 5.3.3) wird hinsichtlich der Zielfunktion getroffen. Semi-markovsche Prozesse bilden damit einen zeitkontinuierlichen stochastischen Prozess ab.[521] Hierbei ist zu beachten, dass kein Übergang in sich selbst, sondern nur in andere Zustände möglich ist.[522] Zudem können die Übergangswahrscheinlichkeiten und Verweilzeitverteilungen von Einflussgrößen abhängen.[523]

Vorteil von Markov-Modellen ist die mögliche Berücksichtigung von sich wiederholenden Ereignissen und deren Zeitabhängigkeit.[524] Dies ist von besonderer Bedeutung,

518 Vgl. auch fortfolgend Sonnenberg/Beck [Markov] 326.
519 Vgl. folgend Mine/Osaki [Decision] 75; Nollau [Prozesse] 1 ff.
520 Vgl. auch fortfolgend Nollau [Prozesse] 103 f.
521 Vgl. Baum [Warteschlangentheorie] 308.
522 Vgl. Baum [Warteschlangentheorie] 308; Mine/Osaki [Decision] 75.
523 Vgl. Nollau [Prozesse] 102.
524 Vgl. folgend Sonnenberg/Beck [Markov] 322.

da gerade der Zeitpunkt des Auftretens der Ereignisse unsicher ist und der Nutzen wiederum von diesem Zeitpunkt abhängt. In diesen Fällen bietet das Markov-Modell eine übersichtlichere Darstellung als die stark verästelten Entscheidungsbäume.[525] Nachteil ist, dass die Übergangswahrscheinlichkeiten, im Gegensatz zum Entscheidungsbaum, nicht direkt ersichtlich werden. Probleme zeigen sich im Anwendungsfall auch bei der Modellierung von Risiken, zum Beispiel Bluthochdruck, einer hypothetischen Patientengruppe in Abhängigkeit von der Zeit.[526] Werden solche stetigen Variablen in einem diskreten Markov-Modell verwendet, so ist es notwendig, **Risikokategorien** zu bilden. Auf diese Weise kann für jede Person innerhalb einer Gruppe, ausgehend von der Homogenität innerhalb dieser Gruppe, dasselbe Risiko für das Eintreten eines Ereignisses angenommen werden. Das Modellergebnis kann allerdings dadurch verzerrt werden, dass sich die Risikoverteilung innerhalb der Kategorie über die Zeit hinweg verändert.[527]

5.1.3 Abbildung des Behandlungsablaufs mit potenziellen Fehlern mit semimarkovschen Prozessen

5.1.3.1 Möglichkeiten der Abbildung der Zustände

Im vorliegenden **Anwendungskontext** wird das Hauptziel des Entscheidungsproblems als die Minimierung der Fehlerkosten definiert. Nebenziele sind die Einhaltung der Verweildauer und die Durchführung einer qualitativ hochwertigen Behandlung und die Berücksichtigung der Kosten. Zur Abbildung des Entscheidungsproblems wird auf das Markov-Modell und nicht auf die Entscheidungsbäume zurückgegriffen.[528] Grund hierfür ist, dass das Markov-Modell am besten an die hohe Komplexität der Behandlung und die Möglichkeit des wiederholten Auftretens von Fehlern angepasst werden kann. Im Beispielszenario handelt es sich speziell um eine Markov-Kette, da die Wahrscheinlichkeit für das Eintreten von Fehlern im zeitlichen Ablauf als konstant angenommen werden.

---

[525] Vgl. folgend Beck/Pauker [Markov] 433.
[526] Vgl. auch fortfolgend Bentley/Weinstein/Kuntz [Effects] 549.
[527] Vgl. Bentley/Weinstein/Kuntz [Effects] 553.
[528] Vgl. Siebert [Entscheidungen] 8.

Da die Zeit, die ein Patient in einem Zustand verbringt, unterschiedlich sein kann und von seiner entsprechenden Verweilzeitfunktion abhängig ist, wird zur Entscheidungsunterstützung im vorliegenden Fall der **semi-markovsche Prozess**, als Spezialfall der Markov-Kette, zur Abbildung dieser zufälligen Übergangszeiten verwendet.[529] Der Grund hierfür ist, dass die Verweilzeiten in den verschiedenen Zuständen vom Zufall abhängen können und darüber hinaus von der Konstitution des Patienten beeinflusst werden. Daraus resultieren zufällige Verweilzeiten. Somit handelt es sich um einen stochastischen Prozess, wodurch die Verwendung einer klassischen Markov-Kette (vgl. Kapitel 5.1.2) nicht möglich ist, da deren Zustände nur in äquidistanten Zeitpunkten eine mögliche Veränderung erfahren.[530]

Zunächst müssen sowohl der Behandlungsablauf als auch die Fehler analog der Notation des Markov-Modells dargestellt werden. Hierbei kann auf die mit klinischen Behandlungspfaden dargestellten Behandlungsabläufe zurückgegriffen werden. Diese wurden in einem ersten Schritt mit einem entsprechenden **Prozessmodell**, im vorliegenden Fall durch die ereignisgesteuerte Prozesskette, abgebildet (vgl. Kapitel 2.3.3.2). Um überhaupt Entscheidungen treffen zu können, müssen die so dargestellten Behandlungspfade um ihre potenziellen Fehler erweitert werden. Ein Fehler kann als eigenständiges Ereignis dargestellt werden. Arbeitsschritte zu dessen Beseitigung können als Prozess betrachtet werden und mit Hilfe der Prozessmodelle beschrieben werden. Bestehende Modelle können somit erweitert werden. Auch können für Teilprozesse einzelne Prozessbausteine gebildet werden, die dann in die Modelle der eigentlichen Behandlung integriert werden können. Zur eigentlichen Darstellung des semi-markovschen Prozesses werden die einzelnen **Teilprozesse** der Behandlung, also die Behandlungsschritte, die in der ereignisgesteuerten Prozesskette als Funktionen oder Prozesswegweiser dargestellt wurden, einzelnen **Zuständen** zugeordnet. Dabei wird ein Zustand so definiert, dass ein Patient sich in einem korrespondierenden Teilprozess befindet. Zudem werden Tod und Entlassung aus dem Krankenhaus als absorbierende Zustände modelliert. Den Teilprozessen zur Behandlung der **Fehler** werden im Modell ebenfalls Zustände zugeordnet.

---

[529] Vgl. Nollau [Prozesse] 103 f.
[530] Vgl. Nollau [Prozesse] 1.

Um die Fehler kenntlich zu machen, erhalten sie einen Stern und die Nummer des Zustandes, in dem sie auftreten können. Vor der Modellierung muss daher zunächst eine Analyse der Art der möglichen auftretenden Fehler und eine Identifizierung des Ortes ihres potenziellen Auftretens mit Hilfe der in Kapitel 5.3 dargestellten Methoden erfolgen. So kann beispielsweise mit den Hypothesentests überprüft werden, ob Fehler in bestimmten Teilprozessen öfter auftreten als in anderen. Im vorliegenden Anwendungskontext werden die den Teilprozessen der Fehler zugeordneten Zustände als **temporäre Zustände** betrachtet, und es wird angenommen, dass sie nur kurzzeitige Auswirkungen haben. Zur Darstellung der Fehlerzustände gibt es zwei Möglichkeiten.

In der **ersten Variante** werden die Teilprozesse der Fehler und die der Behandlungsschritte separat abgebildet. Im vorliegenden Beispiel wird davon ausgegangen, dass es zwei Möglichkeiten A und B zur Behandlung einer bestimmten Krankheit eines Patienten gibt, die voneinander unabhängig sind. Die Wahl der Behandlungsmethode soll vom Ausbildungsstand des behandelten Arztes abhängig sein; 20 Prozent der Ärzteschaft hat eine Weiterbildung absolviert. Wird Möglichkeit A gewählt, so umfasst die Behandlung des Patienten Teilprozess 2, bei der Wahl von Möglichkeit B hingegen umfasst sie Teilprozess 3. Bei beiden Behandlungsalternativen können Fehler auftreten, zu deren Beseitigung mehrere Behandlungsschritte nötig sind. Die entsprechenden Teilprozesse 2* und 3* werden mit einem Stern gekennzeichnet. Die Zustände 1 und 4 stellen den Anfang beziehungsweise das Ende der Behandlung dar. Wenn ein Behandlungsfehler erfolgt, wird die Behandlung über die Zustände 2* beziehungsweise 3* fortgesetzt, bis dann der eigentliche Behandlungsprozess zum Endzustand 4 führt. Damit kann sich der Patient insgesamt in den folgenden 6 Zuständen befinden (vgl. Abb. 6):

- Zustand 1: Patient befindet sich in Teilprozess „Aufnahme des Patienten",
- Zustand 2: Patient befindet sich in Teilprozess „fehlerfreie Durchführung der Behandlungsalternative A",
- Zustand 2*: Patient befindet sich in Teilprozess „Behebung des Fehlers bei Behandlungsalternative A",
- Zustand 3: Patient befindet sich in Teilprozess „fehlerfreie Durchführung der Behandlungsalternative B",

- Zustand 3*: Patient befindet sich in Teilprozess „Behebung des Fehlers bei Behandlungsalternative B“ und
- Zustand 4: Patient befindet sich in Teilprozess „Entlassung des Patienten“.

Diese Art der Abbildung ist von Vorteil, wenn die Beseitigung des Fehlers nur kurze Zeit benötigt, keinen Einfluss auf den sonstigen Behandlungsablauf hat und separat erfolgt. Problematisch ist es hierbei jedoch, den Zeitpunkt des Auftretens der Fehler darzustellen. Auch kann nicht abgebildet werden, ob der Behandlungsschritt und die Fehlerbeseitigung gleichzeitig ablaufen können.

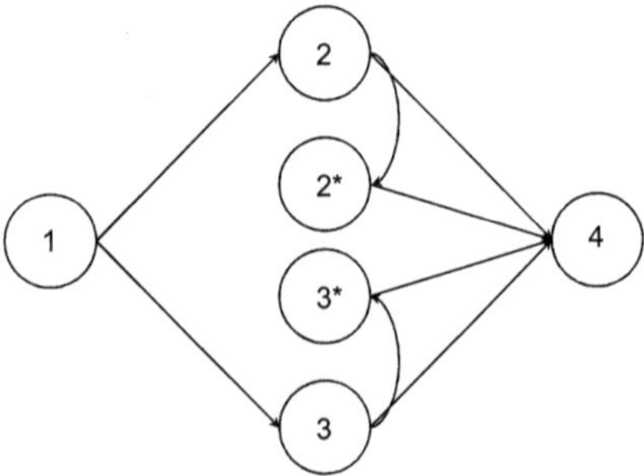

Abb. 6: Variante 1: „Darstellung möglicher Fehler als eigener Zustand“

Als **zweite Variante** kann der Fehler in den Behandlungsschritt integriert und als separater Zustand dargestellt werden (vgl. Abb. 7).

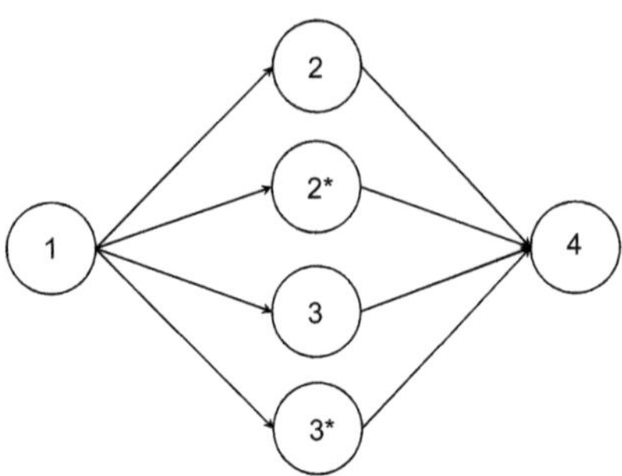

Abb. 7: Variante 2: „Integration möglicher Fehler in den Behandlungsablauf“

Die Behandlung kann dann von Zustand 1 (Start) über den Zustand 2 (beziehungsweise 3) kein Behandlungsfehler oder über den Zustand 2* (beziehungsweise 3*)

(Behandlungsfehler und seine Beseitigung) zum Zustand 4 (Endzustand) verlaufen. Hier umfasst damit beispielsweise der Zustand 2* sowohl die regulären Aktivitäten der Behandlung als auch diejenigen zur Beseitigung des potenziellen Fehlers. Auch hier kann sich der Patient während der Behandlung in sechs Zuständen befinden, die im Folgenden dargestellt werden:

- Zustand 1: Patient befindet sich in Teilprozess „Aufnahme des Patienten",
- Zustand 2: Patient befindet sich in Teilprozess „fehlerfreie Durchführung der Behandlungsalternative A",
- Zustand 2*: Patient befindet sich in Teilprozess „Durchführung der Behandlungsalternative A und Behebung des Fehlers bei Behandlungsalternative A",
- Zustand 3: Patient befindet sich in Teilprozess „fehlerfreie Durchführung der Behandlungsalternative B",
- Zustand 3*: Patient befindet sich in Teilprozess „Durchführung der Behandlungsalternative B und Behebung des Fehlers bei Behandlungsalternative B" und
- Zustand 4: Patient befindet sich in Teilprozess „Entlassung des Patienten".

Bei Wahl dieser Darstellung ist darauf zu achten, dass die Aktivitäten und die Zeiten der regulären Behandlungsschritte mit in die Kostenfunktion des Teilprozesses der Fehler aufgenommen werden müssen. Vorteil hierbei ist beispielsweise die Möglichkeit der Abbildung der Verschlechterung des Gesundheitszustandes des Patienten. Wenn für die Behandlungsschritte eine Ressourcenverbrauchsfunktion im Sinne des Time-Driven Activity-Based Costing erstellt wurde, so kann diese um die Pflegestufe des Patienten (vgl. Kapitel 4.4.2.4) erweitert werden. Problematisch ist hierbei jedoch die Analyse der zusätzlich zur Fehlerbehebung entstandenen Kosten, da diese bei dieser Darstellungsvariante nicht separat erfasst werden.

Die bisherigen Ausführungen dieses Abschnittes bezogen sich auf den einfachen Fall, dass in jedem Zustand nur ein Fehler auftreten kann. Jedoch können bei beiden Darstellungsformen **Probleme** auftreten, wenn in einzelnen Zuständen mehrere Fehler auftreten können. Es ist auch denkbar, dass eine **Kombination von Fehlern** vorliegen kann und mehrere Fehler gleichzeitig auftreten. Zur Darstellung dieses Problems müssen beide Varianten erweitert werden. Das Modell von **Variante 1** „Darstellung möglicher Fehler als eigener Zustand" wird jeweils um die entsprechenden Fehlerzustände und mit den zugehörigen Übergangswahrscheinlichkeiten erweitert. Vorteil dieses Vorgehens ist, dass nur das Blasendiagramm und die Übergangsmatrix entsprechend erweitert werden müssen, wodurch die Integration weiterer Fehler mit nur geringem Aufwand möglich ist. Entsprechend ist für die neuen Zustände eine Zeitverbrauchsfunktion zu erstellen. Nachteil dieser Variante ist jedoch, dass diese Art der Darstellung schnell unübersichtlich wird. Zudem müssen die möglichen Übergänge zwischen den einzelnen Fehlerzuständen abgebildet werden.

Auch bei **Variante 2** „Integration möglicher Fehler in den Behandlungsablauf" ist es möglich, die weiteren Fehler in das Markov-Modell zu integrieren. Besteht die Möglichkeit, dass mehrere Fehler gleichzeitig auftreten, so müsste jedoch für jede Kombination ein eigener Zustand gebildet werden, was erneut die Komplexität des Systems erhöhen würde. Zur Umgehung dieses Komplexitätsproblems können alle möglichen Fehler in einem Fehlerzustand zusammengefasst werden. Um die verschiedenen Fehlermöglichkeiten nun abbilden zu können, muss daher die Zeitverbrauchsfunktion um die Schritte zur Beseitigung der weiteren Fehler erweitert werden. Zudem muss für jeden Fehler eine Wenn-Dann-Bedingung integriert werden. Darüber hinaus ist zur Erstellung der Übergangsmatrix eine entsprechende Verteilungsfunktion zu bestimmen, die das Eintreten der verschiedenen Fehler und deren Kombinationen in einem Zustand bestimmt.

Nachteil beider Varianten ist die Schwierigkeit der Darstellung der Schritte zur Fehlerbehebung, wenn die Behandlungsfehler erst in einem nachgelagerten Zustand bemerkt werden. Beispielhaft für einen solchen Fehler sei eine Infektion bei einer Operation genannt, die erst in einem Folgezustand, zum Beispiel bei der Behandlung des Patienten auf der Station, erkennbar wird. Im weiteren Verlauf der Arbeit wird dennoch auf Variante 2 zurückgegriffen. Grund hierfür ist die vereinfachte Möglichkeit der Darstellung mehrerer Fehler in einem Behandlungsschritt.

5.1.3.2 Darstellung der Übergangswahrscheinlichkeiten zwischen den Zuständen

In einem zweiten Schritt muss, wie in Kapitel 5.1.2 beschrieben, eine Matrixalgebra, auch Übergangsmatrix genannt, bestimmt werden. Der Aufbau der Übergangsmatrix wird durch die Anzahl der Zustände und die Übergangswahrscheinlichkeiten bestimmt. Dabei wird die **Anzahl der Zustände** im System mit **N** und die **Übergangs-**

wahrscheinlichkeiten von einem Ausgangszustand v zu einem Zielzustand w mit $\mathbf{p}_{v,w}$ bezeichnet.[531] Die erlaubten Übergänge zwischen den Zuständen werden im Beispielszenario durch den Verlauf der klinischen Behandlungspfade beschrieben. Hier kann für den eigentlichen Behandlungsablauf auf die zuvor mittels der ereignisgesteuerten Prozesskette durchgeführte Darstellung und deren Verknüpfungen zurückgegriffen werden. Müssen zwei Behandlungsschritte zwingend durchgeführt werden, so werden ihre korrespondierenden Zustände mit Hilfe einer **Und-Verknüpfung** modelliert. Daraus lässt sich ableiten, dass die Übergangswahrscheinlichkeit zwischen diesen beiden Zuständen 100 Prozent beträgt. Können hingegen zwei Behandlungsschritte alternativ durchgeführt werden, so werden deren korrespondierende Zustände mit einer **Oder-Verknüpfung** dargestellt. In diesem Fall sind die jeweiligen Wahrscheinlichkeiten der Alternativen anzugeben. Diese Annahme gilt jedoch nur, wenn die im regulären Behandlungsprozess aufgetretenen Fehler nicht abgebildet werden.

Für den vorliegenden **Anwendungsfall** müssen die Fehlerzustände in die Übergangsmatrix integriert und die Wahrscheinlichkeiten des Behandlungsablaufs zur Beschreibung der Übergänge angepasst werden. Hierzu ist zunächst die Wahrscheinlichkeit für das Eintreten eines Zustandes zu bestimmen. Dazu können bereits durchgeführte Behandlungen oder Fehlerstatistiken herangezogen werden. Die Wahrscheinlichkeit selbst berechnet sich aus der Anzahl der Ereignisse der interessierenden Teilmenge im Verhältnis zur Gesamtzahl der möglichen Elementarereignisse.[532] Bei ihrer Berechnung werden zudem die drei Axiome von Kolmogorov herangezogen.[533] Diese besagen, zum Ersten, dass die Wahrscheinlichkeit für das Eintreffen im Intervall [0,1] liegt. Zum Zweiten wird dem unmöglichen Ereignis die Wahrscheinlichkeit 0 und dem sicheren Ereignis die Wahrscheinlichkeit 1 zugeordnet. Zum Dritten wird laut dieser Axiome die Wahrscheinlichkeit zweier disjunkter Ereignisse mittels der Summe der beiden Einzelwahrscheinlichkeiten berechnet.

---

531 Vgl. Howard [Dynamic] 578 f.
532 Vgl. Laux/Gillenkirch/Schenk-Mathes [Entscheidungstheorie] 123.
533 Vgl. auch fortfolgend Duller [Einführung] 163 f.

Sind die Ereignisse hingegen stochastisch unabhängig, so berechnet sich die Wahrscheinlichkeit ihres Eintretens aus dem Produkt ihrer beiden Eintrittswahrscheinlichkeiten.[534] Hierbei wirkt sich das Eintreten eines Ereignisses nicht auf die Wahrscheinlichkeit der anderen Ereignisse aus. Jedoch können auch stochastische Abhängigkeiten zwischen den Ereignissen vorliegen.[535] Als stochastisch abhängig werden Ereignisse definiert, bei denen die Eintrittswahrscheinlichkeit von der eines anderen Ereignisses abhängt. Liegen solche Abhängigkeiten vor, so können diese mittels der **bedingten Wahrscheinlichkeit** angegeben werden.[536] Sie gibt die Wahrscheinlichkeit für das Eintreten eines Ereignisses unter der Bedingung an, dass auch ein zweites Ereignis auftritt. Die bedingte Wahrscheinlichkeit eines Ereignisse A unter der Bedingung B ist dabei von der Wahrscheinlichkeit des Eintretens der beiden Ereignisse A und B und der Wahrscheinlichkeit des Eintretens von Ereignis B abhängig.[537]

Damit können die Übergangsmatrizen für die beiden Varianten beispielhaft wie folgt erstellt werden: Für beide Varianten wird angenommen, dass lediglich Zustand 4 (Entlassung aus dem Krankenhaus) einen absorbierenden Zustand darstellt. Die Wahrscheinlichkeiten für die Durchführung der Behandlungsalternative 2 möge bei 20 und die von 3 bei 80 Prozent liegen. Zudem möge die Wahrscheinlichkeit für das Auftreten eines Fehlers bei der Behandlungsalternative 2 bei 10 und die bei 3 bei 20 Prozent liegen. Die Übergangswahrscheinlichkeit von Zustand 2* und 3* in Zustand 4 sei in beiden Varianten 100 Prozent.

Für Variante 1 „Darstellung möglicher Fehler als eigener Zustand“ ergeben sich die weiteren Übergangswahrscheinlichkeiten wie in Tab. 26 dargestellt.

---

[534] Vgl. folgend Duller [Einführung] 166; Laux/Gillenkirch/Schenk-Mathes [Entscheidungstheorie] 131 ff; Spreckelsen/Spitzer [Medizin] 175.

[535] Vgl. folgend Cramer/Kamps [Statistik] 178; Laux/Gillenkirch/Schenk-Mathes [Entscheidungstheorie] 132.

[536] Vgl. folgend Cramer/Kamps [Statistik] 178; Laux/Gillenkirch/Schenk-Mathes [Entscheidungstheorie] 132.

[537] Vgl. folgend Cramer/Kamps [Statistik] 179 f.; Götz [Stochastik] 115 ff.; Laux/Gillenkirch/Schenk-Mathes [Entscheidungstheorie] 132; Spreckelsen/Spitzer [Medizin] 175.

	1	2	2*	3	3*	4
1	0	0,2	0	0,8	0	0
2	0	0	0,1	0	0	0,9
2*	0	0	0	0	0	1
3	0	0	0	0	0,2	0,8
3*	0	0	0	0	0	1
4	0	0	0	0	0	1

Tab. 26: Beispiel der Übergangsmatrix für Variante 1 „Darstellung möglicher Fehler als eigener Zustand"

Hierbei beträgt die Übergangswahrscheinlichkeit von Zustand 1 in Zustand 2 20 Prozent und in Zustand 3 80 Prozent. Zudem liegt die Wahrscheinlichkeit für den Übergang von Zustand 2 in 2* bei 10 Prozent und von 2 in 4 bei 90 Prozent. Die Zustände 3* und 4 werden von Zustand 3 aus mit einer Wahrscheinlichkeit von 20 Prozent beziehungsweise 80 Prozent erreicht. Die Übergangswahrscheinlichkeit von Zustand 2* und 3* nach Zustand 4 liegen bei 100 Prozent. Weitere Übergänge sind nicht möglich.

Bei **Variante 2** „Integration möglicher Fehler in den Behandlungsablauf" ist ersichtlich, dass sich durch die Integration des Fehlers eine Oder-Verknüpfung ergeben hat. Daher sind die **bedingten Wahrscheinlichkeiten** der Zustände zu berechnen. Werden zusätzlich die Wahrscheinlichkeiten des Eintretens eines Fehlers berücksichtigt, so ergeben sich die beiden bedingten Übergangswahrscheinlichkeiten für die Zustände 2 und 3 sowie für ihre Fehlerzustände 2* und 3* wie im Folgenden dargestellt. Dabei steht p_{12} beispielhaft für die Wahrscheinlichkeit des Übergangs von Zustand 1 in Zustand 2. Hierbei ist zu beachten, dass nun die Eintrittswahrscheinlichkeiten von Zustand 2 und 2* gemeinsam 0,2 und die von 3 und 3* gemeinsam 0,8 ergeben müssen.

$$\begin{aligned} p_{12} &= 0{,}20 \cdot 0{,}90 = 0{,}18 \\ p_{12^*} &= 0{,}20 - 0{,}18 = 0{,}02 \\ p_{13} &= 0{,}80 \cdot 0{,}80 = 0{,}64 \\ p_{13^*} &= 0{,}80 - 0{,}64 = 0{,}16 \end{aligned} \qquad (5)$$

Damit lässt sich, wie in Tab. 27 dargestellt, die Übergangsmatrizen für Variante 2 „Integration möglicher Fehler in den Behandlungsablauf" bestimmen.

<table>
<tr><th></th><th>1</th><th>2</th><th>2*</th><th>3</th><th>3*</th><th>4</th></tr>
<tr><td>1</td><td>0</td><td>0,18</td><td>0,02</td><td>0,64</td><td>0,16</td><td>0</td></tr>
<tr><td>2</td><td>0</td><td colspan="4" rowspan="4">0</td><td>1</td></tr>
<tr><td>2*</td><td>0</td><td>1</td></tr>
<tr><td>3</td><td>0</td><td>1</td></tr>
<tr><td>3*</td><td>0</td><td>1</td></tr>
<tr><td>4</td><td>0</td><td>0</td><td>0</td><td>0</td><td>0</td><td>1</td></tr>
</table>

Tab. 27: Beispiel der Übergangsmatrix für Variante 2 „Integration möglicher Fehler in den Behandlungsablauf"

Hierbei sind von Zustand 1 die Übergänge in die Zustände 2, 2*, 3 und 3* mit den in der Abbildung dargestellten Wahrscheinlichkeiten erlaubt. Die Wahrscheinlichkeit des weiteren Übergangs in Zustand 4 liegt jeweils bei 100 Prozent. Weitere Übergänge sind nicht möglich.

Im **Anwendungsfall** können bei der Bestimmung der Übergangswahrscheinlichkeiten Probleme auftreten. So können diese zum Beispiel durch die Konstitution des Patienten, und damit durch die **Patientenheterogenität**, beeinflusst werden. In diesem Zusammenhang ist es möglich, dass die Fehlerhäufigkeit für einzelne Personengruppen, die beispielsweise eine bestimmte Altersgrenze überschritten haben, größer ist, als für andere. Auch können sich bestimmte Vorerkrankungen des Patienten auf die Fehlerhäufigkeit der Behandlung auswirken. Werden solche Zusammenhänge mittels der in Kapitel 5.2 dargestellten Methoden, wie beispielsweise des Unabhängigkeitstests aufgedeckt, so ist für die Übergangswahrscheinlichkeiten eine **Verteilungsfunktion** zu erstellen.

Exemplarisch soll im Folgenden eine einfache Verteilungsfunktion für die soeben beschriebene Variante 1 „Darstellung möglicher Fehler als eigener Zustand" dargestellt werden. Hier lag die Wahrscheinlichkeit für das Eintreten eines Fehlers in Zustand 2 bei 10 Prozent. Ist der Patient jedoch älter als 70 Jahre, so soll diese auf 30 Prozent steigen. Damit ergibt sich die Übergangswahrscheinlichkeit p_{22^*} von Zustand 2 in Zustand 2* in Form der folgenden Verteilungsfunktion in Abhängigkeit von der Risikoklasse y, die durch das Patientenalter bestimmt wird, wie folgt:

$$p_{22^*,y} = \begin{cases} 0{,}1; \text{ wenn } y = 101 \\ 0{,}3; \text{ wenn } y = 102 \end{cases} \qquad (6)$$

wobei, y = 101, wenn Patientenalter < 70 Jahre und y = 102, wenn Patientenalter ≥ 70.

Können zudem **Aktionen** zur Fehlervermeidung durchgeführt werden, ist ebenfalls eine Anpassung der Wahrscheinlichkeiten notwendig. Hier wird beispielhaft angenommen, dass die Eintrittswahrscheinlichkeit für einen Fehler durch zwei Aktionen gesenkt werden kann. Wird Aktion 1 durchgeführt, soll sie sich um fünf und bei der Durchführung von Aktion 2 um zwei Prozent senken lassen. Damit lässt sich die Übergangswahrscheinlichkeit von Zustand 2 in Zustand 2* in Abhängigkeit der Aktionen a und der Variante y wie folgt darstellen:

$$p_{22^*,a,y} = \begin{cases} 0{,}10; \text{ wenn } a = 1 \text{ und } y = 101 \\ 0{,}05; \text{ wenn } a = 2 \text{ und } y = 101 \\ 0{,}08; \text{ wenn } a = 3 \text{ und } y = 101 \\ 0{,}30; \text{ wenn } a = 1 \text{ und } y = 102 \\ 0{,}25; \text{ wenn } a = 2 \text{ und } y = 102 \\ 0{,}28; \text{ wenn } a = 3 \text{ und } y = 102 \end{cases} \quad (7)$$

wobei, a = 1, wenn keine Aktion durchgeführt wird, a = 1, wenn Aktion 1 durchgeführt wird und a = 3. wenn Aktion 2 durchgeführt wird.

Ein weiteres Problem bei der Festlegung der Übergangswahrscheinlichkeiten können Korrelationen zwischen einzelnen Zuständen sein.[538] So ist es möglich, dass die Wahrscheinlichkeit eines Fehlers durch das Eintreten eines anderen steigt. Liegen solche Wirkungszusammenhänge vor, so muss die Abhängigkeitsstruktur in Form einer **multivariaten Verteilung** anstelle der separaten individuellen Verteilungen dargestellt werden.[539] Eine Möglichkeit zur Darstellung von multivariaten Verteilungen bietet der Einsatz von **Copula-Funktionen**. Diese beschreiben mit Rechenvorschriften „die funktionale Abhängigkeit zwischen verschiedenen Zufallsvariablen, die durch (Rand-) Verteilungen repräsentiert werden."[540] Copula-Funktionen ermöglichen, im Gegensatz zu anderen Methoden zur Darstellung multivariater Verteilun-

---

[538] Vgl. zu den Begriffen Korrelation und Wirkungszusammenhang Kapitel 5.2.2.3.
[539] Vgl. Bilcke et al. [Accounting] 686; Chessa et al. [Correlations] 277.
[540] Beck et al. [Copula] 31.

gen, auch die Abbildung unterschiedlicher Randverteilungen für Risikoklassen sowie die Darstellung von Korrelationen zwischen Risiken.[541]

5.2 Bestimmung der Einflussgrößen auf Entscheidungen

5.2.1 Statistik zur Analyse von Daten

Ziele und Aufgaben der **Statistik** sind „die Erfassung, Zusammenfassung, Analyse und Darstellung von Massendaten sowie die Methoden zum vernünftigen Entscheiden bei Unsicherheit."[542] Entscheidungen werden auf der Basis von Daten getroffen.[543] Um die tatsächlichen Gegebenheiten in einem Modell abbilden zu können, muss zunächst die Menge der möglichen Ereignisse eines Vorgangs bestimmt werden.[544] Diese Menge wird auch als Ergebnismenge oder **Grundraum** beziehungsweise Grundgesamtheit bezeichnet. Sie umfasst die Menge aller gleichartigen Objekte, die untersucht werden sollen.[545] Die zu untersuchende Einheit wird als Untersuchungs- oder Erhebungseinheiten beziehungsweise **statistische Einheiten** bezeichnet.

Die zu untersuchende Eigenschaft wird **Merkmal** genannt. Ihre Ausprägungen werden als Merkmalswert oder Merkmalsausprägung bezeichnet.[546] Merkmale werden in qualitative und quantitative Merkmale unterschieden. Qualitative Merkmale können artmäßig erfasst werden. Sie lassen sich in ordinale Merkmale, das heißt nach einer Rangfolge unterscheidbare, wie beispielsweise Schulnoten oder Hotelklassen, und nominalen Merkmalen differenzieren. Beispiel für letztere ist die Farbe eines Untersuchungsobjektes. Quantitative Merkmale hingegen sind zahlenmäßig erfassbare Merkmale. Sie lassen sich in diskrete und stetige Merkmale unterteilen. Diskrete Merkmale sind ganzzahlig und abzählbar, Beispiel ist die Anzahl an Regentagen in einem Jahr. Stetige Merkmale können einen Wert innerhalb eines Intervalls annehmen. Beispiel hierfür ist das Gewicht oder die Größe von Personen.

---

[541] Vgl. Beck et al. [Copula] 31ff.; Wengert/Schittenhelm [Risk] 75; Wengert/Schittenhelm [Risk] 77 f.
[542] Duller [Einführung] 4.
[543] Vgl. Bankhofer/Vogel [Statistik] 4; Henze [Stochastik] 20.
[544] Vgl. folgend Henze [Stochastik] 2.
[545] Vgl. folgend Bankhofer/Vogel [Statistik] 5; Henze [Stochastik] 21.
[546] Vgl. auch fortfolgend Bankhofer/Vogel [Statistik] 5; Henze [Stochastik] 21.

Wird nicht die ganze Grundgesamtheit untersucht, sondern nur eine Teilmenge, so spricht man von einer **Zufallsstichprobe.**[547] Zufallsstichproben können nach den Kriterien repräsentativ, einfach und geschichtet unterschieden werden. Während eine repräsentative Stichprobe ein möglichst genaues Abbild der Grundgesamtheit zeigt, hat bei einer einfachen Stichprobe jedes Element die gleiche Chance in die Stichprobe zu gelangen und eine von Null verschiedene Auswahlchance. Bei einer geschichteten Zufallsstichprobe wird nach Zerlegung der Grundgesamtheit aus jeder Schicht eine Zufallsstichprobe gezogen. Die Erhebungseinheit, auch **Merkmalsträger** oder statistische Einheit, ist ein einzelnes Element der Grundgesamtheit und Träger der Informationen.[548] Die Anzahl der Erhebungseinheiten bildet den Umfang der Grundgesamtheit. Die interessierende Eigenschaft der Erhebungseinheit ist das Merkmal. Jedes Merkmal besitzt verschiedene interessierende Ausprägungen, die **Merkmalsausprägungen.** Alle Ausprägungen eines Merkmals bilden den **Wertebereich**.

Statistik lässt sich in die Teilgebiete beschreibende (deskriptive), beurteilende (schließende oder induktive) sowie die explorative Statistik untergliedern.[549] Ziel der **beschreibenden Statistik** ist die Darstellung der Häufigkeitsverteilung von Merkmalen.[550] Bei ihr steht die Beschreibung der Charakteristika der beobachteten Stichprobe im Fokus.[551] Dafür werden Daten in Form von Tabellen und Grafiken aufbereitet und einfache statistische Kennzahlen berechnet.[552] Mit Hilfe der **schließenden Statistik** hingegen werden Folgerungen aus einer Stichprobe auf die Grundgesamtheit gezogen.[553] Dies geschieht unter Einbeziehung der Wahrscheinlichkeitstheorie, indem das zu untersuchende Merkmal als Zufallsvariable aufgefasst wird. Methoden der schließenden Statistik sind das Schätzen und Testen.[554] Die explorative Statistik hingegen bedient sich der Methoden der beiden anderen Teilgebiete.[555] Sie dient

---

[547] Vgl. auch fortfolgend Duller [Einführung] 8 ff.; Kohn [Statistik] 8 ff., 28 f.
[548] Vgl. auch fortfolgend Kohn [Statistik] 28.
[549] Vgl. Bankhofer/Vogel [Statistik] 4; Henze [Stochastik] 20.
[550] Vgl. Bankhofer/Vogel [Statistik] 13.
[551] Vgl. Kohn [Statistik] 7.
[552] Vgl. Duller [Einführung] 9.
[553] Vgl. folgend Bankhofer/Vogel [Statistik] 91; Cramer/Kamps [Statistik] 236; Duller [Einführung] 9, 159; Kohn [Statistik] 7, 197 f.
[554] Vgl. Bankhofer/Vogel [Statistik] 93; Duller [Einführung] 215.
[555] Vgl. Bankhofer/Vogel [Statistik] 4.

dem Suchen nach Strukturen.[556] Tab. 28 gibt einen Überblick über die Aufgaben und wichtigsten Methoden der drei Teilgebiete.

Teilgebiete der Statistik	Aufgaben	Mögliche Methoden und Hilfsmittel
Beschreibende Statistik	Methoden zur Erhebung, Beschreibung und Strukturierung umfangreicher oder unübersichtlicher Datenmengen.	Tabellen, Kennwerte, Diagramme
Schließende Statistik	Methoden zur Umsetzung von Stichproben zwecks Schlussfolgerungen auf die Grundgesamtheit.	Intervallschätzung, Hypothesenprüfung
Explorative Statistik	Aufsuchen von Mustern und Strukturen in zumeist sehr großen Datenbeständen zur Generierung statistischer Hypothesen.	Datenanalyse, Data Mining

Tab. 28: Teilgebiete der Statistik [557]

Hinsichtlich der Untersuchung nach der Anzahl der Merkmale lassen sich zudem **univariate**, **bivariate** und **multivariate** Statistik unterscheiden.[558] So wird bei Ersterer nur ein Merkmal untersucht, wohingegen die beiden anderen zwei oder mehr Merkmale untersuchen. Hierbei wird der Zusammenhang zwischen den Merkmalen einer Erhebungseinheit untersucht.[559]

5.2.2 Einsatzgebiete der Statistik zur Entscheidungsfindung

5.2.2.1 Einsatz statistischer Methoden zur Fehlerursachenfindung

Krankenhäusern stehen die generellen Qualitätswerkzeuge zur Verfügung, die zur Fehlererfassung und -analyse verwendet werden können.[560] Zu den Instrumenten der Fehlererfassung gehören beispielhaft die Fehlersammelliste, das Histogramm, die Stratifikation und die Qualitätsregelkarte. Die **Fehlersammelliste** enthält Fehler nach Art und Anzahl, ohne dabei jedoch Angaben über deren Ursache oder zeitliche Abfolge zu geben. Bei der **Stratifikation** wird ein grafischer Vergleich durchgeführt. Ziel ist es, die Ursachen und Abweichungen eines Prozesses zu erkennen. Hierfür

---

[556] Vgl. Duller [Einführung] 9.
[557] Vgl. Bankhofer/Vogel [Statistik] 4.
[558] Vgl. folgend Duller [Einführung] 9.
[559] Vgl. Duller [Einführung] 117.
[560] Vgl. auch fortfolgend Koch [Einführung] 137 ff.

werden die Daten in Untergruppen unterteilt. Auch das **Histogramm** ermöglicht als Säulendiagramm eine grafische Darstellung der Daten. Hierbei werden die in Klassen unterteilten Messwerte ihren Häufigkeiten gegenübergestellt. Die **Qualitätsregelkarte** dient dem Aufdecken von Abweichungen. Hierzu werden Toleranzgrenzen festgelegt, die der Prozess nicht überschreiten darf. Die Qualitätsregelkarte dient nicht der Ursachenanalyse. Da der Behandlungsprozess keinen fortlaufenden Fertigungsprozess darstellt, ist sie nur bedingt für Krankenhäuser geeignet. Im Rahmen der Analyse werden die Fehler, die zu einer Abweichung vom Soll-Prozess führen, und ihre Ursachen identifiziert.[561] Damit steht die Ursachenforschung relevanter Einflussgrößen im Fokus.[562] Hierbei werden zunächst mittels einer Daten- und Prozessanalyse diejenigen Einflussfaktoren ermittelt, die das Prozessergebnis negativ beeinflussen. Danach ist eine Bestätigung der Ursachen durch eine statistische Analyse notwendig. In einer abschließenden Bewertung werden Verbesserungsmöglichkeiten quantifiziert. Als Werkzeuge der Fehleranalyse können das Pareto-Diagramm, das Korrelationsdiagramm und das Ursache-Wirkungsdiagramm verwendet werden.[563] Das **Pareto-Diagramm** greift auf die Datensammlung der Fehlersammelliste zurück. Ziel ist es, die Rangfolge der zu eliminierenden Fehler zu ermitteln. Hierbei wird der Gedanke des Pareto-Prinzips zugrunde gelegt, welches auf der Erkenntnis beruht, dass lediglich 20 bis 30 Prozent der Fehlerarten für 70 – 80 Prozent aller Fehler verantwortlich sind. Somit kann ein Großteil der Fehlerkosten auf einen relativ geringen Anteil von Fehlern zurückgeführt werden. Hierzu werden die Fehlerarten in einem Balkendiagramm nach Häufigkeit ihres Auftretens in absteigender Folge abgetragen. Abb. 8 zeigt beispielhaft ein Pareto-Diagramm für mögliche Fehler nach einer Operation. Hierbei wird ersichtlich, dass im Beispiel Wundinfekte die häufigsten Fehler darstellen. Zusammen mit Blutungen und Reißen der Narbe machen sie über 70 Prozent der Fehler aus und sind daher priorisiert zu eliminieren.

---

[561] Vgl. Toutenburg/Knöfel [Sigma] 210.
[562] Vgl. auch fortfolgend Toutenburg/Knöfel [Sigma] 125 f.
[563] Vgl. auch fortfolgend Koch [Einführung] 140 ff.; Toutenburg/Knöfel [Sigma] 134 ff.

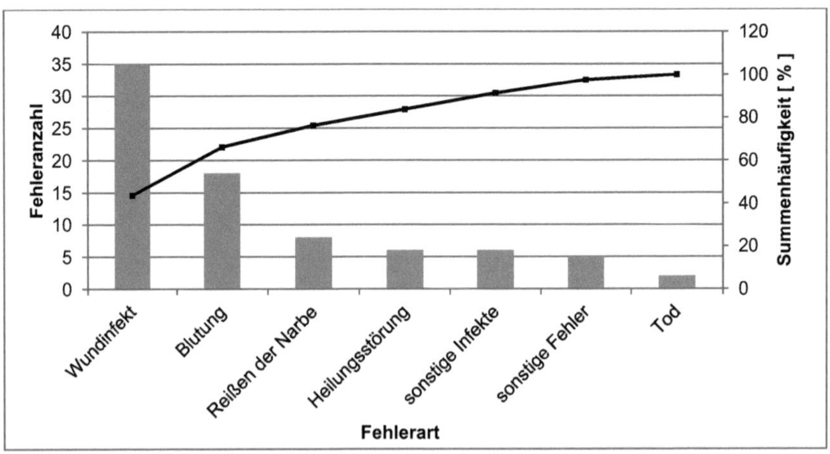

Abb. 8: Beispiel eines Pareto-Diagramms[564]

Das **Korrelationsdiagramm**, auch Streudiagramm genannt, dient dazu, die Korrelation, das heißt das Verhältnis zweier Faktoren zueinander, zu bestimmen.[565] Wird eine Korrelation aufgedeckt, so müssen ihre Einflussgrößen ermittelt werden. Der Zusammenhang kann sowohl grafisch als auch rechnerisch bestimmt werden.

Das **Ursache-Wirkungsdiagramm**, auch Fishbone- oder Ishikawa-Diagramm genannt, spaltet hingegen die Ursachen für ein bestimmtes Problem auf und zeigt diese in Form einer Fischgräte. Es kann zunächst auf die durch das Pareto-Diagramm offengelegte größte Fehlerkategorie angewendet werden.[566] Einteilungskriterien für mögliche Ursachen sind dabei Mensch, Material, Messung, Mutter Natur oder Methoden.[567] Die Kriterien können jedoch nach Beispielszenario modifiziert werden. Abb. 9 zeigt eine Variante für die Anpassung des Ursache-Wirkungsdiagramms für den vorliegenden Anwendungsfall.

---

[564] in Anlehnung an Arthur [Sigma] 121.
[565] Vgl. auch fortfolgend Koch [Einführung] 140 ff.; Toutenburg/Knöfel [Sigma] 134 ff.
[566] Vgl. Arthur [Sigma] 120.
[567] Vgl. folgend Toutenburg/Knöfel [Sigma] 135.

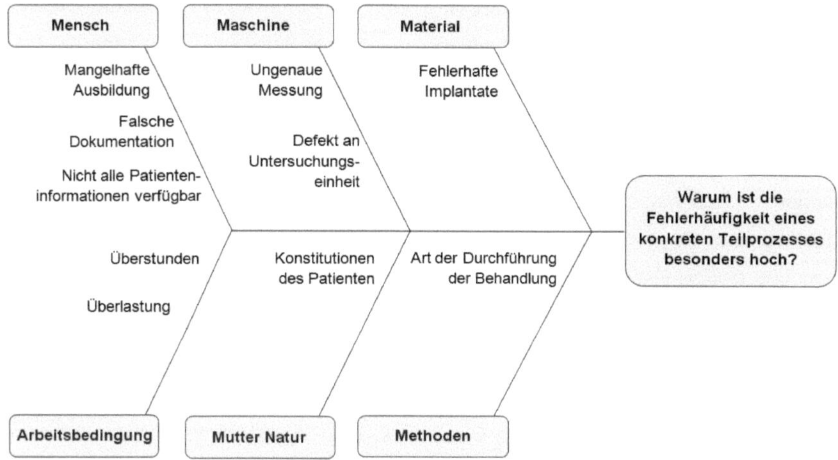

Abb. 9: Beispiel eines Ursache-Wirkungsdiagramms[568]

Zur Analyse von Fehlern kann weiterhin die **Fehlerbaumanalyse** (englisch Fault Tree Analysis) eingesetzt werden.[569] In einem solchen Fehlerbaum werden mögliche Primärereignisse und ihre Eintrittswahrscheinlichkeiten, die zu einem vorher definierten unerwünschten Ereignis führen können, auf der Grundlage der BOOLESCHEN Algebra grafisch dargestellt. Hierdurch kann analytisch deduktiv die Kombination von Primärereignissen gefunden werden, die zu einem unerwünschten Ereignis, dem sogenannten top event, führt. Tab. 29 gibt einen zusammenfassenden Überblick über die vorgestellten Qualitätswerkzeuge.

Nicht nur die Analyse bereits entstandener Fehler, sondern auch die von Beinahe-Fehlern und Zwischenfällen, englisch **Critical Incidents** genannt, kann zur Unterstützung des Qualitätsmanagements herangezogen werden.[570] Critical Incidents stellen Vorfälle oder Fehler der Behandlung dar, welche zur Verletzung des Patienten führen können.[571] Eine frühzeitige Entdeckung von derartigen Zwischenfällen ist von besonderer Bedeutung, da die Kosten umso höher sind, je später ein kritisches Er-

---

568 in Anlehnung an Toutenburg/Knöfel [Sigma] 135.
569 Vgl. auch fortfolgend Hehenberger [Fertigung] 215.
570 Vgl. Glazinski/Wiedensohler [Fehlerkultur] 97 f.
571 Vgl. Frodl [Controlling] 148.

eignis entdeckt wird.[572] Critical Incidents dienen der Aufdeckung versteckter Organisationsmängel und inkorrekter Arbeitsweisen.[573] Diese Informationen bilden die Basis zur Einleitung von Maßnahmen zur Vermeidung von Behandlungsfehlern. Werden Beinahe-Fehler hingegen nicht genügend beachtet, kann es zu einer Überschätzung des aktuellen Sicherheitsniveaus kommen und Sicherheitslücken können entstehen.[574] Aus diesem Grund werden zur Erfassung und Analyse **Incident Reporting-** und **Critical Reporting-Systeme** eingesetzt.[575] Für einen effizienten Einsatz von Critical Reporting-Systemen müssen zunächst mehrere Anforderungen erfüllt werden.[576] Zum einen muss die Anonymität der Berichterstattung gewährleistet sein, sodass kein Risiko für die involvierten Personen besteht. Zum anderen muss die Meldung zeitnah erfolgen. Auch spielt die Praktikabilität des Systems eine wichtige Rolle.[577] Nicht zuletzt kann ein Erfolg erst dann eintreten, wenn die erkannten Schwachstellen beseitigt und Veränderungsmaßnahmen eingeleitet werden. Eine Übersicht über in Deutschland angewendete Fehlermeldesysteme gibt beispielsweise MARQUARD.[578]

Die **Erhebung der Daten** für die Fehleranalyse können grundsätzlich durch Primär- und Sekundärerhebungen erfolgen.[579] Primärerhebungen lassen sich durch Befragungen, Beobachtungen und Experimente generieren. Im Rahmen von Sekundärerhebungen werden bereits vorhandene Daten ausgewertet. Im Krankenhaus ist zu beachten, dass Experimente nur sehr beschränkt eingesetzt werden können. Dies liegt daran, dass es sich bei der Behandlung des Patienten um eine Dienstleistung handelt, die nicht ohne Einbeziehung des Patienten durchgeführt werden kann. Die praktische Umsetzung kann durch den Einsatz von Software unterstützt werden. Ein Beispiel bildet hier das Excel-Add-in QI Macros, das auch im Rahmen von Lean-Six-

---

[572] Vgl. Allweyer [Geschäftsprozessmanagement] 275.
[573] Vgl. folgend Frodl [Controlling] 144; Löber [Fehler] 101; Möllemann/Hübler [Risikomanagement] 47; Rall/Dieckmann/Stricke [Patientensicherheit] 125; Salfeld/Hehner/Wichels [Krankenhaus] 120.
[574] Vgl. Paula [Patientensicherheit] 133.
[575] Vgl. Frodl [Controlling] 144; Gurke/Falke/Mildenberger [Organisation] 30; Möllemann/Hübler [Risikomanagement] 47.
[576] Vgl. folgend Salfeld/Hehner/Wichels [Krankenhaus] 120.
[577] Vgl. folgend Gurke/Falke/Mildenberger [Organisation] 27.
[578] Vgl. Marquard [Modell] 44.
[579] Vgl. auch fortfolgend Bankhofer/Vogel [Statistik] 10; Kohn [Statistik] 23.

Sigma-Projekten eingesetzt werden kann.[580] Dieses Zusatzprogramm unterstützt den Anwender bei der Erstellung von Kontrollcharts oder auch von Statistiken. Zudem bietet es eine Vielzahl an vordefinierten Anwendungen zur Durchführung der im nächsten Teilkapitel vorgestellten statistischen Tests.

Qualitätswerkzeug	Beschreibung
Werkzeuge zur Fehlererfassung	
Fehlersammelliste	Auftretende Fehler werden nach Fehlerkategorien erfasst
Histogramm	Zusammenfassung gesammelter Daten und Einteilung dieser in Klassen
Stratifikation	Zerlegung der Daten in getrennte Schichten
Qualitätsregelkarte	Grafische Darstellung von Stichprobenwerten aus fortlaufenden Fertigungsprozessen
Werkzeuge zur Fehleranalyse	
Korrelationsdiagramm	Grafische Darstellung der Beziehung zwischen zwei veränderlichen Merkmalen
Pareto-Diagramm	Visualisierung des Beitrags einzelner Einheiten an der Gesamtwirkung
Ursache-Wirkungs-Diagramm	Darstellung der Ursache-Wirkungsbeziehung
Fehlerbaumanalyse	Darstellung von Ereignissen, die zu einem unerwünschten Ereignis führen

Tab. 29: Darstellung von Methoden zur Fehlerentdeckung [581]

5.2.2.2 Statistische Tests zur Verifizierung von Hypothesen über Fehlerursachen

Statistische **Hypothesentests** dienen der Verifizierung von Aussagen über eine Grundgesamtheit.[582] Hierfür werden mittels einer Stichprobe Rückschlüsse auf die Grundgesamtheit gezogen. Auf diese Weise können Annahmen über das Verhalten von Untersuchungseinheiten in der Grundgesamtheit getroffen und Entscheidungen darüber gefällt werden, ob ein untersuchtes Merkmal eine bestimmte Eigenschaft

---

[580] Vgl. auch fortfolgend o. V. [Macros].
[581] Vgl. Brunner/Wagner [Qualitätsmanagement] 171 ff.
[582] Vgl. folgend Cramer/Kamps [Statistik] 266; Toutenburg/Knöfel [Sigma] 138 f.

besitzt.[583] Die zu beantwortende Fragestellung wird dabei als **Hypothese** bezeichnet.[584] Mit Hilfe von statistischen Tests lassen sich Aussagen über Mittel- und Anteilswerte, Varianzen und Abhängigkeiten treffen.[585]

Der **Ablauf** eines statistischen Tests gliedert sich in fünf Phasen.[586] In der ersten Phase werden mittels der Null- und der Alternativhypothese Behauptungen über die Grundgesamtheit getroffen. Dabei ist die Nullhypothese als möglichst unvoreingenommene Behauptung zu formulieren, während die nachzuweisende Behauptung als Alternativhypothese formuliert wird. Damit wird mit der Nullhypothese die Aussage getroffen, dass kein Effekt besteht, während in der Alternativhypothese die Ablehnung der Nullhypothese festgehalten wird.[587] In der Modellierung des Testproblems repräsentieren die Hypothesen Teilmengen der Verteilungsannahme.[588] So setzt sich die zugrundeliegende Familie von Wahrscheinlichkeitsverteilungen aus denen, die zur Nullhypothese und denen, die zur Gegenhypothese gehören, zusammen.

In einem zweiten und dritten Schritt sind die Voraussetzungen des Tests zu prüfen und das **Signifikanzniveau** Alpha festzulegen.[589] Im Anschluss ist eine **Entscheidung** über das Stichprobenergebnis zu treffen. Hierbei sind die spezifischen Regeln des entsprechenden Tests zu berücksichtigen. In diesem Zusammenhang wird nach ausreichenden Indizien dafür gesucht, die Nullhypothese ablehnen zu können. Basierend auf der Stichprobe wird ein mittels einer Teststatistik berechneter Wert mit einer kritischen Schranke verglichen.[590] Die Entscheidungsvorschrift gibt dabei an, wie der Annahmebereich der Nullhypothese im Hinblick auf diese Schranke definiert ist. Somit kann eine Entscheidung für oder gegen die Nullhypothese getroffen werden. Kann die Nullhypothese dabei mit der Sicherheit 1-Alpha verworfen werden, so

[583] Vgl. Cramer/Kamps [Statistik] 266; Kohn [Statistik] 375.
[584] Vgl. Cramer/Kamps [Statistik] 266.
[585] Vgl. Toutenburg/Knöfel [Sigma] 138 f.
[586] Vgl. auch fortfolgend Cramer/Kamps [Statistik] 267 f.; Duller [Einführung] 227 ff.
[587] Vgl. Kohn [Statistik] 376.
[588] Vgl. folgend Cramer/Kamps [Statistik] 268.
[589] Vgl. auch fortfolgend Duller [Einführung] 227 ff.
[590] Vgl. auch fortfolgend Cramer/Kamps [Statistik] 269.

ergibt sich ein signifikantes Ergebnis mit dem Niveau Alpha.[591] Kann die Nullhypothese hingegen nicht verworfen werden, liefert der Test kein signifikantes Ergebnis.

Ein Test kann grundsätzlich zwei Aussagen liefern.[592] Hierbei kann die Nullhypothese abgelehnt, und damit die Alternativhypothese angenommen werden, oder umgekehrt. Da die Entscheidung über die Annahme oder Verwerfung der Hypothese mit einer bestehenden Unsicherheit getroffen wird, können zwei Arten von Fehlern auftreten. Ein **Fehler 1. Art** entsteht, wenn die Alternativhypothese angenommen wird, obwohl die Nullhypothese richtig wäre. Dieser Fehler erster Art wird auch als Alpha-Fehler bezeichnet. Ein Beta-Fehler oder **Fehler 2. Art** entsteht hingegen, wenn die Nullhypothese angenommen wird, obwohl die Alternativhypothese richtig wäre. Tests sind grundsätzlich so zu konstruieren, dass die Wahrscheinlichkeit für das Entstehen eines Fehlers 1. Art maximal der Schranke Alpha entspricht.[593]

Statistische Tests lassen sich sowohl nach der Art der Verteilungsannahme als auch nach der Anzahl der untersuchten Merkmale unterscheiden. So können sie in **parametrische** und **nicht-parametrische Tests** unterschieden werden.[594] Während parametrische Tests Annahmen über den Verteilungstyp und die Grundgesamtheit benötigen, kommen nicht-parametrische Tests ohne Verteilungsannahmen aus. Einige parametrische Tests benötigen jedoch eine Mindestanzahl an Stichproben oder das Vorliegen einer Normalverteilung.[595] Das Vorliegen einer Normalverteilung kann beispielsweise durch Anwendung des Anderson-Darling-Tests oder des Kolmogorov-Smirnov-Tests überprüft werden. Bei der Anzahl der Stichproben wird zwischen **Ein-** und **Zwei-Stichprobenmodellen** unterschieden.[596] Während bei Ersteren ein Merkmal in einer einmaligen Stichprobe untersucht wird, wird dieses Merkmal bei Zwei-Stichprobenmodellen zu verschiedenen Zeitpunkten oder in verschiedenen Teilpopulationen untersucht. Auch können zwei unterschiedliche Merkmale miteinander ver-

---

[591] Vgl. folgend Duller [Einführung] 230.
[592] Vgl. auch fortfolgend Duller [Einführung] 228; Kohn [Statistik] 376.
[593] Vgl. folgend Duller [Einführung] 228; Kohn [Statistik] 377.
[594] Vgl. folgend Duller [Einführung] 230; Toutenburg/Knöfel [Sigma] 169.
[595] Vgl. folgend grundlegend zur Stichprobengröße Kohn [Statistik] 416 f.; Toutenburg/Knöfel [Sigma] 166 f.
[596] Vgl. auch fortfolgend Cramer/Kamps [Statistik] 240 f.

glichen werden. Hierzu können wiederum verbundene oder unverbundene Stichproben verwendet werden. In diesem Zusammenhang ist darauf zu achten, ob die Zufallsvariablen stochastisch abhängig oder unabhängig sind.

Abb. 10 gibt beispielhaft einen Überblick über parametrische und nicht-parametrische Tests für **stetige Daten**. Hier wird ersichtlich, dass die Auswahl des geeigneten Tests von den Ausgangsdaten abhängig ist. Um einen geeigneten Test auswählen zu können, muss in einem ersten Schritt überprüft werden, ob die vorliegenden Daten parametrisch oder nicht parametrisch sind, beziehungsweise ob eine kritische Stichprobengröße überschritten wurde. Sind die Daten parametrisch oder die Stichprobenzahl größer 30, so können bei Normalverteilung für den Mittelwert beziehungsweise Varianzgleichheit die entsprechenden Tests ausgewählt werden. Hierbei erfolgt eine Unterscheidung der Verwendbarkeit der einzelnen Tests, je nachdem, ob die Stichprobengröße gleich oder größer eins ist. Ebenso lassen sich die nicht-parametrischen Daten unterscheiden. Hier wird allerdings bei der Auswahl zwischen Median und Varianzgleichheit unterschieden.

Im Gegensatz dazu zeigt Abb. 11 eine Übersicht über nicht-parametrische Tests und Tests auf Verhältnisse für **diskrete Daten**. Hierbei wird zur Auswahl eines geeigneten Tests in einem ersten Schritt überprüft, ob es sich um ordinale oder nominale Daten handelt. Liegen ordinale Daten vor, so können die nicht-parametrischen Tests eingesetzt werden.

Sind die Daten nominal, so werden allgemeine Tests auf Anteile und Tests auf Zusammenhänge eingesetzt. Um den für den Einzelfall geeigneten Test auszuwählen, werden sowohl die Anzahl der Ausprägungen als auch die Anzahl der Stichproben betrachtet. Liegen beispielsweise binäre Daten und zwei Stichproben vor, so kann neben dem 2-Proportion Test auch der Chi^2-Unabhängigkeitstest gewählt werden. Letzterer ist auch zur Überprüfung kategorialer Daten zweier Stichproben geeignet.

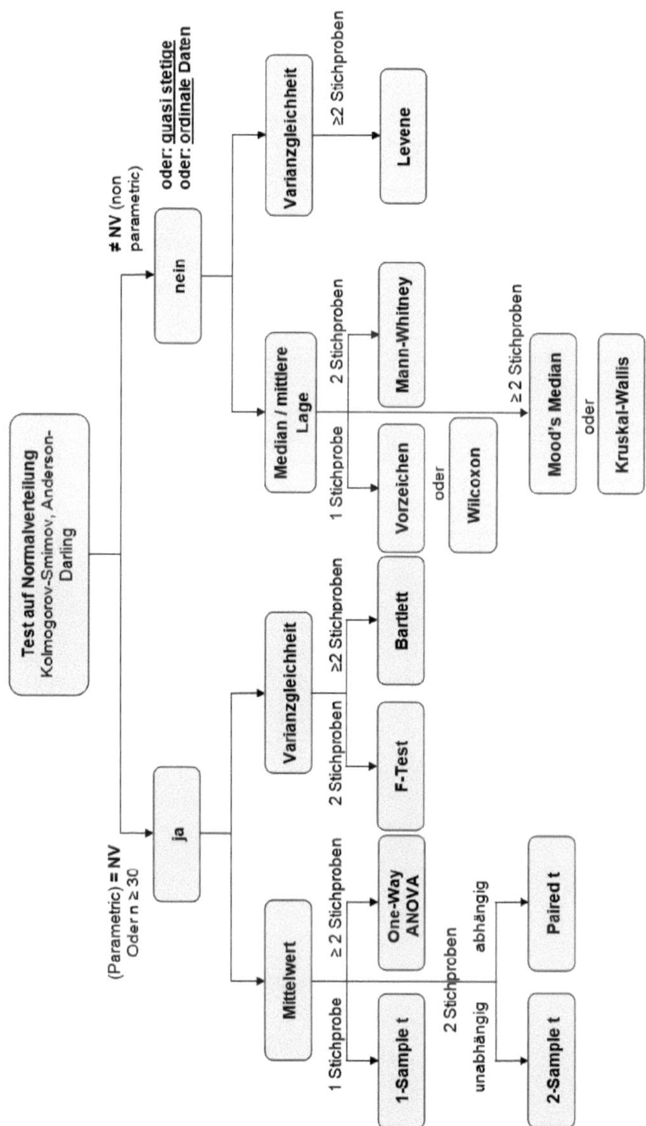

Abb. 10: Beispiele für parametrische und nicht-parametrische Tests für stetige Daten[597]

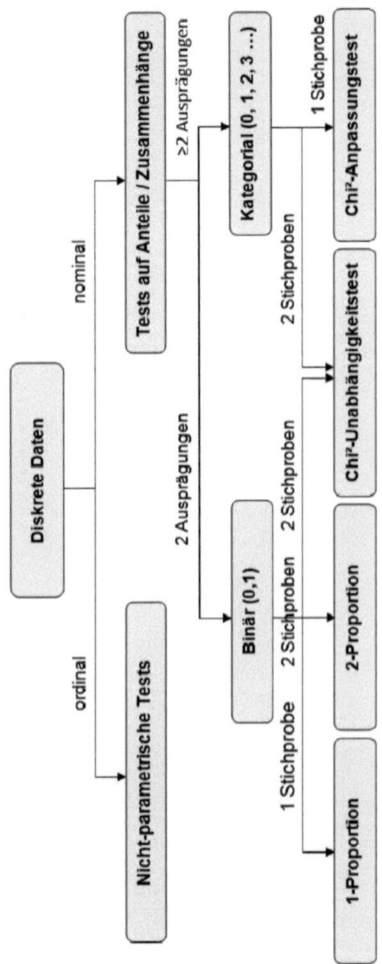

Abb. 11: Beispiele für nicht-parametrische Tests und Tests auf Verhältnisse für diskrete Daten[598]

[597] Vgl. Toutenburg/Knöfel [Sigma] 300.
[598] Vgl. Toutenburg/Knöfel [Sigma] 301.

5.2.2.3 Abbildung der Zusammenhänge zwischen Einflussgrößen

Wie in Kapitel 5.2.2.2 beschrieben, dienen Hypothesentests dem Aufdecken von Einflussfaktoren.[599] Zur näheren Bestimmung und zur Quantifizierung von Zusammenhängen von Einflussgrößen können neben grafischen Darstellungen auch Zusammenhangsmaße oder Regressionsanalysen verwendet werden. Dabei geben jedoch sowohl Korrelationskoeffizienten als auch lineare Regressionen, als Teilgebiet der Regression, nur Auskunft über lineare Zusammenhänge und sagen nichts über Kausalitäten aus.[600] **Zusammenhangsmaße** werden zum Quantifizieren des Zusammenhangs zweier Merkmale verwendet.[601] Die Wahl des geeigneten Maßes hängt dabei vom Skalenniveau der Variablen ab. Besteht ein Zusammenhang zwischen Merkmalen, so spricht man bei qualitativen Merkmalen von Kontingenz und bei komparativen Merkmalen von Korrelation.[602] Entsprechend heißen ihre Maße Kontingenz- und Korrelationskoeffizienten. Beispiel für einen **Kontingenzkoeffizienten** ist die Größe Chi-Quadrat.[603] Sie erlaubt allerdings keine Aussage über die Stärke des Zusammenhangs der Merkmale. Korrelationsanalysen hingegen geben Auskunft über diese.[604] Die **Korrelationskoeffizienten** bilden dabei ein Maß für den linearen Gleichklang zweier Merkmale, wobei ein Merkmal nicht zwangsläufig auf das andere Einfluss nimmt.[605] Beispiel für einen Korrelationskoeffizienten ist der von Bravais-Pearson.[606] Er misst die Stärke des linearen Zusammenhangs zweier Merkmale. Als sein Baustein dient die Kovarianz,[607] mittels derer sich die lineare Abhängigkeit zweier Zufallsvariablen bestimmen lässt.[608] Je nach Wert des Korrelationskoeffizienten von Bravais-Pearson kann Auskunft über den Zusammenhang gegeben werden. Ist der Wert beispielsweise 0, so besteht kein linearer Zusammenhang zwischen den

---

[599] Vgl. folgend Toutenburg/Knöfel [Sigma] 177.
[600] Vgl. Büchter/Henn [Stochastik] 130.
[601] Vgl. folgend Toutenburg/Knöfel [Sigma] 180.
[602] Vgl. folgend Bourier [Statistik] 223; Kohn [Statistik] 102.
[603] Vgl. folgend Bourier [Statistik] 226.
[604] Vgl. Bourier [Statistik] 207.
[605] Vgl. Büchter/Henn [Stochastik] 118.
[606] Vgl. folgend Bourier [Statistik] 208.
[607] Vgl. zur Berechnung der Kovarianz Bourier [Statistik] 208 und Büchter/Henn [Stochastik] 12. Zur Berechnung des Korrelationskoeffizienten von Bravais-Pearson vgl. Bourier [Statistik] 211 ff.
[608] Vgl. Kohn [Statistik] 264.

Merkmalen.[609] Ist dieser jedoch größer oder kleiner 0, so gibt dessen Vorzeichen die Richtung des Zusammenhangs an. Dabei steht ein positives Vorzeichen für einen Zusammenhang im Sinne „je positiver, desto besser" und ein negatives Vorzeichen entsprechend für „je negativer, desto schlechter". Dabei gilt, dass der Zusammenhang umso geringer ist, je näher der Wert bei Null liegt. Tab. 30 zeigt einige gebräuchliche Zusammenhangsmaße und ihre Einsatzmöglichkeiten.

	Kennzahl	Geeignetes Skalenniveau	Ansatzpunkt
Zusammenhangmaß verfügbar	Kontingenzkoeffizienten		
	Assoziationsmaß Chi-Quadrat	Zwei nominale Merkmale	Vergleich zwischen tatsächlich beobachteten Häufigkeiten und jenen Häufigkeiten, die bei Unabhängigkeit der beiden Merkmale zu erwarten wären.
	Cramersches Assoziationsmaß		
	Korrelationskoeffizienten		
	Spearmanscher Rangkorrelationskoeffizient	Zwei ordinale Merkmale	Zuordnung von Rangzahlen zu den Merkmalen.
	Korrelationskoeffizient von Bravais-Pearson	Zwei metrische, intervallskalierte Merkmale	Ausgangspunkt zur Berechnung bildet die Kovarianz.
Kein Zusammenhangmaß verfügbar	keine Kennzahl verfügbar	Metrisch/ ordinal und eine diskrete Variable	

Tab. 30: Kennzahlen zur Darstellung von Zusammenhängen zwischen Merkmalen [610]

Liegen Zusammenhänge zwischen einzelnen Merkmalen vor, so können diese mit den zugehörigen absoluten und relativen Häufigkeiten tabellarisch in einer **Häufigkeitstabelle** dargestellt werden.[611] Aus qualitativen Merkmalen resultieren **Kontingenztabellen**, wohingegen die Tabellen von komparativen oder quantitativen Merkmalen als **Korrelationstabellen** bezeichnet werden. In letzteren werden oftmals Klassen abgebildet. Bereitet die Schätzung der Korrelationen Probleme, so kann

---

[609] Vgl. auch fortfolgend Bourier [Statistik] 213; Büchter/Henn [Stochastik] 125 f.
[610] Vgl. Bourier [Statistik] 207; Duller [Einführung] 121 ff.; Toutenburg/Knöfel [Sigma] 180.
[611] Vgl. auch fortfolgend Kohn [Statistik] 102.

zum Erzielen von quantitativen Aussagen ein zweistufiger Ansatz gewählt werden.[612] Hierbei wird in einer ersten Stufe eine Sensitivitätsanalyse durchgeführt, um die Auswirkungen der Korrelation auf die Ergebnisse des Modells darzustellen. Dabei werden die Korrelationskoeffizienten variiert. Hat die Korrelation keine Auswirkung, so wird für sie in einer zweiten Stufe ein beliebiger Wert, meist Null, vergeben. Wird von einer Ursache-Wirkungs-Beziehung zwischen den Größen ausgegangen, so kann diese unter Verwendung einer **Regression** überprüft werden.[613]

Zudem kann damit die Form beziehungsweise die Tendenz des Zusammenhangs zwischen mehreren Variablen untersucht werden.[614] Dabei sollen diejenigen Einflussgrößen gefunden werden, deren Einfluss auf eine Zielgröße statistisch signifikant ist. Hierfür werden die Ursache-Wirkungs-Zusammenhänge mittels mathematischer Funktionen modelliert.[615] Im Fall der linearen Einfachregression beispielsweise wird das Modell in Form einer Geradengleichung aufgestellt. Einsatz findet die Regressionsanalyse nur für intervall- oder verhältnisskalierte Merkmale.[616]

Im **Anwendungsfall** muss untersucht werden, ob die in Kapitel 5.2.2 analysierten potenziellen Einflussgrößen maßgeblich für das Eintreten von Fehlern verantwortlich sind. Je nach Skalierung dieser Einflussgrößen können die in den vorangegangenen Kapiteln vorgestellten Verfahren zum Auffinden von Zusammenhängen dienen. Zusätzlich ist zu untersuchen, ob es Zusammenhänge zwischen einzelnen Fehlerkategorien gibt, ob beispielsweise auftretende Fehler die Wahrscheinlichkeit für das Eintreten eines anderen Fehlers erhöhen.

---

[612] Vgl. auch fortfolgend Chessa et al. [Correlations] 281 f.
[613] Vgl. Büchter/Henn [Stochastik] 118.
[614] Vgl. folgend Duller [Einführung] 143; Toutenburg/Knöfel [Sigma] 186 f.
[615] Vgl. folgend Duller [Einführung] 143 f.; vgl. grundlegend zur Vorgehensweise zum Aufstellen der Regressionsgeraden Bourier [Statistik] 199.
[616] Vgl. Bourier [Statistik] 199.

5.3 Ansätze zur Abbildung von Entscheidungssituationen

5.3.1 Zufallsvariablen zur Beschreibung der Ergebnisse eines Zufallsexperiments

Da die Fehler und die Höhe der Fehlerkosten nicht genau voraussagbar sind, können sie als Zufallsvariable des Vorgangs „Behandlungsprozess" behandelt werden. Während im Sinne der Statistik der Grundraum alle möglichen Ereignisse eines stochastischen Vorgangs umfasst, beschreibt die **Zufallsvariable** die interessierenden Merkmale.[617] Sie stellt eine reellwertige Funktion auf den Grundraum dar und ordnet jedem Element der Grundgesamtheit genau ein Element der Zielmenge zu. Der zugeordnete Wert wird als Realisation der Zufallsvariablen bezeichnet. Werden mehrdimensionale Zufallsvariablen betrachtet, so spricht man von einer n-dimensionalen Zufallsvariable oder auch einem Zufallsvektor.[618]

Stochastische Prozesse, als mehrstufige Zufallsexperimente, sind Familien von Zufallsvariablen, die die zeitliche Entwicklung von Zufallsgeschehen beschreiben.[619] Sie stellen eine Folge von Zufallsvariablen dar.[620] Dabei liegen die Zufallsvariablen in einem abzählbaren Zielbereich, der als Zustandsraum definiert ist. Die Zufallsvariablen als Elemente können als Zustände eines Systems zu einem bestimmten Zeitpunkt aufgefasst werden und stellen die Elemente des Zustandsraumes dar.[621] Ist eine Zufallsvariable gegeben, so werden ihre Zustände durch Wahrscheinlichkeitsverteilungen beschrieben.[622] Die Verteilung der Zufallsvariablen gibt an, welche Chancen für die zufälligen Realisierungen der verschiedenen Elemente bestehen.[623] Hierzu lassen sich diskrete und stetige Zufallsvariablen unterscheiden.[624] Liegen mehrere Zufallsgrößen vor, so können diese stochastisch abhängig oder unabhängig sein.[625] Als stochastisch unabhängig werden Zufallsgrößen bezeichnet, deren Ein-

---

[617] Vgl. auch fortfolgend Cramer/Kamps [Statistik] 188; Müller/Denecke [Stochastik] 102.
[618] Vgl. Cramer/Kamps [Statistik] 188; Müller/Denecke [Stochastik] 103.
[619] Vgl. Müller/Denecke [Stochastik] 171.
[620] Vgl. folgend Götz [Stochastik] 97.
[621] Vgl. Müller/Denecke [Stochastik] 172.
[622] Vgl. Cramer/Kamps [Statistik] 236; Menges [Kriterien] 155 f.
[623] Vgl. Götz [Stochastik] 1.
[624] Vgl. Eisenführ/Weber [Entscheiden] 160; Müller/Denecke [Stochastik] 105.
[625] Vgl. auch fortfolgend Laux/Gillenkirch/Schenk-Mathes [Entscheidungstheorie] 136 f.

trittswahrscheinlichkeiten nicht von den Ausprägungen der anderen Zufallsvariablen abhängen. Demgegenüber werden Zufallsvariablen als stochastisch abhängig bezeichnet, wenn ihre Eintrittswahrscheinlichkeit von der Ausprägung einer anderen Zufallsgröße abhängig ist.

5.3.2 Entscheidungsmodelle zur Strukturierung des Entscheidungsproblems

Mit Hilfe von **Entscheidungen** werden aus einer Menge zugelassener Verhaltensweisen eine oder mehrere Verhaltensweisen ausgewählt.[626] Um Entscheidungen überhaupt treffen zu können, ist zunächst eine Strukturierung des Entscheidungsproblems notwendig.[627] Zur Darstellung der Entscheidungssituation können Beschreibungs-, Wirkungs-, Erklärungs- und Entscheidungsmodelle eingesetzt werden. **Beschreibungsmodelle** dienen der Formulierung der Grundelemente der Entscheidungssituation.[628] **Wirkungsmodelle** bestimmen die Konsequenzen von Entscheidungen.[629] Dabei können Wirkungsmodelle Funktionen sein, die damit sowohl als einfache Gleichung oder aber auch als komplizierter Algorithmus dargestellt werden können. **Erklärungsmodelle** hingegen zeigen die formale Verknüpfung der Grundelemente und legen damit die Ursache-Wirkungs-Zusammenhänge offen.[630] Die letzte Kategorie der **Entscheidungsmodelle** kann als „Systeme formalisierter und symbolisierter Aussagen über den in einer Entscheidungssituation gegebenen Komplex interdependenter Aktionsmöglichkeiten und der damit verbundenen Konsequenzen“[631] definiert werden.

Berücksichtigen Entscheidungsmodelle Wahrscheinlichkeitsverteilungen, so spricht man von stochastischen Modellen.[632] In einem **stochastischen Entscheidungsmodell** können Zufallsvariablen sowohl in den Zielfunktionen als auch in den Nebenbedingungen vorkommen.[633] Entsprechend einsetzbare Entscheidungsmodelle bei Un-

---

[626] Vgl. Menges [Kriterien] 151.
[627] Vgl. Eisenführ/Weber [Entscheiden] 15.
[628] Vgl. Obermaier/Saliger [Entscheidungstheorie] 8; Schneeweiß [Grundlagen] 74.
[629] Vgl. folgend Eisenführ/Weber [Entscheiden] 30 ff.
[630] Vgl. Obermaier/Saliger [Entscheidungstheorie] 8; Schneeweiß [Grundlagen] 74.
[631] Bitz [Entscheidungsmodelle] 51.
[632] Vgl. Laux/Gillenkirch/Schenk-Mathes [Entscheidungstheorie] 121.
[633] Vgl. Dinkelbach/Kleine [Elemente] 63.

sicherheit zeichnen sich dadurch aus, dass ihr Zustandsraum unterschiedliche Umweltzustände enthält, sodass die Ergebnisse je Aktion nicht einem einzigen Wert entsprechen, sondern mehrwertig, als ein Bündel an Konsequenzen, angegeben werden.[634] Hierdurch ergibt sich eine Anzahl an Szenarien mit entsprechenden Eintrittswahrscheinlichkeiten. Die Ergebnisse der Entscheidungsmodelle bei Unsicherheit lassen sich in Form einer Ergebnismatrix darstellen. Handelt es sich um Entscheidungen unter Risiko, wird die Ergebnismatrix um die Eintrittswahrscheinlichkeiten erweitert. Die hierfür notwendigen Wahrscheinlichkeiten können sowohl subjektive Schätzungen des Entscheiders, als auch objektiv nachprüfbare Werte umfassen.[635]

Zur **Visualisierung** von Entscheidungssituationen unter Unsicherheiten können grafische Darstellungen verwendet werden.[636] Hierzu gehören, neben der bereits in Kapitel 5.3.3 vorgestellten Entscheidungsmatrix, der Entscheidungsbaum (vgl. Kapitel 5.1.1) und das Einflussdiagramm. Entscheidungsbäume können aus Entscheidungsmatrizen abgeleitet werden. Sie dienen der visuellen Darstellung von mehrstufigen Entscheidungen. Die letzte Kategorie der Einflussdiagramme visualisiert nicht alle Handlungsmöglichkeiten, sondern nur die Entscheidungen als solche.[637] Hierfür werden die Alternativen als Alternativenmengen und die Ereignisse durch eine Ereignismenge mit entsprechenden Symbolen dargestellt. Zur eigentlichen Lösung des mehrstufigen Entscheidungsproblems können der Bottom-up-Ansatz und der Top-Down-Ansatz gewählt werden.[638] Beim **Bottom-up-Ansatz** werden alle Teilprobleme im Voraus gelöst und damit Lösungen für größere Teilprobleme berechnet. Die entsprechenden Lösungen werden in einer Tabelle gespeichert, wodurch für spätere Lösungen ähnlicher Probleme Zeit gespart wird. Beim **Top-down-Ansatz** hingegen werden die Lösungen der Teilprobleme nur dann gespeichert, wenn sie zu einem späteren Zeitpunkt erneut benötigt werden.

---

[634] Vgl. auch fortfolgend Eisenführ/Weber [Entscheiden] 32; Eisenführ/Weber [Entscheiden] 19 f.; Klein/Scholl [Planung] 184; Obermaier/Saliger [Entscheidungstheorie] 66.
[635] Vgl. Obermaier/Saliger [Entscheidungstheorie] 18.
[636] Vgl. auch fortfolgend Eisenführ/Weber [Entscheiden] 35 ff.
[637] Vgl. folgend Eisenführ/Weber [Entscheiden] 42 f.
[638] Vgl. auch fortfolgend Logofătu [Algorithmen] 228.

Sind zu mehreren Zeitpunkten Entscheidungen notwendig, so liegt ein dynamisches Optimierungsproblem vor. **Dynamische Optimierungsprobleme** werden durch eine Reihe von Merkmalen charakterisiert.[639] Das erste Merkmal ist, dass die Problemstellung sich in **s** mit s = {1, 2, ..., S} **Stufen** zerlegen lässt und dass unter Berücksichtigung von Wahrscheinlichkeitsverteilungen für jede Stufe eine Entscheidung über die Durchführung einer Aktion im Sinne einer **Strategie** getroffen werden muss (vgl. Kapitel 5.3.3). Hierbei ist die Entscheidung auf der aktuellen Stufe unabhängig von der zuvor durchgeführten Strategie. Der Prozess, für den die Entscheidungen getroffen werden sollen, befindet sich selbst in jeder seiner Stufen in einem bestimmten Zustand, der durch den Wert des **Zustandsvektors** $\mathbf{z_s}$ charakterisiert wird.[640] Damit wird der Ablauf des Prozesses durch den Zustandsvektor beschrieben, wobei der Anfangszustand vorgegeben ist und die Zustände im Zustandsraum zusammengefasst werden können. Der **Entscheidungsvektor** $\mathbf{a_s}$ gibt die möglichen Entscheidungsalternativen in Stufe s an.[641] Der Entscheidungsbereich fasst alle Entscheidungsalternativen und Aktionen zusammen. Hierbei ist zu beachten, dass die Menge der Entscheidungsmöglichkeiten größer gleich 0 sein muss. Die Auswahl der Aktionen wird nicht nur durch den Zeitpunkt und die bereits getroffenen Entscheidungen, sondern auch durch nicht vom Entscheider beeinflussbare Faktoren, den Umweltzuständen, die auch als **Störgrößen** bezeichnet werden, beeinflusst.[642] Störgrößen werden im Störraum zusammengefasst, wobei der **Störvektor** $\mathbf{r_s}$ die Störgrößen in Stufe s angibt.[643]

Der Übergang zwischen zwei Zuständen wird durch die **Zustandstransformationsbeziehung** beschrieben.[644] Sie besagt, dass der aktuelle Zustand abhängig vom vorherigen Zustand, den dort getroffenen Entscheidungen sowie den im vorhe-

---

[639] Vgl. auch fortfolgend Domschke/Drexl [Einführung] 160 ff.; Hillier/Lieberman [Research] 320 ff.; Obermaier/Saliger [Entscheidungstheorie] 3 ff.

[640] Vgl. auch fortfolgend Schneeweiß [Schema] 147 ff.

[641] Vgl. auch fortfolgend Domschke/Drexl [Einführung] 160; Hillier/Lieberman [Research] 743; Obermaier/Saliger [Entscheidungstheorie] 3 ff.; Schneeweiß [Schema] 132 ff.; Schneeweiß [Programmieren] 20.

[642] Vgl. Bitz [Entscheidungsmodelle] 66; Obermaier/Saliger [Entscheidungstheorie] 8; Schneeweiß [Schema] 147 ff.; Schneeweiß [Programmieren] 21.

[643] Vgl. Domschke/Drexl [Einführung] 160; Eisenführ/Weber [Entscheiden] 31; Schneeweiß [Schema] 132 ff.; Schneeweiß [Programmieren] 20.

[644] Vgl. Papageorgiou/Leibold/Buss [Optimierung] 413; Schneeweiß [Schema] 147.

rigen Zustand vorliegenden Störgrößen ist.[645] Die Zustandstransformationsbeziehung wird auch als dynamische Nebenbedingung bezeichnet.[646] Sie stellt eine Differenzgleichung, beziehungsweise, im stochastischen Fall, eine stochastische Differenzialgleichung dar. Lässt sich der Prozess mit diesen Zustandsübergangswahrscheinlichkeiten beschreiben, so handelt es sich um einen Markov-Prozess (vgl. hierzu Kapitel 5.1.2).

Voraussetzung für die Aufnahme von Aktionen in den Aktionsraum ist deren Einfluss auf mindestens eine Zielgröße.[647] Die Menge aller Zielgrößen des Entscheidenden wird im Zielraum zusammengefasst.[648] **Ziele** sind Eigenschaften kombiniert mit der Angabe der Präferenz eines Entscheiders hinsichtlich ihrer Ausprägung.[649] Zur Beschreibung von Zielen müssen Angaben über ihre Merkmale, ihre Größe sowie über ihren Zeitbezug gemacht werden.[650] Hat der Entscheider mehrere Ziele, so kann es zu Zielkonflikten kommen.[651] Die Zielgröße kann beispielsweise Kosten, Erlöse oder auch Nutzenwerte repräsentieren.[652] Dabei ist zu beachten, dass die einzelnen Variablen von der Stufe im Sinne eines Entscheidungszeitpunktes abhängig sind. Zur Ordnung der Werte der Zielfunktion muss zusätzlich ein Präferenzfunktional angegeben werden. Dabei existiert jedoch kein Standardverfahren zur Formulierung der Optimierungsprobleme, sodass diese auf den konkreten Fall bezogen erfolgen muss.[653] Nicht zuletzt muss die Stufen- beziehungsweise periodenbezogene **Zielfunktion** erstellt werden.[654] Sie beschreibt den Einfluss, den die Entscheidung in einem Zustand unter Berücksichtigung der Störgrößen auf den Zielfunktionswert besitzt.[655] Hierbei lassen sich Modelle mit stochastischen Zielfunktionen mit einer Zielgröße oder mit

---

[645] Vgl. Schneeweiß [Programmieren] 22.
[646] Vgl. folgend Schneeweiß [Programmieren] 19 ff.
[647] Vgl. Obermaier/Saliger [Entscheidungstheorie] 5.
[648] Vgl. folgend Obermaier/Saliger [Entscheidungstheorie] 3 ff.
[649] Vgl. Eisenführ/Weber [Entscheiden] 31.
[650] Vgl. Obermaier/Saliger [Entscheidungstheorie] 3.
[651] Vgl. Eisenführ/Weber [Entscheiden] 31.
[652] Vgl. auch fortfolgend Domschke/Drexl [Einführung] 160.
[653] Vgl. Hillier/Lieberman [Research] 316.
[654] Vgl. Domschke/Drexl [Einführung] 160; Schneeweiß [Programmieren] 20; Schneeweiß [Schema] 132 ff.
[655] Vgl. Domschke/Drexl [Einführung] 160.

mehreren Zielgrößen unterscheiden.[656] Werden mehrere Zielgrößen verwendet, so handelt es sich um vektorielle Entscheidungsprobleme. Der Ergebnisraum fasst schließlich die Ausprägungen der Zielgrößen, die Ergebnisse, die sich durch das Ausführen der Aktionen unter Berücksichtigung der Umweltzustände ergeben, zusammen.[657] Abb. 12 zeigt die Elemente von Entscheidungsmodellen und deren Zusammenhänge im Überblick.

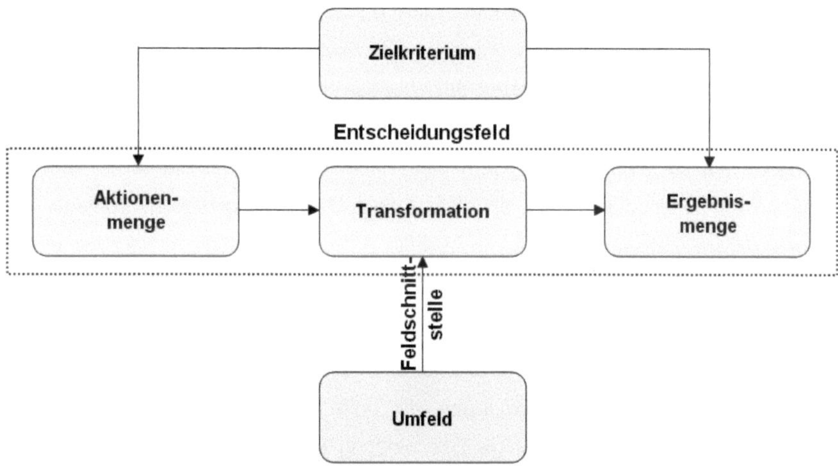

Abb. 12: Elemente eines Entscheidungsmodells[658]

Dynamische Optimierungsprobleme lassen sich hinsichtlich der Zeitabstände zwischen den Stufen, des Informationsgrads über die Störgrößen, der Wertigkeit der Entscheidungsvariablen und der Endlichkeit beziehungsweise Unendlichkeit der Mengen und Zustände unterscheiden.[659] Hinsichtlich der **Zeitabstände** zwischen den Stufen lassen sich diskrete und kontinuierliche Modelle unterscheiden. Bei Ersteren erfolgen die Zustandsänderungen zu diskreten Zeitpunkten. Des Weiteren können mögliche Störgrößen entweder deterministische Werte annehmen oder durch Zufallsvariablen abgebildet werden. Darüber hinaus kann die Menge der Zustände

---

[656] Vgl. folgend Dinkelbach/Kleine [Elemente] 67 ff.
[657] Vgl. Obermaier/Saliger [Entscheidungstheorie] 8.
[658] Vgl. Schneeweiß [Grundlagen] 72.
[659] Vgl. auch fortfolgend Domschke/Drexl [Einführung] 162 f.; Schneeweiß [Programmieren] 141.

und Entscheidungen endlich oder unendlich sein. Zudem kann der Fall eintreten, dass bei den Teilproblemen **Korrelationen** zu früheren Werten bestehen.[660] Hierbei können sich durch das Auftreten von Ereignissen oder das Vorliegen von Merkmalen die Wahrscheinlichkeiten oder der Aufbau nachgelagerter Schritte ändern. In diesem Fall können diese mit Hilfe eines Störgrößenmodells angegeben werden.

Im **Anwendungsfall** werden Fehler und Fehlerkosten als Zufallsvariablen modelliert. Grund hierfür ist die Ungewissheit über ihre genauen Werte zum Zeitpunkt der Entscheidungsfindung, da nur ihre Wahrscheinlichkeitsverteilungen als gegeben vorausgesetzt werden.[661] Ihr Eintreten beziehungsweise ihre Höhe sind von den Umweltbedingungen abhängig. Daher ist es notwendig, ein stochastisches Entscheidungsmodell zu verwenden. Zudem sind Entscheidungen zu mehreren diskreten Zeitpunkten notwendig, so dass ein mehrstufiges Optimierungsproblem vorliegt.

5.3.3 Strategien zur Unterstützung von Entscheidungen bei mehrstufigen Problemen

Zur Lösung des Entscheidungsproblems ist eine optimale Strategie zu finden, das heißt eine Folge von Entscheidungen, die unter Berücksichtigung der Nebenbedingungen auf jeder Stufe diejenige Entscheidung wählt, die das Entscheidungskriterium minimiert beziehungsweise maximiert.[662] **Strategien**, auch Politiken genannt, geben die Vorschriften an, welche Entscheidungen oder Aktionen bei gegebener Stichprobe zu treffen beziehungsweise durchzuführen sind.[663] Liegt ein **mehrstufiges Entscheidungsproblem** vor, so muss auf jeder Stufe eine Entscheidung getroffen werden.[664]

Grundlage der Entscheidungen über die eigentliche **Auswahl von Aktionen** und damit der Strategie sind hier die entstehenden Kosten.[665] Zur Abbildung dieser Kosten unter Berücksichtigung möglicher Umweltzustände ist daher zunächst die **Ergeb-**

---

[660] Vgl. auch fortfolgend Papageorgiou/Leibold/Buss [Optimierung] 411.
[661] Vgl. folgend Papageorgiou/Leibold/Buss [Optimierung] 407.
[662] Vgl. Schneeweiß [Konzepte] 101.
[663] Vgl. Hillier/Lieberman [Research] 317; Menges [Kriterien] 152.
[664] Vgl. Hax/Laux [Planung] 319 f.; Hillier/Lieberman [Research] 318 f.
[665] Vgl. folgend Hillier/Lieberman [Research] 748.

nismatrix zu erstellen. Sie fasst die Menge aller Handlungsmöglichkeiten und die Menge aller sich gegenseitig ausschließenden Umweltzustände zusammen.[666] Diese werden in Zeilen und Spalten dargestellt. Damit können in den Zellen der Matrix die jeweiligen Ergebnisse und damit die Konsequenzen dargestellt werden. Existieren mehrere Ziele, so werden die Konsequenzen durch einen Vektor der Ausprägungen aller Zielvariablen beschrieben. Erfolgt eine Änderung der Wahrscheinlichkeiten im Verlauf des Prozesses, so muss die Ergebnismatrix entsprechend angepasst werden.[667] Werden zudem die Ergebnisse mit einem Nutzen bewertet, so handelt es sich um eine **Entscheidungsmatrix**.[668]

Abb. 13 zeigt beispielhaft eine 2x2-Ergebnismatrix. Hierbei werden die Aktion mit a = {1, 2}, die Umweltzustände mit r = {1, 2} und die Ergebnisse mit $e_{a,r}$ bezeichnet.

		Umweltzustände	
		r = 1	r = 2
Aktionen	a = 1	$e_{1,1}$	$e_{1,2}$
	a = 2	$e_{2,1}$	$e_{2,2}$

Abb. 13: Beispiel einer Ergebnismatrix

Können den Umweltentwicklungen Wahrscheinlichkeiten zugeordnet werden, so handelt es sich um eine **stochastische Entscheidungssequenz**.[669] Hierfür ist eine Funktion zu erstellen, die angibt, welche Aktion gewählt werden soll, wenn die Zufallsvariable einen konkreten Wert annimmt.[670] Die so erstellte Funktion stellt damit selbst eine Zufallsvariable dar, da sie von dem Ergebnis der Zufallsvariablen abhängig ist. Bei der Festlegung der Entscheidungen und damit der Aktionen ist auf deren **zeitliche Wirkung** und die damit verbundene Festlegung des Aktions-, des Wir-

[666] Vgl. auch fortfolgend Bitz [Entscheidungsmodelle] 66; Eisenführ/Weber [Entscheiden] 35 ff.; Obermaier/Saliger [Entscheidungstheorie] 3 ff.
[667] Vgl. Hillier/Lieberman [Research] 748.
[668] Vgl. Laux/Gillenkirch/Schenk-Mathes [Entscheidungstheorie] 165; Schneeweiß [Grundmodell] 126.
[669] Vgl. Laux/Gillenkirch/Schenk-Mathes [Entscheidungstheorie] 286.
[670] Vgl. folgend Hillier/Lieberman [Research] 748.

kungs-, des Planungs- sowie des Ergebnishorizontes zu achten.[671] Der Aktionshorizont gibt an, bis zu welcher Periode überhaupt Aktionen der betrachteten Art vorgenommen werden sollen. Hingegen gibt der Wirkungshorizont an, bis zu welcher Periode das Untersuchungsprojekt mit dem spätesten Endtermin abgeschlossen sein wird. Die Periode, bis zu der die Inangriffnahme neuer Untersuchungsprojekte in das Modell mit einbezogen wird, wird durch den Planungshorizont festgelegt. Nicht zuletzt legt der Ergebnishorizont fest, bis zu welcher Periode die den überhaupt erfassten Untersuchungsprojekte unmittelbar zuzurechnenden Ein- und Auszahlungen explizit in das Modell einbezogen werden. Hierbei kann zwischen einer kurz- und einer mittel- bis langfristigen Planung unterschieden werden.[672] Eine kurzfristige Planung ist dadurch gekennzeichnet, dass der Ergebnishorizont nur eine Periode beträgt, bei mittel- bis langfristiger Planung hingegen mehr als eine Periode umfasst.

5.3.4 Derivate Zielgrößen für Entscheidungen unter Risiko

Zur eigentlichen Auswahl der günstigsten Entscheidung und damit zur Festlegung der Strategie können **Entscheidungskriterien** verwendet werden.[673] Sie liefern die Regel, nach der eine Aktion oder Strategie ausgewählt werden soll, die hinsichtlich eines Kriteriums optimal ist. Eine Möglichkeit der Auswahl einer Aktion ist die Wahl derjenigen mit dem besten Ergebniswert.[674] Hierbei ist jedoch darauf zu achten, dass unter Umständen Aktionen gewählt werden, die mit einer nur sehr geringen Wahrscheinlichkeit eintreten.

Liegen Entscheidungen unter Risiko vor und ist die Zielgröße eine Zufallsvariable, so besteht das Problem, dass zum Zeitpunkt der Entscheidung beispielsweise die Kosten nicht genau bestimmt werden können.[675] Damit gibt es keine perfekte Lösung, die in allen durch Umwelteinflüsse geprägten Szenarien einen bestmöglichen Zielfunktionswert aufweist. Um eine Lösung zu finden, ist es notwendig, die stochastische durch eine deterministische Zielfunktion zu ersetzen und damit eine **Ersatz-**

---

[671] Vgl. auch fortfolgend Obermaier/Saliger [Entscheidungstheorie] 3 ff.
[672] Vgl. auch fortfolgend Bitz [Entscheidungsmodelle] 196 f.
[673] Vgl. folgend Menges [Kriterien] 154; Menges [Entscheidungsproblem] 105.
[674] Vgl. auch fortfolgend Bitz [Entscheidungsmodelle] 168 ff.
[675] Vgl. folgend Kohn [Statistik] 241 f.

zielfunktion zu erstellen, um eine Kompromisslösung zu finden.[676] Hierfür werden entsprechende subsidiäre Zielvariable verwendet, welche weitere Angaben über Schwankungsbreiten der originären Variablen beinhalten.[677] Hierzu können sowohl klassische Entscheidungskriterien als auch die Erwartungsnutzentheorie eingesetzt werden.[678]

Mittels **klassischer Entscheidungskriterien** wird jeder Alternative durch Verdichtung der Verteilungsinformation ein Präferenzwert zugeordnet, wodurch sich eine Rangordnung ergibt.[679] Zu diesen klassischen Kriterien zum Begriff der Unsicherheit gehören das Erwartungswert-Kriterium sowie das Erwartungswert-Standardabweichungs-Kriterium.[680] Weitere mögliche Kriterien sind das Hodges-Lehmann-Kriterium, quantilbasierte und regretbasierte Kriterien sowie das Erwartungswert-Mißerfolgserwartungs-Modell.[681] Das **Erwartungswert-Kriterium** eignet sich als Zielgröße für Risikosituationen mit einer einzelnen Zielgröße und kann relativ einfach in stochastische Entscheidungsmodelle einbezogen werden.[682] Bei einem Maximierungsziel soll laut diesem Kriterium diejenige Alternative mit dem größten Erwartungswert bestimmt werden.[683] Hierbei erfolgt keine explizite Erfassung der Risiken, sodass grundsätzlich eine risikoneutrale Haltung des Entscheiders vorausgesetzt wird. Der daraus resultierende Nachteil des Erwartungswertes ist, dass es eine Risikoneutralität unterstellt und die Streuung des Ergebnisses vernachlässigt. Der **Erwartungswert** ergibt sich jeweils aus der Summe der Realisierungen der Variablen gewichtet mit ihrer Eintrittswahrscheinlichkeit.[684]

---

676 Vgl. Bitz [Entscheidungsmodelle] 78 f.; Dinkelbach/Kleine [Elemente] 78.
677 Vgl. Bitz [Entscheidungsmodelle] 79.
678 Vgl. Eisenführ/Weber [Entscheiden] 207; Klein/Scholl [Planung] 409 ff.
679 Vgl. Klein/Scholl [Planung] 409 ff.
680 Vgl. Klein/Scholl [Planung] 412 ff.; Kohn [Statistik] 241 f.; Obermaier/Saliger [Entscheidungstheorie] 84 ff.
681 Vgl. Dinkelbach/Kleine [Elemente] 86 ff.; Klein/Scholl [Planung] 416 ff.
682 Vgl. Bronner [Planung] 10; Laux/Gillenkirch/Schenk-Mathes [Entscheidungstheorie] 146.
683 Vgl. auch fortfolgend Adam [Planung] 238; Dinkelbach/Kleine [Elemente] 78 f.; Klein/Scholl [Planung] 412 ff.; Laux/Gillenkirch/Schenk-Mathes [Entscheidungstheorie] 146.
684 Vgl. Behrends [Stochastik] 80; Henze [Stochastik] 79; Kohn [Statistik] 241; Laux/Gillenkirch/Schenk-Mathes [Entscheidungstheorie] 134.

Zur Berücksichtigung des Risikos kann u. a. die Standardabweichung der Zielgröße mit in die Betrachtung einbezogen werden.[685] Sie gibt an, wie stark die möglichen Zielgrößenwerte um den Erwartungswert der Zielgröße streuen. Diesen Ansatz greift das **Erwartungswert-Standardabweichungs-Kriterium** auf. Die Standardabweichung wird dabei als Wurzel der Varianz der Zufallsgröße berechnet.[686] Mittels eines **Risikoparameters** wird zudem die Risikopräferenz des Entscheidungsträgers mit in die Entscheidung einbezogen.[687] Risikoscheue Entscheidungsträger bevorzugen hierbei eine geringe Streuung um den Mittelwert, während risikofreudige Anleger die Chance einer positiven Abweichung höher gewichten als die Gefahr einer negativen.[688] Zur Berücksichtigung dieser Präferenzen wird beim Erwartungswert-Standardabweichungs-Kriterium bei einem Risikoparameter kleiner Null von einer Risikoscheu und bei einem Parameter größer Null von einer Risikofreude ausgegangen.[689] Ein Risikoparameter gleich Null entspricht der Risikoneutralität.

Ein weiteres Kriterium bildet das **Hodges-Lehmann-Kriterium**. Es wird als Präferenzfunktion der mit einem Vertrauensparameter gewichteten Summe aus Erwartungswert und Worst-Case-Ergebnis verwendet.[690] Auf diese Weise wird das Erwartungswert-Kriterium mit dem Maximum-Minimum-Kriterium kombiniert. Zu den **quantilbasierten Kriterien** gehören das Fraktil- und das Aspirations-Kriterium. Während mittels des **Fraktil-Kriteriums** eine Alternative gesucht wird, deren Zielfunktionswert eine vorgegebene Satifizierungswahrscheinlichkeit erreicht oder überschreitet, verwendet das **Aspirations-Kriterium** die zu maximierende Präferenzfunktion. Bei den **regrettbasierten Kriterien** werden nicht die Ergebnisse, sondern ihre Abweichungen vom optimalen Ergebnis herangezogen.[691]

Neben der Integration der Varianz in die Ersatzzielfunktion können auch die als unerwünscht angesehenen negativen Abweichungen von einem gegebenen kritischen

---

[685] Vgl. auch fortfolgend Dinkelbach/Kleine [Elemente] 78 f.; Duller [Einführung] 103 f.; Klein/Scholl [Planung] 412 ff.; Laux/Gillenkirch/Schenk-Mathes [Entscheidungstheorie] 155.
[686] Vgl. Laux/Gillenkirch/Schenk-Mathes [Entscheidungstheorie] 143.
[687] Vgl. Klein/Scholl [Planung] 413 f.
[688] Vgl. Laux/Gillenkirch/Schenk-Mathes [Entscheidungstheorie] 155, 246.
[689] Vgl. folgend Dinkelbach/Kleine [Elemente] 84 f.; Klein/Scholl [Planung] 413 f.
[690] Vgl. auch fortfolgend Klein/Scholl [Planung] 416 ff.
[691] Vgl. Klein/Scholl [Planung] 422 f.

Wert berücksichtigt werden.[692] Hierzu werden u. a. die asymmetrischen Risikomaße Verlustwahrscheinlichkeit und Misserfolgs-Erwartung in das Modell integriert. Die **Verlustwahrscheinlichkeit** stellt die Wahrscheinlichkeit dar, mit der ein zufallsabhängiger Zielfunktionswert einen vorgegebenen Schwellenwert unterschreitet. Im Modell wird diese mit einem Gewicht bewertete Verlustwahrscheinlichkeit vom Erwartungswert abgezogen. Bei diesem Modell wird keine Aussage über die Risikoeinstellung des Entscheidungsträgers getroffen. Beim **Erwartungswert-Misserfolgserwartungs-Modell** wird hingegen im Allgemeinen ein risikoaverser Entscheidungsträger unterstellt. Abb. 14 fasst die klassischen Entscheidungskriterien systematisiert nach der Anzahl der verwendeten Zielgrößen zusammen.

Nachteil der klassischen Verfahren ist, dass ihre Präferenzwerte nicht von der gesamten Wahrscheinlichkeitsverteilung der Zielgröße, sondern nur von einigen Verteilungsparametern abhängen.[693] So werden beim Erwartungswert-Standardabweichungs-Kriterium beispielsweise zwei Alternativen als gleichwertig angesehen, wenn ihre Erwartungswerte und Standardabweichungen gleich sind, andere Verteilungsparameter werden jedoch nicht berücksichtigt. Unter Umständen kann die Vernachlässigung der zugrunde liegenden heterogenen Wahrscheinlichkeitsverteilungen zu Fehlentscheidungen führen. **Vorteil** der klassischen Verfahren ist hingegen der niedrige Aufwand im Hinblick auf die Bewertung der Alternativen, der aus der Vernachlässigung von Informationen resultiert.[694]

Zusätzlich zu diesen klassischen Verfahren kann die **Erwartungsnutzentheorie** herangezogen werden, die für unter Risiko zu treffende Entscheidungen die Grundlage rationalen Handelns bildet.[695] Grundlage dieser Theorie ist das **Bernoulli-Prinzip**. Mittels diesem werden alle Zielgrößenwerte explizit berücksichtigt. Sind die Axiome der vollständigen Ordnung, Stetigkeit und Unabhängigkeit erfüllt, so kann eine Nutzenfunktion ermittelt werden, deren **Erwartungsnutzenwert** die Präferenz des Ent-

---

[692] Vgl. auch fortfolgend Dinkelbach/Kleine [Elemente] 86 ff.
[693] Vgl. auch fortfolgend Laux/Gillenkirch/Schenk-Mathes [Entscheidungstheorie] 164.
[694] Vgl. Laux/Gillenkirch/Schenk-Mathes [Entscheidungstheorie] 200.
[695] Vgl. auch fortfolgend Adam [Planung] 243 f.; Eisenführ/Weber [Entscheiden] 207; Klein/Scholl [Planung] 424; Laux/Gillenkirch/Schenk-Mathes [Entscheidungstheorie] 145.

scheidungsträgers abbildet.[696] Mittels der **Nutzenfunktion** werden die Ergebnisse in eine reelle Zahl überführt.[697] Der Erwartungsnutzenwert berechnet sich aus dem Nutzen eines Ergebnisses multipliziert mit dessen Eintrittswahrscheinlichkeit, die von Entscheidungen und vom Zufall abhängig ist.[698] Das Ergebnis mit dem höchsten Nutzenwert stellt die optimale Alternative dar. Die Nutzenfunktion des Bernoulli-Prinzips kann unterschiedlich, entsprechend der Risikoneigung des Entscheiders, gestaltet werden. Zu ihrer Bestimmung muss der Entscheider Alternativen beurteilen und angeben, bei welcher Entscheidung er indifferent wäre. Auf diese Weise soll sichergestellt werden, dass der Verlauf der Risikonutzenfunktion empirisch ermittelt werden kann. Auch das Bernoulli-Prinzip bildet nur eine Entscheidungsmöglichkeit und keine Entscheidungsregel. Erst durch die Konkretisierung der Nutzenfunktion wird das Entscheidungsprinzip zu einer Entscheidungsregel. Vorteil des Prinzips ist die Möglichkeit der Berücksichtigung mehrerer Zielgrößen.

Die alleinige Verwendung von Streuungsmaßen als Entscheidungskriterien ist nicht ausreichend. Um aussagekräftige Aussagen zu erhalten, muss hier zusätzlich angegeben werden, auf welchem Niveau die Ergebnisse liegen. Hierzu können Zentralwerte oder Extremmaße herangezogen werden. Problematisch ist auch, dass sich die Verteilung der Zielvariablen nur in einfachen Fällen direkt angeben lässt.[699] Um die Verteilung mehrerer unsicherer Einflussgrößen zu schätzen und damit die Verteilung der Zielvariablen zu bestimmen, kann die **Simulation** eingesetzt werden. Zudem sind Interdependenzen durch stochastische Abhängigkeiten zwischen Zufallsvariablen häufig anzutreffen.[700] Zur Berücksichtigung dieser Abhängigkeiten kann zum einen die bedingte Wahrscheinlichkeit verwendet werden. Zum anderen kann zur Abbildung der Korrelation die verursachende Variable in das Modell aufgenommen und für sie eine Wahrscheinlichkeitsverteilung definiert werden.

---

696 Vgl. Eisenführ/Weber [Entscheiden] 210; Laux/Gillenkirch/Schenk-Mathes [Entscheidungstheorie] 172 f.

697 Vgl. Dinkelbach/Kleine [Elemente] 79; Eisenführ/Weber [Entscheiden] 210.

698 Vgl. auch fortfolgend Adam [Planung] 243f.; Laux/Gillenkirch/Schenk-Mathes [Entscheidungstheorie] 164 f.; Obermaier/Saliger [Entscheidungstheorie] 70 ff.; Spreckelsen/Spitzer [Medizin] 188 f.

699 Vgl. folgend Eisenführ/Weber [Entscheiden] 186.

700 Vgl. auch fortfolgend Eisenführ/Weber [Entscheiden] 201 f.

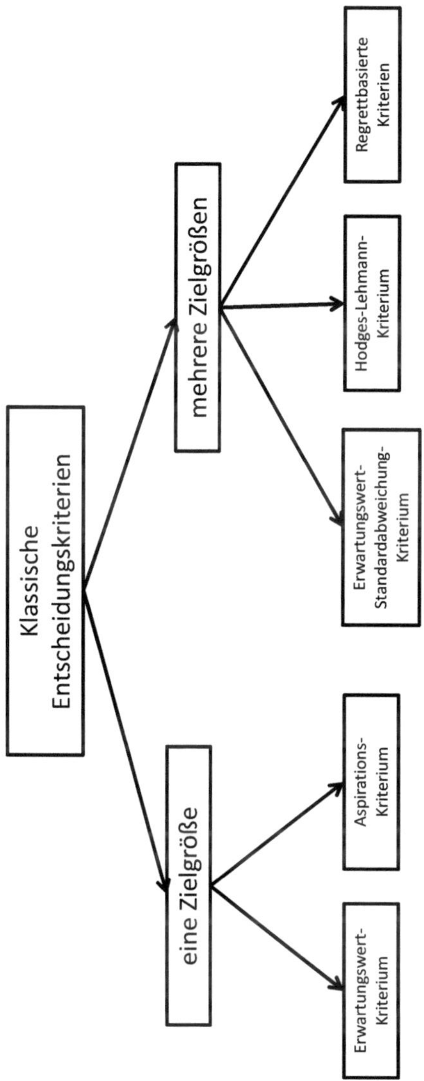

Abb. 14: Systematisierung ausgewählter Entscheidungskriterien

5.3.5 Ansätze zur Lösung stochastischer Entscheidungsprobleme

Die **dynamische Programmierung**, auch sequenzielle Optimierung genannt, stellt ein mathematisches, algorithmisches Verfahren dar.[701] Sie dient dazu, ein Optimum für Entscheidungsprobleme mit einer Folge abhängiger Entscheidungen zu finden.[702] Sie unterstützt den Entscheider beim Treffen von sequenziellen Entscheidungen und der damit verbundenen Auswahl der optimalen Entscheidungsvariablen. Hierfür wird das Problem in Teilprobleme zerlegt, die durch eine Rekursionsbeziehung miteinander verknüpft werden.[703] Zunächst wird dabei für das erste Teilproblem unter Berücksichtigung der möglichen Umweltzustände eine optimale Lösung ermittelt. Diese dient dann als Grundlage der Entscheidungsfunktion des zweiten Entscheidungsproblems. Damit eine Zerlegung durchgeführt werden kann, wird als Anwendungsvoraussetzung für die dynamische Optimierung die Additivität der Zielfunktion gefordert.

Wird der Zustand der nächsten Stufe nicht vollständig durch den vorherigen Zustand und die getroffene Strategieentscheidung, sondern zusätzlich durch den Zufall bestimmt, so muss die **stochastische dynamische Programmierung** zur Lösung des Entscheidungsproblems eingesetzt werden.[704] Hierbei werden die Zustände durch eine Wahrscheinlichkeitsverteilung bestimmt, die abhängig von dem Zustand und der Politik der momentanen Stufe vorgegeben wird. Speziell in stochastischen Programmsituationen können sowohl in der Zielfunktion, als auch in den Restriktionen (vektorielle) Zufallsvariablen auftauchen.[705] Nachteil der stochastischen dynamischen Programmierung ist, dass sie nur Lösungen für Probleme mit relativ kleiner Dimension liefert und das Vorliegen einer analytischen Form voraussetzt.[706] Letzteres ist beispielsweise nicht der Fall, wenn das Prozessgeschehen nur mittels Simulation betrachtet werden kann. Liegen komplizierte Modelle oder Modelle ohne analytische

---

701 Vgl. Logofătu [Algorithmen] 225; Papageorgiou/Leibold/Buss [Optimierung] 407.

702 Vgl. folgend Domschke/Drexl [Einführung] 159; Hillier/Lieberman [Research] 316; Papageorgiou/Leibold/Buss [Optimierung] 407.

703 Vgl. auch fortfolgend Adam [Planung] 483 ff.; Hillier/Lieberman [Research] 317; Logofătu [Algorithmen] 225.

704 Vgl. folgend Hillier/Lieberman [Research] 338; Klein/Scholl [Planung] 184.

705 Vgl. Schneeweiß [Schema] 135.

706 Vgl. auch fortfolgend Papageorgiou/Leibold/Buss [Optimierung] 423 ff.

Beschreibung vor, so können neben der Simulation die Methoden des **approximate dynamic programming**, auch **neuro-dynamic programming** oder **reinforcement learning** genannt, verwendet werden. Die Verfahren des approximate dynamic programming können in Verfahren der value iteration und der policy iteration unterteilt werden. Im Rahmen der **value iteration** wird durch einen iterativen Prozess eine Approximation der Kostenfunktion ermittelt und hieraus das optimale Vorgehen abgeleitet. Die Darstellung der approximierten Kostenfunktion erfolgt dabei entweder durch einen parametrisierten Ansatz (parametric approximator) oder tabellarisch (non-parametric approximator). Die Verfahren der **policy iteration** (actor-critic-Verfahren) setzen an der Verbesserung des Regelwerks an, welches in jeder Iteration so verbessert wird, dass die Kosten optimiert werden. Weitere approximate dynamic Programming-Verfahren sind die **policy search-Verfahren,** wie die Q-Iteration oder das Q-Learning sowie **die Verfahren der modellprädikativen** Regelung (model predicitve control). Im **Anwendungskontext** liegt eine Vielzahl an Zufallsvariablen vor, so dass eine Lösung mit Hilfe der dynamischen Programmierung nur bedingt zur Lösung der Problemstellung herangezogen werden kann. Stattdessen wird als Lösungsansatz die Simulation gewählt und im folgenden Kapitel ein Ansatz zur Umsetzung einer Simulation in Excel vorgestellt.

6 Entwicklung eines EDV-Tools zur optimalen Auswahl von Maßnahmen für Patienten einer Risikoklasse

6.1 Einsatz von Simulationsmodellen zur Entscheidungsfindung

Mit Hilfe der Beobachtungen der Realisation von Zufallszahlen sollen Schlüsse auf Zusammenhänge oder auf das Eintreten bestimmter Ereignisse in verschiedenen Umweltsituationen gezogen werden.[707] Jedoch liegen in der Realität oftmals nur kurze Beobachtungszeiträume oder für bestimmte Ereignisse nur sehr wenige Beobachtungen vor. Aus diesem Grund wird zur Entscheidungsfindung eine Simulation durchgeführt. **Simulationen** dienen dazu, ein künstliches Modell der Wirklichkeit zu generieren.[708] Ein **Modell** stellt ein vereinfachtes Abbild eines Systems dar.[709] Es soll dabei helfen, das System zu untersuchen und Aussagen über dessen Wirkungsweise zu treffen. Eine Differenzierung von Modellen kann nach deterministischen und stochastischen Modellen getroffen werden. Während deterministische Modelle über feste Inputvariablen verfügen, können die Inputvariablen stochastischer Modelle Zufallszahlen sein. Bei der Simulation selbst werden unter Verwendung von Zufallszahlen künstliche Beobachtungen erzeugt, um die einzelnen Situationen zu modellieren und zu analysieren.[710] Die Simulation wird mit Hilfe von Computern durchgeführt.[711] Dabei entspricht eine Simulation dem Durchlauf eines Computerprogramms. Da die Simulation, im Gegensatz zur mathematischen Analyse, nur eine Momentaufnahme für zufällig gewählte Werte ist, ist zur Entscheidungsfindung eine umfangreiche Simulationsserie notwendig.

Die Formulierung eines **Simulationsmodells** gliedert sich allgemein in die folgenden elf Schritte:[712]

- Festlegung des Zielkriteriums,
- Formulierung der Problemstellung,

---

[707] Vgl. auch fortfolgend Poddig/Dichtl/Petersmeier [Statistik] 167 f.
[708] Vgl. Barreto/Howland [Econometrics] 215.
[709] Vgl. auch fortfolgend Banks et al. [Simulation] 13.
[710] Vgl. Poddig/Dichtl/Petersmeier [Statistik] 168; Troßmann [Investition] 276.
[711] Vgl. auch fortfolgend Spaniol/Hoff [Simulation] 3.
[712] Vgl. auch fortfolgend Banks et al. [Simulation] 14 ff.

- Konstruktion des Modells,
- Sammlung von Daten,
- Umsetzung des Modells in rechentechnischer Form,
- Verifizierung des Modells,
- Validierung des Modells,
- Festlegung des Simulationsumfangs,
- Durchführung der Simulationsläufe,
- Überprüfung der Ergebnisse und
- Dokumentation der Ergebnisse.

Der erste und der zweite Schritt dienen der klaren und vollständigen Formulierung der Problemstellung und der Definition des Untersuchungsgegenstandes.[713] Im Anschluss ist das eigentliche Modell zu erstellen. Ist das Modell definiert, so ist die Sammlung der Informationen über die Inputdaten notwendig. Aufgrund der oftmals hohen Zahl an Informationen ist die Überführung des Modells in eine rechentechnische Form von Vorteil. Hierzu können spezielle Programme oder Simulationssprachen angewendet werden. Im Anschluss erfolgen die Verifizierung und Validierung des Modells. Während bei der Verifizierung überprüft wird, ob das Computerprogramm richtig arbeitet, werden bei der Validierung die Inputdaten so angepasst, dass sie die Wirklichkeit möglichst genau widerspiegeln. Vor dem eigentlichen Start der Simulationsserie sind deren Anzahl an Durchläufen sowie die Szenarien, für die die einzelnen Simulationen durchgeführt werden sollen, festzulegen. In Folge an die eigentliche Simulationsserie sind die Ergebnisse zu überprüfen und gegebenenfalls weitere Durchläufe durchzuführen. Liegen alle Ergebnisse vor, so sind diese abschließend zu dokumentieren und auszuwerten.

Eine Art der Simulation, die zur Auswertung von Markov-Prozessen eingesetzt werden kann, ist die **Monte-Carlo-Simulation**.[714] Ihr Ziel ist es, durch die Durchführung eines Zufallsexperiments, Rückschlüsse auf die Verteilung einer Outputvariablen zu ziehen, wobei diese von mehreren Inputvariablen in Form von Zufallsvariablen ab-

---

[713] Vgl. auch fortfolgend Banks et al. [Simulation] 14 ff.
[714] Vgl. Sonnenberg/Beck [Markov] 322.

hängig ist.[715] Die Monte-Carlo-Simulation wird eingesetzt, wenn eine analytische Lösung nicht oder nur schwierig durchzuführen ist.[716] Ihre Durchführung folgt der zuvor beschriebenen Formulierung eines Simulationsmodells. Bei der Durchführung der Monte-Carlo-Simulation werden für die Inputparameter Zufallsvariablen mit entsprechenden Verteilungen erstellt.[717] Die Analyse der Ergebnisse kann mittels der deskriptiven Statistik erfolgen. Die Vorteile der Monte-Carlo-Simulation liegen in der einfachen Durchführung, der Möglichkeit, große und komplexe Probleme zu lösen, und in der Möglichkeit der Durchführung von Szenario-Analysen.[718] Nachteil des Einsatzes von Simulationen ist, dass jedes Modell individuell erstellt werden muss und dass im Gegensatz zur mathematischen Lösung keine optimale Lösung gefunden werden kann. Vielmehr ist zur Entscheidungsfindung eine mehrmalige Wiederholung für die entsprechenden Inputvariablen notwendig.[719] Nichtsdestotrotz eignet sich die Monte-Carlo-Simulation für Problemstellungen, für die eine analytische Lösung zu komplex ist.[720]

Die Simulation kann als Individual- oder auch als Kohortensimulation durchgeführt werden. Die **Individualsimulation** eignet sich im Krankenhaus für sehr heterogene Patienten-Risikostrukturen.[721] Dabei werden die Übergangswahrscheinlichkeiten zwischen den Gesundheitszuständen durch Eigenschaften und Krankengeschichte der Patienten beeinflusst.[722] Zudem können zusätzliche Lage- und Streuungsmaße (Median, Perzentile und Perzentilintervalle, Standardabweichung etc.) berechnet werden.[723] Neben der Individualsimulation kann auch die **Kohortensimulation** Verwendung finden.[724] Hierbei wird das Modell für eine hypothetische Kohorte von Patienten mit einer Startverteilung durchlaufen, sodass die Zielwerte unter Berücksichtigung

---

[715] Vgl. auch fortfolgend Davis/Pecar [Methods] 555; Law [Simulation] 714.
[716] Vgl. Law [Simulation] 716.
[717] Vgl. auch folgend Barreto/Howland [Econometrics] 215 ff.; Davis/Pecar [Methods] 572 ff.; Poddig/Dichtl/Petersmeier [Statistik] 170 f.
[718] Vgl. folgend Davis/Pecar [Methods] 572.
[719] Vgl. Law [Simulation] 71.
[720] Vgl. Davis/Pecar [Methods] 572.
[721] Vgl. Siebert et al. [Modellierung] 322.
[722] Vgl. Koerkamp et al. [Uncertainty] 651 f.; Siebert et al. [Modellierung] 316.
[723] Vgl. Siebert et al. [Modellierung] 279 ff.
[724] Vgl. folgend Hazen/Li [Cohort] 19; Koerkamp et al. [Uncertainty] 651 f.; Siebert [Entscheidungen] 10; Sonnenberg/Beck [Markov] 328.

der Übergangswahrscheinlichkeiten für diese entsprechend ermittelt werden. Nach jedem Zustand wird die gesamte Kohorte neu verteilt.[725] Sind die Übergangswahrscheinlichkeiten der einzelnen Faktoren stochastisch unabhängig, so kann die Kohortenanalyse in Teilanalysen für die einzelnen Faktoren zerlegt werden.[726] Die Ergebnisse dieser Analysen ergeben dann summiert die zu ermittelnden Werte. Der Vorteil dieser Methode gegenüber der Individualsimulation besteht in der einfacheren und schnelleren Analyse, die wiederum aus der Verringerung der Anzahl an Zuständen und Übergängen resultiert.[727] Gerade die Vereinfachung spielt für größere Modelle mit einer Vielzahl an Zuständen eine bedeutende Rolle.[728]

Im **Anwendungsfall** handelt es sich um eine diskrete ereignisorientierte Simulation, bei der sich die Größen nur zu bestimmten Zeitpunkten ändern und die als patientenindividuelle Simulation durchgeführt wird.[729] Die Simulation wird mit Hilfe von Microsoft Excel durchgeführt. Hierbei umfasst die Simulation die einmalige Erzeugung von Zufallszahlen und die Berechnung des Zielfunktionswerts mit Hilfe des Excel-Solvers. Grund für den Einsatz von Excel zur Durchführung der Simulation ist dessen weite Verbreitung und die damit verbundene verbreitete Kenntnis der Nutzer mit dessen Umgang. Eine Übersicht über weitere mögliche Simulations-Software findet sich beispielsweise bei BANKS ET AL.[730] Jedoch hat die Verwendung von Excel zur Durchführung der Simulation auch Nachteile.[731] In diesem Zusammenhang lassen sich die Schwierigkeit der Implementierung komplexer Algorithmen, lange Ausführungszeiten und der begrenzte Speicherplatz nennen. Hinzu kommt, dass nur einfache Datenstrukturen vorliegen. Da zur Entscheidungsfindung eine Vielzahl an Simulationen notwendig ist, wird eine Simulationsserie durchgeführt. Vereinfachend wird im weiteren Verlauf der Arbeit unter dem Begriff der Simulation die Simulationsserie, die eine vordefinierte Anzahl an Durchläufen der Berechnung in Excel umfasst, verstanden. Die Formulierung des zugrunde liegenden Simulationsmodells folgt den zuvor be-

---

[725] Vgl. Beck/Pauker [Markov] 427.
[726] Vgl. folgend Hazen/Li [Cohort] 20.
[727] Vgl. Siebert et al. [Modellierung] 278 ff.
[728] Vgl. Hazen/Li [Cohort] 30 ff.; Siebert et al. [Modellierung] 278 ff.
[729] Vgl. Banks et al. [Simulation] 14.
[730] Vgl. Banks et al. [Simulation] 119 ff.
[731] Vgl. auch fortfolgend Law [Simulation] 717 f.

schriebenen Schritten. Hierbei können aufgrund fehlender „Echtdaten“ die Verifizierung und Validierung des Modells nicht durchgeführt werden.

6.2 Erstellung eines beispielhaften Modells zur patientenindividuellen Auswahl Fehler vermeidender Maßnahmen

6.2.1 Darstellung eines Beispielszenarios

Im Beispielszenario soll die fiktive Behandlung einer **Gewebeveränderung** im Bauchraum betrachtet werden. Zu deren Behandlung sollen zwei Möglichkeiten zur Verfügung stehen. So kann die Behandlung zum einen durch einen minimalinvasiven Eingriff und zum anderen durch eine reguläre Operation im klassischen Sinne erfolgen. Der Unterschied zwischen beiden Methoden ist, dass bei einem minimalinvasiven Eingriff nur wenige Schnitte notwendig sind und die Behandlung mittels eines Endoskopiegerätes durchgeführt wird. Auch kann der Eingriff unter Teilnarkose des Patienten erfolgen. Bei der regulären Operation hingegen erfolgt ein aufwendigerer chirurgischer Eingriff unter Vollnarkose.

Je nach Behandlungsmethode sollen unterschiedliche **Fehler** auftreten können. Bei dem minimalinvasiven Eingriff sollen **bösartige Gewebeveränderungen** unter Umständen nicht vollständig erkannt werden können. Diese müssen in diesem Fall in einer späteren aufwendigen Operation entfernt werden. Bei der klassischen Operation soll eine durch eine Infektion bedingte **Wundheilungsstörung** auftreten können. Zur Heilung der Wundheilungsstörung soll eine Behandlung mit antiseptischen Mitteln und feuchten Verbänden, das Spülen von Wunden und Anlegen eines Spezialverbandes durchgeführt werden können. Sowohl nach dem minimalinvasiven Eingriff als auch nach der Operation soll der Patient Zeit auf der Station verbringen, wo er vom Pflegepersonal betreut werden soll. Für den Fall, dass in dieser Zeit eine Thrombose eintritt, soll dem Patienten das Medikament Heparin verabreicht werden. Das Eintreten einer Thrombose soll dabei unabhängig von den zuvor möglichen Fehlern sein.

Ohne Betrachtung der Fehler soll sich der Patient während dieses Behandlungsprozesses in fünf Behandlungsschritten, die im folgenden synonym auch als **Teilprozesse** bezeichnet werden, befinden können: „Aufnahme des Patienten auf der Station“, „minimalinvasiver Eingriff ohne Fehler“, „Operation ohne Fehler“, „Pflege des Patienten auf der Station ohne Fehler“ und „Entlassung“. Hinzu kommen die möglichen Teilprozesse der Fehlerzustände, wie „minimalinvasiver Eingriff mit Fehler“, „Operation mit Fehler“ und „Pflege des Patienten auf der Station mit Fehler“. Nicht zuletzt werden die durch einen Fehler im Rahmen des minimalinvasiven Eingriffs notwendig gewordene „Wiederaufnahme des Patienten und die zusätzliche Operation“ als eigener Teilprozess definiert. Damit lassen sich für den Behandlungsfall insgesamt die folgenden neun Teilprozesse unterscheiden, welche jeweils als eigener **Zustand** definiert werden (vgl. Kapitel 5.1.3).[732] Hierbei werden die Zustände, bei denen ein Fehler aufgetreten ist, zur besseren Übersichtlichkeit mit einem Stern gekennzeichnet:

- Zustand 1: Patient befindet sich in Teilprozess 1 „Aufnahme Patient“,
- Zustand 2: Patient befindet sich in Teilprozess 2 „minimalinvasiver Eingriff ohne Fehler“,
- Zustand 3*: Patient befindet sich in Teilprozess 3 „minimalinvasiver Eingriff mit Nichterkennen einer Gewebeveränderung“,
- Zustand 4: Patient befindet sich in Teilprozess 4 „Operation ohne Fehler“,
- Zustand 5*: Patient befindet sich in Teilprozess 5 „Operation mit Wundheilungsstörung“,
- Zustand 6: Patient befindet sich in Teilprozess 6 „Pflege Patient auf Station ohne Fehler“,
- Zustand 7*: Patient befindet sich in Teilprozess 7 „Pflege Patient auf Station mit Thrombose“,
- Zustand 8: Patient befindet sich in Teilprozess 8 „Entlassung Patient“ und
- Zustand 9*: Patient befindet sich in Teilprozess 9 „Wiederaufnahme und zusätzliche Operation“.

Der **Zustandsraum** wird im Beispielszenario durch die Anzahl an Teilprozessen der Behandlungsschritte und der Fehler bestimmt, da für jeden Teilprozess ein eigener Zustand formuliert wird. Damit entspricht die Anzahl an Teilprozessen I der Anzahl an möglichen Zuständen N im System. Die Zustände selbst werden durch den Zu-

---

[732] Im vorliegenden Beispiel wird auf die Darstellungsvariante Variante 2 „Zustand umfasst Fehler und Behandlungsprozess“ für Behandlungsprozesse zurückgegriffen.

standsvektor beschrieben. Während die **Stufe** s = 1 den Zustand 1 umfasst, umfasst Stufe s = 2 die Zustände 2, 3*, 4 und 5*. Die Stufe s = 3 umfasst die Zustände 6 und 7*. Die Stufen s = 4 und s = 5 umfassen jeweils nur einen Zustand. Hierbei wird der Stufe s = 4 Zustand 8 und Stufe s = 5 der Zustand 9* zugeordnet. Die möglichen Übergänge zwischen den einzelnen Zuständen lassen sich wie in Abb. 15 dargestellt in einem Blasendiagramm abbilden.

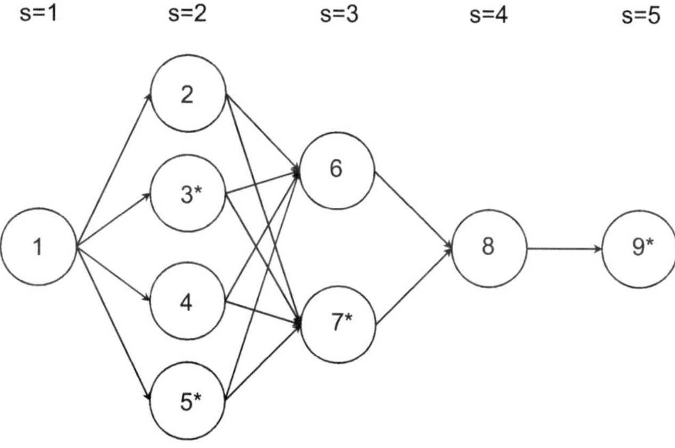

Abb. 15: Mögliche Abläufe der Beispielbehandlung

Zur Vermeidung von Fehlern sollen drei fehlerspezifische **Aktionen**, im Sinne von vorbeugenden Maßnahmen, in den jeweiligen Vorperioden durchgeführt werden können. Aktionen können mit Hilfe der in Kapitel 5.2.2 dargestellten Verfahren zum Analysieren der jeweiligen Fehler spezifisch abgeleitet werden. Aktionen werden im Entscheidungsvektor zusammengefasst. Um die Wahrscheinlichkeit einer erneuten Operation des Patienten aufgrund eines Fehlers im Rahmen des minimalinvasiven Eingriffs in Stufe s = 5 zu senken, soll beispielsweise eine **weitere Untersuchung** (Aktion 1) mit einem anderen Verfahren in Stufe s = 2 durchgeführt werden können. Um des Weiteren in Stufe s = 3 bei der Operation Wundheilungsstörungen vorzubeugen, soll im Vorfeld in Stufe s = 2 durch die **Gabe von Antibiotika** (Aktion 2) die Eintrittswahrscheinlichkeit dieses Fehlers gesenkt werden. Nicht zuletzt soll das Eintreten einer Thrombose in Stufe s = 3 durch die Gabe eines **gerinnungshemmenden Medikamentes** (Aktion 3) in Stufe s = 2 beeinflusst werden. Tab. 31 fasst die möglichen Fehler und die Maßnahmen zu ihrer Behebung beziehungsweise Aktionen zu ihrer Vermeidung zusammen.

Fehler	Fehler tritt auf bei Behandlungsmethode	Fehlerbehebung	mögliche Aktion	Bezeichnung der Aktion
Nichterkennen einer Gewebeveränderung	minimalinvasiver Eingriff	Durchführung einer nachgelagerten Operation	Aktion 1	Durchführung einer zusätzlichen Untersuchung
Auftreten einer Wundheilungsstörung	Operation	Wundbehandlung mit antiseptischen Mitteln und feuchten Verbänden	Aktion 2	Gabe von Antibiotika
Auftreten einer Thrombose	minimalinvasiver Eingriff und Operation	Gabe von Heparin, Anlage eines Kompressionsverbandes	Aktion 3	Gabe von gerinnungshemmenden Medikamenten

Tab. 31: Potenzielle Fehler und ihre Aktionen

Neben den Aktionen haben auch die **Störgrößen** Einfluss auf die Behandlung und deren Kosten. Störgrößen, die mit dem Störvektor abgebildet werden, stellen die Umweltzustände dar, die vom Entscheider nicht beeinflusst werden können.[733] Diese repräsentieren die tatsächliche Situation in der Realität, auf die die Aktion angewendet wird.[734] Im Beispielszenario stellten die Störgrößen die **Risikogruppen**, denen ein Patient angehört, dar. Die jeweiligen Risikogruppen können mit Hilfe statistischer Verfahren bestimmt werden (vgl. Kapitel 5.2.2). Im vorliegenden Beispiel soll es fünf Risikogruppen geben. Die erste Risikogruppe r = 1 soll **adipöse Patienten** umfassen. Für Personen dieser Gruppe soll sich die Wahrscheinlichkeit für das Nichterkennen einer Gewebeveränderung erhöhen. Die zweite Risikogruppe r = 2 soll Patienten, die **über 65 Jahre** alt sind, umfassen. Für sie soll während der Operation eine zweite ärztliche Kraft anwesend sein, um die Vitalfunktionen zu überwachen. Des Weiteren sollen Infektionen verstärkt bei Patienten mit einem geschwächten Immunsystem auftreten, welches die Folge eines **Zinkmangels** sein soll. Patienten mit einem solchen Zinkmangel sollen der Risikogruppe r = 3 zugeordnet werden. Für sie

[733] Vgl. Bitz [Entscheidungsmodelle] 66; Papageorgiou/Leibold/Buss [Optimierung] 297.
[734] Vgl. Hillier/Lieberman [Research] 743.

soll das Risiko einer Wundheilungsstörung steigen. Risikogruppe r = 4 soll Patienten, die ein geschwächtes Immunsystem aufgrund des Vorliegens von **Diabetes** haben, umfassen. Diese Risikogruppe soll Einfluss auf die Kosten der Aktion 2 haben. Nicht zuletzt sollen **Raucher** der Risikogruppe r = 5 zugeordnet werden. Für sie soll das Risiko einer Thrombose erhöht sein.

Risikogruppe	Bezeichnung der Risikogruppe	Effekt der Risikogruppe auf	Möglichkeit der Beeinflussung durch
r = 1	Patient ist adipös	Eintrittswahrscheinlichkeit für das Nichterkennen einer Gewebeveränderung	Aktion 1
r = 2	Patient ist älter als 65 Jahre	Kosten der Operation	Keine Beeinflussung möglich
r = 3	Zinkwert des Patienten liegt unterhalb eines Schwellenwerts	Eintrittswahrscheinlichkeit für eine Wundheilungsstörung	Aktion 2
r = 4	Patient ist Diabetiker	Kosten der Aktion 2	Keine Beeinflussung möglich
r = 5	Patient ist Raucher	Eintrittswahrscheinlichkeit für eine Thrombose	Aktion 3

Tab. 32: Risikogruppen und ihre Bezeichnung

Tab. 32 fasst die Risikogruppen zusammen und zeigt die durch sie beeinflussten Elemente. Da die Entscheidung über die Auswahl der Aktionen im Beispielszenario auch von den zufälligen Patientencharakteristika abhängen sein soll, wird die Aktionsvariable selbst zu einer Zufallsvariable.[735] Für das **Beispielszenario** ergeben sich 32 Risikoklassen, die durch Kombination der 5 Risikogruppen gebildet werden können (vgl. im Anhang Tab. 70). Dabei wird angenommen, dass sich die Patienteneigenschaften während der Behandlung nicht ändern.

Im **Beispielszenario** soll die Behandlung von vier Musterpatienten betrachtet werden, deren Risikogruppen und Risikoklassen in Tab. 33 dargestellt werden. Hierbei soll für Patient 1 und 2 ein minimalinvasiver Eingriff für Patient 3 und 4 eine reguläre Operation durchgeführt werden.

[735] Vgl. Schneeweiß [Schema] 135.

Patient	Risikogruppe des Patienten	Risikoklasse
1	– Patient ist älter als 65 – Patient ist Raucher	y = 10
2	– Patient ist älter als 65 – Patient ist adipös – Patient ist Raucher	y = 26
3	– Patient ist älter als 65	y = 14
4	– Patient ist älter als 65 – Zinkwert liegt unter eines Schwellenwerts – Patient ist Diabetiker – Patient ist Raucher	y = 16

Tab. 33: Musterpatienten und ihre Risikogruppen

6.2.2 Darstellung der Ressourcenverbrauchsfunktion

6.2.2.1 Elemente im Anwendungskontext

Stochastische Entscheidungsmodelle werden unter anderem durch ihren **Zielraum** gekennzeichnet (vgl. Kapitel 5.3.2).[736] Im Anwendungsfall sollen die Kosten der Behandlung minimiert werden, wobei diese auch durch die Fehlerkosten bestimmt werden. Zur Erstellung eines geeigneten Entscheidungsmodells sollen zunächst die Kosten als originäre Zielgrößen bestimmt werden. Bereits in Kapitel 4.1 erfolgte eine Betrachtung der unterschiedlichen Bestandteile der Fehlerkosten, die Tab. 34 nochmals zusammenfasst.

Im vorliegenden Beispielszenario soll die erste Kategorie, die der **Prüfkosten**, nicht betrachtet werden. Laut HAHNER spielen diese Kosten im Rahmen der alltäglichen Aufgabenerfüllung im Krankenhaus eine nur untergeordnete Rolle und können aus diesem Grund vernachlässigt werden.[737] Daher wird für sie keine Variable definiert. In der vorliegenden Arbeit liegt der Fokus vielmehr auf der Betrachtung der Abweichungskosten. Die Abweichungskosten setzen sich aus den Fehlerbehebungskosten $K_{FB,y}$ und den Fehlerfolgekosten K_{FF} zusammen. Die **Fehlerbehebungskosten $K_{FB,y}$** stehen dabei für den Ausschuss, beziehungsweise die Nacharbeit, die für die Fehlerbehebung anfallen. Diese Kosten fallen auch an, wenn ein Patient innerhalb der vor-

---

[736] Vgl. Obermaier/Saliger [Entscheidungstheorie] 3 ff.
[737] Vgl. Hahner [Qualitätskostenrechnung] 27 f.

gegebenen Zeitspanne erneut wegen derselben Diagnose in das Krankenhaus aufgenommen und damit in denselben Fall eingestuft wird. Die **Fehlerfolgekosten K_{FF}** hingegen stellen die Kosten dar, die wegen entstandener Fehler für Schadensersatzzahlungen zu leisten sind. Hierbei wird angenommen, dass beide Fehlerkostenarten (K_{FA} und K_{FF}) direkt oder relativ zeitnah zur Behandlung anfallen und sie dem Behandlungsfall direkt zugeordnet werden können. Wäre dies nicht der Fall, müssten unter Umständen die unterschiedlichen Zeitpunkte der korrespondierenden Zahlungen berücksichtigt werden.

Kategorie	Ausprägung	Kostenobjekte
Qualitätsprüfung	Prüfkosten	Prüfung der erbrachten Leistung
Fehlerbeseitigung	Fehlerbehebungskosten	Ausschuss, Nacharbeit
	Fehlerfolgekosten	Schadensersatzzahlungen
	Fehlerursachenbeseitigung	Beseitigung von Schwachstellen
Fehlerverhütung	Fehlervermeidungskosten	Langfristige Investitionen, Qualitätsschulungen, Kosten für vorbeugende Maßnahmen

Tab. 34: Übersicht über die Bestandteile von Fehlerkosten[738]

Zur Abbildung der **Fehlerbehebungskosten** wird das Time-Driven Activity-Based Costing herangezogen (vgl. Kapitel 4.4.2.3). Hierbei lassen sich die Aktivitäten zur Beseitigung der Fehler analog zu den Aktivitäten der regulären Behandlungsschritte definieren, so dass eine Ressourcenverbrauchsfunktion erstellt werden kann, mittels der sich Fehlerbehebungskosten ermitteln lassen. Für die **Fehlerfolgekosten** kann ein eigener Teilprozess definiert werden, der als Zustand im semi-markovschen Prozess modellierbar ist. Für die Fehlerfolgekosten wird aus Vereinfachungsgründen für das Beispielszenario keine weitere Funktion erstellt. Stattdessen soll hier ein fester, einmaliger Betrag pro Fall angesetzt werden.

[738] Vgl. Brunner/Wagner [Qualitätsmanagement] 252 ff.; Hahner [Qualitätskostenrechnung] 24 ff.; Haller [Dienstleistungsmanagement] 308 f.; Töpfer [Qualität] 106 ff.; Wilken [Qualität] 165 ff. Hierbei wird von der ISO 9001 geltenden Definition abgewichen. Diese versteht unter Qualitätsprüfung und Fehlerverhütung keine Fehlerkosten. Fehlerkosten werden dort als die Kosten definiert, die unmittelbar durch Fehler entstehen.

Ein weiteres Element von Entscheidungsmodellen ist ihr **Aktionsraum.**[739] Im Anwendungsbeispiel entstehen Kosten für die Aktionen der Fehlervermeidung. Diese **Fehlervermeidungskosten K_{FV}** lassen sich in Kosten für patientenbezogene Einzelmaßnahmen und in strukturelle Maßnahmen unterscheiden. Handelt es sich um Kosten für Einzelmaßnahmen für bestimmte Patienten im Rahmen des Behandlungsprozesses und damit um **individuelle Fehlervermeidungskosten**, so ist es notwendig, diese in die Zielfunktion zu integrieren. Beispiele für solche Maßnahmen sind die Durchführung einer zusätzlichen Untersuchung oder die Gabe eines zusätzlichen Medikamentes zur Senkung der Wahrscheinlichkeit des Eintretens eines Fehlers. Maßnahmen zur strukturellen Änderung des Behandlungsablaufs werden separat in Kapitel 6.6 betrachtet. Für die Aktionen kann analog zu den Kosten der Behandlung eine eigene Ressourcenverbrauchsfunktion erstellt werden. Hierbei werden die Aktivitäten zur Durchführung der Aktionen mit j_a gekennzeichnet, wobei $j_a = \{J+1, J+2, \ldots, J`\}$. Die **Fehlervermeidungskosten für einen Patienten der Risikoklasse y $K_{FV,y}$** berechnen sich damit aus der Summe der Kosten aller durchgeführten Aktionen a für diesen.

$$K_{FV,y} = \sum_{a=1}^{A} K_{a,y} = \sum_{a=1}^{A} \sum_{j_a=J+1}^{J`} \sum_{b=1}^{B} \beta_{a,j_a,b} \, X_{a,j_a,y} \cdot c_b \qquad (7)$$

wobei

$\beta_{a,j_a,b}$ = Zeitbedarf der Ressource b zur Durchführung der Aktivität j_a

$X_{a,j_a,y}$ = Zeittreiber einer Aktivität einer Aktion j_a in der Variante y bzw. für einen Patienten der Risikoklasse y

Die **Kosten der Behandlung $K_{DRG,y}$** für einen Patienten können damit wie folgt als Summe der Fehlerfolgekosten und der Kosten über alle Teilprozesse, sowohl der Behandlungsschritte, als auch der Schritte zur Fehlerbehebung, sowie der Fehlervermeidungskosten wie folgt ermittelt werden.

[739] Vgl. Obermaier/Saliger [Entscheidungstheorie] 3 ff.

$$K_{DRG,y} = K_{FF} + K_{Ges,y} + K_{FV,y}$$
$$= K_{FF} + \sum_{i=1}^{I}\sum_{j=1}^{J}\sum_{b=1}^{B}\beta_{i,j,b} \cdot X_{i,j,y} \cdot c_b + \sum_{a=1}^{A}\sum_{j_a=J+1}^{J'}\sum_{b=1}^{B}\beta_{a,j_a,b}\, X_{a,j_a,y} \cdot c_b \qquad (7)$$

Zur Erhöhung der Übersichtlichkeit enthält die dargestellte Kostenfunktion ausschließlich Kosten, die aufgrund der Nutzung von Ressourcen sowie für Schadensersatzzahlungen anfallen. Um zusätzlich auch Materialkosten, beispielsweise für Medikamente oder Implantate, zu betrachten, kann sie um eine Variable für **Materialkosten** erweitert werden.

Sollen bei der Betrachtung der Kosten nur die eigentlichen Fehlerkosten berücksichtigt werden, so darf die Summe der Gesamtkosten nicht pauschal über alle Teilprozesse i und damit über alle Zustände, sondern nur über die möglichen Fehlerzustände gebildet werden. Dabei wird davon ausgegangen, dass für die Fehlerbehebungskosten ein eigener Teilprozess und ein eigener Zustand gebildet werden und es wird auf Variante 1 „Darstellung möglicher Fehler als eigener Zustand“ zurückgegriffen. Zur Unterscheidung werden die Teilprozesse formal in reguläre **Teilprozesse für die Behandlung** i_ρ und in **Teilprozesse für die Behebung von Fehlern** i_ϕ unterteilt mit $i_\rho = \{1, 2, ..., P\}$ und $i_\phi = \{P+1, P+2, ..., I\}$. Die regulären Aktivitäten zur Durchführung eines Behandlungsschrittes werden dabei mit j_ρ = {1, 2, …, J``} und die Aktivitäten zur Behebung von Fehlern werden mit $j_\phi$ = {J``+1, J``+2, …, J} gekennzeichnet. Damit ergeben sich die **gesamten Fehlerkosten der Behandlung eines Patienten der Risikoklasse y $K_{DRG,F,y}$** wie folgt:

$$K_{DRG,F,y} = K_{FF} + K_{FB,y} + K_{FV,y}$$
$$= K_{FF} + \sum_{i_\phi=P+1}^{I}\sum_{j_\phi=J``+1}^{J}\sum_{b=1}^{B}\beta_{i_\phi,j_\phi,b} \cdot X_{i_\phi,j_\phi,y} \cdot c_b + \sum_{a=1}^{A}\sum_{j_a=J+1}^{J'}\sum_{b=1}^{B}\beta_{a,j_a,b}\, X_{a,j_a,y} \cdot c_b \qquad (7)$$

$\beta_{i_\phi,j_\phi,b}$ = Zeitbedarf der Ressource b zur Durchführung der Aktivität j_ϕ

$X_{i_\phi,j_\phi,y}$ = Zeittreiber einer Aktivität eines Teilprozesses zur Behebung von Fehlern j_ϕ in der Variante y bzw. für einen Patienten der Risikoklasse y

Der **Vorteil** des Einsatzes des Time-Driven Activity-Based Costing zur Bestimmung der Fehlerkosten besteht in der Möglichkeit der Berücksichtigung der Risikogruppe des Patienten als Störgröße. Deren Berücksichtigung ist von besonderer Bedeutung, da wie in Kapitel 2.2.1.2 und 4.4.2 beschrieben, der Behandlungsprozess und die verursachten Kosten stark von der Individualität der Patienten abhängig sind. **Probleme** bei der Erstellung der Ressourcenverbrauchsfunktion können durch die hohe Komplexität des zugrunde liegenden Prozesses, die große Anzahl an potenziell abzubildenden Fehlern sowie die Möglichkeit des mehrmaligen Auftretens von Fehler im Prozessablauf auftreten. Zur Reduzierung dieser Komplexität lassen sich die Ressourcenverbrauchsfunktionen der Fehler im Sinne von Bausteinen verwenden. Hierbei können die einmal erstellten Ressourcenverbrauchsfunktionen in den verschiedenen Teilprozessen zur Bestimmung der Kosten verwendet werden, wodurch sich der Arbeitsaufwand bei der Erstellung des Entscheidungsmodells reduziert und die Variablenmenge abnimmt. Zudem ist es unter Umständen möglich, die Bausteine auch für andere DRGs zu verwenden.

6.2.2.2 Formulierung für das Beispielszenario

Die Gesamtkosten setzen sich sowohl aus den Kosten der Teilprozesse als auch aus den Kosten der Aktionen zusammen. Zu ihrer Bestimmung sind entsprechende **Ressourcenverbrauchsfunktionen** zu erstellen, die als Basis der Kostenermittlung mittels des Time-Driven Activity-Based Costing dienen. Die Kosten werden jeweils dem verursachenden Teilprozess zugeordnet. Weitere Kosten für Liegezeiten werden der Übersichtlichkeit halber nicht berücksichtigt.

Im **Beispielszenario** wird zur Berechnung der Kosten auf die in Kapitel 4.4.2.3 berechneten **Ressourcenkostensätze** zurückgegriffen. Hierbei sind im Beispiel nur die Personalressourcen Pflegepersonal, Ärztlicher Dienst Station und Ärztlicher Dienst Chirurgie beteiligt (vgl. Tab. 35).

Personalressource	Ressourcenkostensatz	Bezeichnung des Ressourcenkostensatzes
Pflegepersonal	c_1 = 0,51 €/Min.	Ressourcenkostensatz „Pflege“
Ärztlicher Dienst Station	c_2 = 0,91 €/Min.	Ressourcenkostensatz „Stationsarzt“
Ärztlicher Dienst Chirurgie	c_3 = 1,03 €/Min.	Ressourcenkostensatz „Chirurg“

Tab. 35: Personalressourcenkostensätze im Beispielszenario

Zur Bestimmung der Ressourcenverbrauchsfunktionen wird auf die folgenden Zeitwerte zurückgegriffen, wobei zunächst davon ausgegangen wird, dass die Zeiten der einzelnen Teilprozesse exakt bestimmt werden können: Die **Aufnahme des Patienten** auf die Station soll durch eine Pflegekraft durchgeführt werden und soll 30 Minuten dauern. Wird der Eingriff **minimalinvasiv** durch den ärztlichen Dienst der Station durchgeführt, so soll er 35 Minuten dauern. Bei Durchführung der **Operation** sollen Pflege und der ärztliche Dienst Chirurgie beteiligt sein. Während der Chirurg 60 Minuten für die Operation benötigen soll, soll das Pflegepersonal mit Vor- und Nachbereitung 85 Minuten beansprucht werden. Ist der Patient älter als 65, so soll eine zusätzliche Überwachung durch einen zweiten Arzt notwendig sein, die ebenfalls 60 Minuten dauern soll. Die **Pflege des Patienten auf der Station** soll durch das Pflegepersonal durchgeführt werden. Während sich diese nach einem minimalinvasiven Eingriff auf 200 Minuten belaufen soll, sollen nach der klassischen Operation, aufgrund der längeren Aufenthaltsdauer des Patienten auf der Station, 800 Minuten benötigt werden. Entsteht eine Thrombose, so sollen weitere 800 Minuten zu deren Behandlung durch das Pflegepersonal eingeplant werden. Die Behandlung einer Infektion durch das Pflegepersonal soll 2.000 Minuten dauern und es sollen 300 € für Medikamente benötigt werden. Die **Entlassung** des Patienten soll durch den ärztlichen Dienst Station durchgeführt werden und 25 Minuten dauern. Für die Behebung des Fehlers beim minimalinvasiven Eingriff wird eine **zusätzliche Operation** durchgeführt, bei der ein Chirurg insgesamt 120 und eine Pflegekraft 200 Minuten tätig werden müssen. Nach erfolgter Operation soll der Patient nochmals 800 Minuten auf der Station vom Pflegepersonal gepflegt werden. Abschließend soll die endgültige Entlassung durch den Stationsarzt erfolgen, die wiederum 25 Minuten dauern soll. Zur Vereinfachung wird im Beispiel davon ausgegangen, dass keine weiteren Fehler auftreten können und der Patient auch im weiteren Verlauf nicht aufgrund sonstiger Komplikationen erneut behandelt werden muss.

Analog lassen sich die Ressourcenverbrauchsfunktionen der Aktionen bestimmen. **Aktion 1**, die zusätzliche Untersuchung beim minimalinvasiven Eingriff, soll durch einen Stationsarzt durchgeführt werden und 30 Minuten dauern. Da das Krankenhaus das zur Untersuchung benötigte Gerät nicht selbst besitzt, sollen zusätzlich Kosten in Höhe von 300 Euro für dessen Anmietung anfallen. Das Antibiotika **Aktion 2** soll 20 Euro kosten. Weitere 5 Euro sollen für das Zinkpräparat anfallen. Da die Gabe der Medikamente mehrmals erfolgen muss, soll das Pflegepersonal dabei 100 Minuten arbeiten. Ist der Patient Diabetiker, so sollen weitere 20 Minuten vom Pflegepersonal und ein spezielles Medikament zur Blutverdünnung im Wert von 200 Euro benötigt werden. Die Kosten für das Thrombosemittel für **Aktion 3** sollen 15 Euro betragen. Hier soll die Verabreichung durch das Pflegepersonal 5 Minuten dauern. Tab. 36 und Tab. 37 fassen die Variablendefinition und die Standardzeiten des Beispielszenarios zusammen. Die Zeiten zur Aufnahme sowie zur Entlassung des Patienten sind für alle Varianten der Behandlung gleich. Zu beachten ist, dass im vorliegenden Beispiel keine Betrachtung von Nutzungszeiten und Kosten von Maschinen erfolgt. Zudem ist die Variablendefinition unabhängig von der in Kapitel 4.4.2 getroffenen Variablendefinition zur Bestimmung der Kosten der Laparoskopischen Cholezystektomie.

Abschließend lässt sich die **Ressourcenverbrauchsfunktion** für das Beispielszenario erstellen. Diese enthält sowohl die Kosten der Aktionen, der regulären Behandlung als auch die der Fehlerbehebungskosten. Reguläre Kosten der Behandlung fallen für jeden Zustand außer Zustand 9* an. Die Kosten für letzteren entsprechen den Fehlerfolgekosten, die durch einen Fehler beim minimalinvasiven Eingriff ausgelöst wurden. Letztere können hier explizit ausgewiesen werden und die Verwendung einer Pauschale entfällt. Die Kosten der Fehlerbehebung hingegen fallen für die Teilprozesse fünf und sieben an und sind in die entsprechenden Ressourcenverbrauchsfunktionen integriert.

Standardzeit			Zeittreiber	
Variable	Variablendefinition	Standard-zeit	Variab-le	Variablendefinition
$\beta_{1,1,1}$	Standardzeit „Pflege" zur Aufnahme des Patienten und Prüfen des weiteren Behandlungsablaufs	30 Min.	$X_{1,1,y}$	1
$\beta_{2,2,2}$; $\beta_{3^*,2,2}$	Standardzeit „Stationsarzt" zur Durchführung eines minimalinvasiven Eingriffs	35 Min.	$X_{2,2,y}$ $X_{3^*,2,y}$	1, falls minimalinvasiver Eingriff durchgeführt, sonst 0
$\beta_{4,3,3}$	Standardzeit „Chirurg" zur Durchführung einer Operation	60 Min.	$X_{4,3,y}$	1, falls Operation durchgeführt, sonst 0
$\beta_{4,4,1}$	Standardzeit „Pflege" zur Durchführung einer Operation	85 Min.	$X_{4,4,y}$	
$\beta_{4,5,3}$	Standardzeit „Chirurg" zur Durchführung einer Operation	60 Min.	$X_{4,5,y}$	1, falls Operation durchgeführt und der Patient älter als 65 Jahre alt ist, sonst 0
$\beta_{6,6,1}$	Standardzeit „Pflege" zur Durchführung der Pflege auf der Station nach einem minimalinvasiven Eingriff	200 Min.	$X_{6,6,y}$	1, falls minimalinvasiver Eingriff durchgeführt, sonst 0
$\beta_{6,7,1}$	Standardzeit „Pflege" zur Durchführung der Pflege auf der Station nach einer Operation	800 Min.	$X_{6,7,y}$	1, falls Operation durchgeführt, sonst 0
$\beta_{5^*,8,1}$	Standardzeit „Pflege" zur Behandlung einer Wundheilungsstörung	2.000 Min.	$X_{5^*,8,y}$	1, falls Infektion aufgetreten
$\beta_{7^*,9,1}$	Standardzeit „Pflege" zur Behandlung einer Thrombose	800 Min.	$X_{7^*,9,y}$	1, falls Thrombose aufgetreten
$\beta_{8,10,2}$	Standardzeit „Stationsarzt" zur Entlassung des Patienten	25 Min.	$X_{8,10,y}$	1

Tab. 36: Definition der Variablen des Beispielszenarios Teil 1

Standardzeit			Zeittreiber	
Variable	Variablendefinition	Standard-zeit	Variable	Variablendefinition
$\beta_{9^*,11,3}$	Standardzeit „Chirurg" zur Durchführung einer Operation zur Behebung des Fehlers im Rahmen des minimalinvasiven Eingriffs	120 Min.	$X_{9^*,11,y}$	1, falls Fehler bei minimalinvasivem Eingriff aufgetreten
$\beta_{9^*,12,1}$	Standardzeit „Pflege" zur Durchführung einer Operation zur Behebung des Fehlers im Rahmen des minimalinvasiven Eingriffs	200 Min.	$X_{9^*,12,y}$	
$\beta_{9^*,13,1}$	Standardzeit „Pflege" zur Durchführung der Pflege auf der Station nach einer Operation zur Behebung des Fehlers im Rahmen des minimalinvasiven Eingriffs	800 Min.	$X_{9^*,13,y}$	
$\beta_{9^*,14,2}$	Standardzeit „Stationsarzt" zur Entlassung des Patienten nach Wiederaufnahme	25 Min.	$X_{9^*,14,y}$	
$\beta_{10,15,2}$	Standardzeit „Stationsarzt" zur Durchführung Aktion 1	30 Min.	$X_{10,15,y}$	1, falls Aktion 1 durchgeführt
$\beta_{11,16,1}$	Standardzeit „Pflege" zur Durchführung Aktion 2	100 Min.	$X_{11,16,y}$	1, falls Aktion 2 durchgeführt
$\beta_{11,17,1}$	Standardzeit „Pflege" zur Durchführung Aktion 2 für Diabetiker	20 Min.	$X_{11,17,y}$	1, falls Patient Diabetiker und Aktion 2 durchgeführt
$\beta_{12,18,2}$	Standardzeit „Stationsarzt" zur Durchführung Aktion 3	5 Min.	$X_{12,18,y}$	1, falls Aktion 3 durchgeführt

Tab. 37: Definition der Variablen des Beispielszenarios Teil 2

Teilprozess/Aktion	Höhe der Materialkosten
Teilprozess 7*	300,00 €
Aktion 1	300,00 €
Aktion 2	20,00 € + 5,00 € + 200,00 €
Aktion 3	15,00 €

Tab. 38: Materialkosten des Beispielszenarios

Damit ergibt sich die Ressourcenverbrauchsfunktion der Behandlung für die Risikoklasse des Patienten y mit y = {1, 2, …, 32}, wie folgt:

$$K_{DRG,y} = \sum_{i=1}^{9^*}\sum_{j=1}^{14}\sum_{b=1}^{3}\beta_{i,j,b}\cdot X_{i,j,y}\cdot c_b + \sum_{a=10}^{12}\sum_{j_a=15}^{18}\sum_{b=1}^{3}\beta_{a,j_a,b}\, X_{a,j_a,y}\cdot c_b$$
$$+300\cdot X_{7^*,6,y} + 300\cdot X_{10,15,y} + 25\cdot X_{11,16,y} + 200\cdot X_{11,17,y} + 15\cdot X_{12,18,y} \quad (7)$$

6.2.3 Bestimmung der Übergangswahrscheinlichkeiten zwischen den Zuständen

Liegt wie im Beispielszenario eine Markov-Kette mit stationären Übergangswahrscheinlichkeiten vor, so können die Übergänge zwischen den Zuständen durch Übergangswahrscheinlichkeiten beschrieben werden.[740] Damit lassen sich die **Übergangsmatrizen** für den minimalinvasiven Eingriff und die Operation darstellen. Dabei ist zu beachten, dass der Tod des Patienten als möglicher Zustand im vorliegenden Beispiel zur Vereinfachung ausgeschlossen wird. Zudem wird die Wiederaufnahme des Patienten aus Gründen, die nicht mit der vorliegenden Diagnose einer Gewebeveränderung zusammenhängen, nicht berücksichtigt. Die Entscheidung, ob die Behandlung mittels eines minimalinvasiven Eingriffs oder einer Operation durchgeführt wird, soll vom behandelnden Arzt getroffen werden. Dabei kann nur eines der beiden Verfahren gewählt werden. Aus diesem Grund müssen die Übergangswahrscheinlichkeiten für einen minimalinvasiven Eingriff und für die klassische Operation separat ausgewiesen werden.

Für die Komplikationsraten, und damit die Fehlereintrittswahrscheinlichkeiten, soll für Patienten, die **keiner Risikogruppe** angehören, folgendes gelten (vgl. Tab. 39): Die Wahrscheinlichkeit für das **Nichterkennen einer Gewebeveränderung** bei einem minimalinvasiven Eingriff soll bei 10 Prozent liegen. Bei der Durchführung der klassischen Operation soll in 15 Prozent der Fälle eine **Wundheilungsstörung** bedingt durch eine Infektion auftreten können. Des Weiteren soll sowohl nach dem minimalinvasiven Eingriff, als auch nach der klassischen Operation eine **Thrombose** entstehen können. Diese Gefahr soll in 10 Prozent der Fälle nach einer klassischen Operation und in 5 Prozent der Fälle nach einem minimalinvasiven Eingriff bestehen.

[740] Vgl. folgend Schneeweiß [Programmieren] 181 ff.

Fehler	Komplikationsrate für Patienten, die beeinflussender Risikogruppe		beeinflussende Risikogruppe
	angehören	nicht angehören	
Nichterkennen einer Gewebeveränderung bei einem minimalinvasiven Eingriff	10 %	80 %	Patient ist adipös
Auftreten einer Wundheilungsstörung nach einer klassischen Operation	15 %	30 %	Zinkwert des Patienten liegt unterhalb eines Schwellenwerts
Auftreten einer Thrombose nach einem minimalinvasiven Eingriff	5 %	10 %	Patient ist Raucher
Auftreten einer Thrombose nach einer klassischen Operation	10 %	70 %	

Tab. 39: Mögliche Fehler und ihre Komplikationsraten

Die Zugehörigkeit eines Patienten zu einer **Risikogruppe** soll als Störgröße die Komplikationsraten ändern. Im Beispiel soll bei der Durchführung des minimalinvasiven Eingriffs der Fehler **Nichterkennen einer Gewebeveränderung** verstärkt, in 80 Prozent der Fälle, bei adipösen Patienten auftreten. Infektionen sollen durch einen Zinkmangel im Blut begünstigt werden. Liegt ein solcher Mangel vor, so soll die Wahrscheinlichkeit für eine **Wundheilungsstörung** bei 30 Prozent liegen. Nicht zuletzt soll bei Rauchern die Wahrscheinlichkeit für eine **Thrombose** bei 10 Prozent nach einem minimalinvasiven Eingriff und bei 70 Prozent nach einer klassischen Operation liegen. Das Eintreten eines Fehlers soll keine Auswirkungen auf die Eintrittswahrscheinlichkeit eines anderen Fehlers haben.

Um die Komplikationsraten zu senken, können die zuvor vorgestellten **Aktionen** als Vorsorgemaßnahmen durchgeführt werden (vgl. Tab. 31). Hierbei soll die Durchführung der **Aktion 1** im Rahmen des minimalinvasiven Eingriffs die Eintrittswahrscheinlichkeit für das Nichterkennen einer Gewebeveränderung im Rahmen dieses Eingriffs um 70 Prozent senken. Wundheilungsstörungen, die bei einer klassischen Operation auftreten können, sollen sich hingegen durch **Aktion 2** um 30 Prozent senken lassen. Nicht zuletzt soll die Eintrittswahrscheinlichkeit einer Thrombose durch **Aktion 3** um 80 Prozent gesenkt werden können. Tab. 40 fasst die Zustände, für die die Aktionen anwendbar sind und die Höhe ihrer möglichen Auswirkung auf die Fehlerwahrscheinlichkeit, zusammen.

Aktion	Bezeichnung der Aktion	Anwendbarkeit der Aktion für Zustände	Senkung der Wahrscheinlichkeit für Fehler bei Durchführung der Aktion um
Aktion 1	Durchführung einer zusätzlichen Untersuchung	2,3*	70 %
Aktion 2	Gabe von Antibiotika	4,5*	30 %
Aktion 3	Gabe von gerinnungshemmenden Medikamenten	6,7*	80 %

Tab. 40: Anwendungsbereich und Bezeichnung der Aktionen

Damit lassen sich die Übergangswahrscheinlichkeiten zwischen den Zuständen bestimmen. Die **Übergangswahrscheinlichkeiten $p_{v,w,a,y}$** sind sowohl von Ausgangs- und Zielzustand, der im Ausgangszustand durchgeführten Aktion sowie auch von den aus den Risikogruppen des Patienten abgeleiteten Risikoklassen (vgl. Tab. 70) abhängig. Daher werden die Übergangswahrscheinlichkeiten getrennt nach beeinflussenden und nicht beeinflussenden Risikogruppen differenziert ausgewiesen (vgl. Tab. 41). Zudem erfolgt eine Differenzierung nach der Behandlungsmethode. In der Abbildung werden nur die für die Behandlungsmethode jeweils möglichen Zustände und Übergänge dargestellt.

Die einzelnen Übergangswahrscheinlichkeiten werden als bedingte Wahrscheinlichkeiten berechnet. Die Übergangswahrscheinlichkeit $p_{4,7^*,3,1}$ berechnet sich beispielsweise für einen Patienten der Risikoklasse 1, der keiner beeinflussenden Risikogruppe (hier: er ist kein Raucher) angehört, unter der Bedingung, dass Aktion 3 nicht durchgeführt und ihr Zeittreiber $X_{12,18,y}$ die Ausprägung 0 hat, mit der Wahrscheinlichkeit, dass er sich zuvor in Zustand 4 befand (85 Prozent) und der Fehlerwahrscheinlichkeit für das Eintreten einer Thrombose in Höhe von 10 Prozent wie folgt:

$$p_{4,7^*,3,1} = 0{,}85 \cdot 0{,}1 = 0{,}085, \text{ falls } X_{12,18,y} = 0 \quad (7)$$

Wird jedoch Aktion 3 durchgeführt und ihr Zeittreiber $X_{12,18,y,2}$ hat die Ausprägung 1, so sinkt die Wahrscheinlichkeit für das Eintreten einer Thrombose um 80 Prozent von 10 auf 2 Prozent. Damit ergibt sich eine Übergangswahrscheinlichkeit in Höhe von 1,7 Prozent.

$$p_{4,7^*,3,1} = 0{,}85 \cdot 0{,}02 = 0{,}017, \text{ falls } X_{12,18,y} = 1 \tag{8}$$

Übergang	Patient gehört			
	keiner beeinflussenden Risikogruppe an		einer beeinflussenden Risikogruppe an	
	beeinflussende Aktion			
	nicht durchgeführt	durchgeführt	nicht durchgeführt	durchgeführt
	minimalinvasiver Eingriff			
$p_{1,2,1,y}$	0,900	0,970	0,200	0,760
$p_{1,3^*,1,y}$	0,100	0,030	0,800	0,240
$p_{2,6,3,y}$	0,855	0,891	0,180	0,196
$p_{2,7^*,3,y}$	0,045	0,009	0,020	0,004
$p_{3^*,6,3,y}$	0,095	0,099	0,720	0,784
$p_{3^*,7^*,3,y}$	0,005	0,001	0,080	0,016
$p_{6,8,3,y}$	0,950	0,990	0,900	0,980
$p_{7^*,8,3,y}$	0,050	0,010	0,100	0,020
$p_{8,9^*,1,y}$	0,100	0,030	0,800	0,240
	klassische Operation			
$p_{1,4,2,y}$	0,850	0,895	0,700	0,790
$p_{1,5^*,2,y}$	0,150	0,105	0,300	0,210
$p_{4,6,3,y}$	0,765	0,833	0,210	0,602
$p_{4,7^*,3,y}$	0,085	0,017	0,490	0,098
$p_{5^*,6,3,y}$	0,135	0,147	0,090	0,258
$p_{5^*,7^*,3,y}$	0,015	0,003	0,210	0,042
$p_{6,8,3,y}$	0,900	0,980	0,300	0,860
$p_{7^*,8,3,y}$	0,100	0,020	0,700	0,140

Tab. 41: Darstellung der Übergangswahrscheinlichkeiten

6.2.4 Formulierung des Optimierungsproblems zur Minimierung der Fehlerkosten für Patienten einer Risikoklasse

6.2.4.1 Formulierung der Zielfunktion bei Verwendung des Erwartungswertes als Zielkriterium

Im Beispielszenario wird zur Entscheidungsfindung der Erwartungswert herangezogen (vgl. Kapitel 5.3.4).[741] Grund hierfür ist, dass er einfach in stochastische Entscheidungsmodelle einbezogen werden kann.[742] Grundsätzlich ist bei Verwendung des Erwartungswertes diejenige Alternative zu wählen, deren Erwartungswert für die verschiedenen Umweltzustände maximal, beziehungsweise bei Verlusten minimal ist. Im Beispielszenario soll der Erwartungswert der Kosten minimiert werden. Dabei kann dieser durch die Durchführung von Aktionen beeinflusst werden, da die Durchführung von Aktionen die Eintrittswahrscheinlichkeit von Fehlern senken kann. Hierbei stellen die Zeittreiber der Aktionen die **Entscheidungsvariablen** dar. Da sie nur den Wert 0 oder 1 annehmen können, liegt ein binäres Optimierungsproblem zu Grunde. Für das Beispielszenario ergibt sich unter Berücksichtigung der zusätzlichen Materialkosten die Zielfunktion für den **Erwartungswert der Kosten der Behandlung eines Patienten der Risikoklasse y** $E(K_{DRG,y})$ für alle Risikoklassen y mit y = {1, 2, ..., 32} wie folgt:

$$\begin{aligned} E(K_{DRG,y}) = & \sum_{i=1}^{9^*} \sum_{j=1}^{14} \sum_{b=1}^{3} p_{i,a,y} \cdot \beta_{i,j,b} \cdot X_{i,j,y} \cdot c_b + \sum_{a=10}^{12} \sum_{j_a=15}^{18} \sum_{b=1}^{3} \beta_{a,j_a,b} \, X_{a,j_a,y} \cdot c_b \\ & + 300 \cdot X_{7^*,6,y} + 300 \cdot X_{10,15,y} + 25 \cdot X_{11,16,y} \qquad \Rightarrow \min. \qquad (8) \\ & + 200 \cdot X_{11,17,y} + 15 \cdot X_{12,18,y} \end{aligned}$$

Zur Ermittlung der Eintrittswahrscheinlichkeiten der Zustände wird auf die Übergangswahrscheinlichkeiten zurückgegriffen (vgl. Kapitel 6.2.3). Hierbei entsprechen die Zielzustände w den einzelnen Teilprozessen i. Da die Zielzustände von mehreren Ausgangszuständen v erreicht werden können, entspricht, unter Berücksichtigung der durchgeführten Aktion a und der Variante y, die Wahrscheinlichkeit $p_{i,a,y}$ eines

---

[741] Vgl. Bronner [Planung] 10.

[742] Vgl. folgend Laux/Gillenkirch/Schenk-Mathes [Entscheidungstheorie] 146.

Teilprozesses i der Summe der Übergangswahrscheinlichkeiten $p_{v,w,a,y}$ für alle Ausgangszustände v und lässt sich wie folgt formal darstellen:

$$p_{i,a,y} = \sum_{v=1}^{N} p_{v,w,a,y} \quad (9)$$

Beispielsweise ergibt sich für einen Patienten, der kein Raucher ist, und damit keiner beeinflussenden Risikogruppe angehört, die Wahrscheinlichkeit für das Eintreten des Teilprozesses 7 für einen minimalinvasiven Eingriff wie folgt:

$$\begin{aligned} p_{7,a,y} &= p_{2,7^*,3,y} + p_{3^*,7^*,3,y} \\ &= \begin{cases} 0{,}045 + 0{,}005 = 0{,}05, \text{ falls } X_{12,18,y} = 0 \\ 0{,}009 + 0{,}001 = 0{,}01, \text{ falls } X_{12,18,y} = 1 \end{cases} \end{aligned} \quad (10)$$

6.2.4.2 Ableitung der Nebenbedingungen

Die Nebenbedingungen im Beispielszenario bestehen lediglich in der Nichtnegativitätsbedingung der Variablen und der Definition der Aktionsvariablen als binäre Variablen. Jedoch kann der Prozess im Hinblick auf die Kostentreiber auf seine grundlegende Eignung hin untersucht werden (vgl. Kapitel 3.3.3). Der erste Kostentreiber stellt die **Ausgestaltung des Behandlungsablaufs** dar. Im vorliegenden Beispielszenario wird davon ausgegangen, dass verschwendungsfreie Prozesse vorliegen und daher keine Nebenbedingung erstellt werden muss. Grund für diese Annahme ist der Einsatz der klinischen Behandlungspfade. Hierdurch wurde bereits eine Standardisierung des Behandlungsablaufs erreicht und überflüssige Teilprozesse zur Reduzierung der Komplexität des Prozesses eliminiert (vgl. Kapitel 2.2.1.2).[743]

Die **Verweildauer** des Patienten im Krankenhaus stellt den zweiten Kostentreiber dar. Zur Bestimmung der erlaubten **gesamten Verweildauer V_{Ges}** wird auf die Fallpauschalenverordnung zurückgegriffen (vgl. Kapitel 2.1.2). So werden, wie im Folgenden dargestellt, die dort festgelegte **untere Verweildauer V_u** und die **obere Verweildauer V_o** als Intervallgrenzen für die erlaubte gesamte Verweildauer verwendet:

---

[743] Vgl. Kahla-Witzsch [Erfolg] 24.

$$V_{Ges} \in [V_u; V_o] \qquad (11)$$

Durch die Einhaltung der Verweildauer wird sichergestellt, dass keine Abschläge von der Fallpauschale erfolgen beziehungsweise nur anteilige Zuschläge gezahlt werden. Hierbei muss darauf geachtet werden, dass es, wenn ein Patient aufgrund von Komplikationen oder einer Rückverlegung innerhalb der oberen Verweildauer erneut aufgenommen werden muss, zu einer Fallzusammenlegung, das heißt zur Einordnung des Patienten in den ursprünglichen Fall, kommt.[744] Eine Fallzusammenführung findet auch statt, wenn ein Patient oder eine Patientin innerhalb von 30 Kalendertagen ab dem Aufnahmedatum wieder ins Krankenhaus aufgenommen wird. Die Wiedereinordnung des Patienten in denselben Fall entspricht einer Verlängerung seiner Verweildauer. Durch diese Verlängerung entstehen dem Krankenhaus zusätzliche Kosten, denen nur geringe Erlöse in Form von Zuschlagssätzen im Falle der Überschreitung der Grenzverweildauer gegenüberstehen.

Die gesamte Verweildauer des Patienten setzt sich aus den Verweilzeiten zusammen, die er in den Behandlungs- und den Fehlerzuständen verbringt, was den **Behandlungszeiten T_B** und der **Fehlerbehebungszeit T_F** sowie der **Liegezeit T_L** entspricht. Letztere stellt die Zeiten dar, die der Patient im Krankenhaus verbringt und in der jedoch keine Behandlung erfolgt.

$$V_{Ges} = T_B + T_F + T_L \qquad (12)$$

Die entsprechenden Zeitverbrauchsfunktionen des Time-Driven Activity-Based Costing bilden die Basis zur Bestimmung der gesamten Verweildauer (vgl. Kapitel 4.4.2.1 und 4.4.2.3). Jedoch ist darauf zu achten, dass unter Umständen Teilaktivitäten gleichzeitig ablaufen können. Beispiel hierfür ist die Untersuchung des Patienten durch einen Arzt unter Verwendung eines Diagnosegeräts. Würden die beiden Zeiten addiert, so käme es zu einer verzerrten Verweildauer. Daher ist zur Bestimmung der Verweildauer für jede Aktivität die maximale Dauer zu ermitteln. Hierfür ist das Maximum der parallelen Ausführungsschritte zu wählen.

---

[744] Vgl. auch fortfolgend § 2 ff. FPV.

Im **Beispielszenario** soll die untere **Verweildauer** für einen minimalinvasiven Eingriff bei zwei und für eine Operation bei vier Tagen liegen. Die obere Verweildauer hingegen liegt bei einem minimalinvasiven Eingriff bei drei und bei einer Operation bei sechs Tagen. Die Bedingung für die Einhaltung der Verweilzeit der Behandlung in Tagen lautet damit wie folgt:

$$V_{Ges,\ Minimal} \in [2\ \text{Tage};\ 3\ \text{Tage}] \tag{13}$$

$$V_{Ges,Operation} \in [4\ \text{Tage};\ 6\ \text{Tage}] \tag{14}$$

beziehungsweise in Minuten:

$$V_{Ges,Minimal} \in [2.880\ \text{Minuten};\ 4.320\ \text{Minuten}] \tag{15}$$

$$V_{Ges,Operation} \in [5.760\ \text{Minuten};\ 8.640\ \text{Minuten}] \tag{16}$$

Die Aufenthaltsdauer des Patienten setzt sich neben den Behandlungszeiten auch aus Liegezeiten zusammen. Hierbei soll die **Liegezeit** nach einem minimalinvasiven Eingriff zwei und nach einer Operation vier Tage umfassen. Durch das Eintreten der Fehler soll im Beispielszenario der Aufenthalt des Patienten wie folgt verlängert werden:

- bei einer Infektion verlängert sich die Liegezeit um fünf Tage,
- bei einer Thrombose verlängert sich die Liegezeit um fünf Tage und
- bei einer zusätzlichen Operation zur Beseitigung des Fehlers im Rahmen des minimalinvasiven Eingriffs verlängert sich die Liegezeit um vier Tage.

Die Aktionen hingegen sollen keine Verlängerung der Liegezeiten verursachen. Für sie sind nur die Standardzeiten zu betrachten (vgl. Tab. 36). Damit können die Standard- und Liegezeiten der Behandlung sowie der potenziellen Fehler bestimmt werden (vgl. Tab. 42). Dabei wurden parallele Aktivitäten berücksichtigt und das Maximum dieser gewählt.

Bei der Betrachtung der entsprechenden Zeiten für die Teilprozesse wird ersichtlich, dass die **Verweildauer** des Patienten im Krankenhaus nur bei einer fehlerlosen Behandlung mit 3.170 Minuten bei einem minimalinvasiven Eingriff und mit 6.700 Minuten bei einer klassischen Operation im vorgegebenen Intervall liegt. Die Durchführung der Aktionen verursacht ebenfalls keine Überschreitung. Jedoch wird durch Eintreten der Fehler die obere Grenze der Verweildauer überschritten. So liegt die Verweildauer bei einem Fehler beim minimalinvasiven Eingriff bei 6.785 Minuten + 3.170 Minuten = 9.955 Minuten, bei Eintreten einer Infektion während der Operation bei 9.200 Minuten + 6.700 Minuten = 15.900 Minuten, bei Eintreten einer Thrombose bei einem minimalinvasiven Eingriff bei 8.000 Minuten + 3.170 Minuten = 11.170 Minuten und nach einer Operation bei 8.000 Minuten + 6.700 Minuten = 14.700 Minuten.

Zeiten	minimalinvasiver Eingriff	klassische Operation
	Behandlung ohne Fehler	
Standardzeit ohne Fehler	290 Min.	940 Min.
Liegezeit	2.880 Min.	5.760 Min.
Summe	3.170 Min.	6.700 Min.
	Nichterkennen einer Gewebeveränderung	Infektion
zusätzliche Standardzeit	1.025 Min.	2.000 Min.
zusätzliche Liegezeit	5.760 Min.	7.200 Min.
Summe	6.785 Min.	9.200 Min.
	Thrombose	
zusätzliche Standardzeit	800 Min.	
zusätzliche Liegezeit	7.200 Min.	
Summe	8.000 Min.	

Tab. 42: Standard- und Liegezeiten der Behandlung

Die Obergrenze der Kosten für die Behandlung und auch die Verweildauer lassen sich aus Vorgaben der Fallpauschalenverordnung ableiten. Dabei ist zu beachten, dass die **Fallpauschale** je nach Verweilzeit des Patienten Zu- oder Abschläge enthalten kann (vgl. Kapitel 2.2.2). Die Gesamtkosten der Behandlung $K_{DRG,y}$ selbst werden wie beschrieben mit Hilfe der Ressourcenfunktion des Time-Driven Activity-Based Costing abgeleitet. Sie sollten die laut Fallpauschalenverordnung gezahlten Erlöse nicht überschreiten. Im Beispielszenario soll der Erlös der Fallpauschale 700 Euro betragen. Wird eine reguläre Operation durchgeführt, so soll zusätzlich ein Betrag von 450 Euro vergütet werden. Liegen die Kosten der Behandlung über diesem Betrag, so ist der Behandlungspfad grundlegend anzupassen.

Die Kostenfunktion umfasst bereits sowohl die Kosten für die reguläre Behandlung, als auch die Kosten für die Einhaltung der **Qualität**. Zum einen können hierbei Kosten für Komplikationen oder Fehler entstehen und zum anderen für präventive Maßnahmen. Beispiel hierfür sind Kosten für Sterilisation von Instrumenten zur Keimreduzierung. Diese Kosten werden bereits als Kosten der Aktionen in der Zielfunktion erfasst. Aus diesen Gründen ist für den Kostentreiber „Qualität" keine weitere Nebenbedingung zu formulieren.

Sowohl die Liegezeiten, als auch die maximalen Kosten werden im Beispiel bei einem fehlerfreien Behandlungsablauf eingehalten. Damit besteht keine Notwendigkeit der grundsätzlichen Änderung des zugrunde liegenden Prozesses. Die Vorgaben können herangezogen werden, um die Aktionen zur Fehlervermeidung zu beurteilen. Werden die Aktionen im Beispiel durchgeführt, so wird dennoch die Verweilzeit eingehalten. Damit können diese Aktionen hinsichtlich der Zeit als geeignet eingestuft werden. Ebenso können sie hinsichtlich ihrer Kosten überprüft werden. Hierbei zeigt sich, dass durch die Durchführung der Aktionen unter Umständen die vorgegebenen maximalen Kosten überschritten werden. Daher muss überprüft werden, ob die zu erwartende Kosteneinsparung größer als die Kosten für die Aktionen ist.

6.3 Bestimmung der Kosten bei festen Inputgrößen

6.3.1 Beispielhafte Berechnung der Kosten

Zunächst werden die möglichen Kosten für die einzelnen Teilprozesse und die Aktionen berechnet (vgl. Tab. 43 und Tab. 44).

Für das **Beispielszenario** soll der Erwartungswert der Kosten beispielhaft für die vier individuellen Patienten bestimmt werden (vgl. Tab. 33). Unter Berücksichtigung der Risikoklassen der Patienten lassen sich die Übergangswahrscheinlichkeiten der vier Patienten in Anlehnung an Tab. 41 wie folgt zusammenfassen (vgl. Tab. 45). Hierbei werden keine Aktionen gewählt und es gilt für alle Patienten $X_{10,15,y}$, $X_{11,16,y}$, $X_{12,18,y}$ = 0.

<table>
<tr><th rowspan="2">Teil-prozess</th><th colspan="2">Ressourceninanspruchnahme Patient</th><th colspan="2">Kosten Patient</th></tr>
<tr><th>ohne Risikogruppe</th><th>mit Risiko-gruppe</th><th>ohne Risi-kogruppe</th><th>mit Risiko-gruppe</th></tr>
<tr><td>1</td><td>30 Min. · 0,51 €/Min.</td><td>– –</td><td colspan="2">15,30 €</td></tr>
<tr><td>2</td><td rowspan="2">35 Min. · 0,91 €/Min.</td><td rowspan="2">– –</td><td colspan="2" rowspan="2">31,85 €</td></tr>
<tr><td>3*</td></tr>
<tr><td>4</td><td>60 Min. · 1,03 €/Min.
+ 85 Min. · 0,91 €/Min.</td><td>60 Min. ·
1,03 €/Min.</td><td>139,15 €</td><td>200,95 €</td></tr>
<tr><td>5*</td><td>60 Min. · 1,03 €/Min.
+ 85 Min. · 0,91 €/Min.
+ 2.000 Min. · 0,51 €/Min.</td><td>60 Min. ·
1,03 €/Min.</td><td>1.159,15 €</td><td>1.220,95 €</td></tr>
<tr><td>6 nach minimal-invasivem Eingriff</td><td>200 Min. · 0,51 €/Min.</td><td>– –</td><td colspan="2">102,00 €</td></tr>
<tr><td>6 nach Operation</td><td>800 Min. · 0,51 €/Min.</td><td>– –</td><td colspan="2">408,00 €</td></tr>
<tr><td>7* nach minimal-invasivem Eingriff</td><td>200 Min. · 0,51 €/Min.
+ 800 Min. · 0,51 €/Min.
+ 300,00 €</td><td>– –</td><td colspan="2">810,00 €</td></tr>
<tr><td>7* nach Operation</td><td>800 Min. · 0,51 €/Min.
+ 800 Min. · 0,51 €/Min.
+ 300,00 €</td><td>– –</td><td colspan="2">1.116,00 €</td></tr>
<tr><td>8</td><td>25 Min. · 0,91 €/Min.</td><td>– –</td><td colspan="2">22,75 €</td></tr>
<tr><td>9*</td><td>120 Min. · 1,03 €/Min.
+ 200 Min. · 0,51 €/Min.
+ 800 Min. · 0,51 €/Min.
+ 25 Min. · 0,91 €/Min</td><td>– –</td><td colspan="2">656,35 €</td></tr>
</table>

Tab. 43: Berechnung der Kosten der Teilprozesse

<table>
<tr><th rowspan="2">Akti-on</th><th colspan="2">Behandlungsaufwand Patient</th><th colspan="2">Kosten Patient</th></tr>
<tr><th>ohne Risikogruppe</th><th>mit Risikogruppe</th><th>ohne Risi-kogruppe</th><th>mit Risiko-gruppe</th></tr>
<tr><td>1</td><td>30 Min. · 0,91 €/Min.
+ 300,00 €</td><td>– –</td><td colspan="2">327,30 €</td></tr>
<tr><td>2</td><td>100 Min. · 0,51 €/Min.
+ 20,00 € + 5,00 €</td><td>20 Min. · 0,51 €/Min.
+ 200,00 €</td><td>76,00 €</td><td>286,20 €</td></tr>
<tr><td>3</td><td>5 Min. · 0,91 €/Min.
+ 15,00 €</td><td>– –</td><td colspan="2">19,55 €</td></tr>
</table>

Tab. 44: Berechnung der Kosten der Aktionen

Übergang	Patient 1 y = 10	Patient 2 y = 26	Patient 3 y = 14	Patient 4 y = 16
$p_{1,2,1,y}$	0,90	0,20	0	
$p_{1,3^*,1,y}$	0,10	0,80	0	
$p_{1,4,2,y}$	0	0	0,70	
$p_{1,5^*,2,y}$	0	0	0,30	
$p_{2,6,3,y}$	0,18	0,18	0	
$p_{2,7^*,3,y}$	0,02	0,02	0	
$p_{3^*,6,3,y}$	0,72	0,72	0	
$p_{3^*,7^*,3,y}$	0,08	0,08	0	
$p_{4,6,3,y}$	0	0	0,21	
$p_{4,7^*,3,y}$	0	0	0,49	
$p_{5^*,6,3,y}$	0	0	0,09	
$p_{5^*,7^*,3,y}$	0	0	0,21	
$p_{6,8,3,y}$	0,90	0,90	0,30	
$p_{7^*,8,3,y}$	0,10	0,10	0,70	
$p_{8,9^*,1,y}$	0,10	0,80	0	

Tab. 45: Übergangswahrscheinlichkeiten ohne Aktionen

Beispielhaft sollen für die einzelnen Patienten die folgenden Aktionen durchgeführt werden:

Patient	durchgeführte Aktionen	Ausprägung der Aktionsvariablen
1 (y = 10)	Aktion 3	$X_{10,15,10} = 0$; $X_{11,16,10} = 0$; $X_{12,18,10} = 1$
2 (y = 26)	Kombination der Aktionen 1 und 3	$X_{10,15,26} = 1$; $X_{11,16,26} = 0$; $X_{12,18,26} = 1$
3 (y = 14)	Kombination der Aktionen 2 und 3	$X_{10,15,14} = 0$; $X_{11,16,14} = 1$; $X_{12,18,14} = 1$
4 (y = 16)	Aktion 3	$X_{10,15,16} = 0$; $X_{11,16,16} = 0$; $X_{12,18,16} = 1$

Tab. 46: Aktionen der Musterpatienten

Damit ändern sich die Übergangswahrscheinlichkeiten für die einzelnen Zustände wie folgt (vgl. Tab. 47):

Übergang	Patient 1 y = 10	Patient 2 y = 26	Patient 3 y = 14	Patient 4 y = 16
$p_{1,2,1,y}$	0,900	0,760	0	0
$p_{1,3^*,1,y}$	0,100	0,240	0	0
$p_{1,4,2,y}$	0	0	0,790	0,700
$p_{1,5^*,2,y}$	0	0	0,210	0,300
$p_{2,6,3,y}$	0,196	0,196	0	0
$p_{2,7^*,3,y}$	0,004	0,004	0	0
$p_{3^*,6,3,y}$	0,784	0,784	0	0
$p_{3^*,7^*,3,y}$	0,016	0,016	0	0
$p_{4,6,3,y}$	0	0	0,602	0,602
$p_{4,7^*,3,y}$	0	0	0,098	0,098
$p_{5^*,6,3,y}$	0	0	0,258	0,258
$p_{5^*,7^*,3,y}$	0	0	0,042	0,042
$p_{6,8,3,y}$	0,980	0,980	0,860	0,860
$p_{7^*,8,3,y}$	0,020	0,020	0,140	0,140
$p_{8,9^*,1,y}$	0,100	0,240	0	0

Tab. 47: Übergangswahrscheinlichkeiten mit Aktionen

Abschließend können mit Hilfe der in Abb. 57 ermittelten Kosten und der in Tab. 47 dargestellten Übergangswahrscheinlichkeiten die erwarteten Kosten für die vier Musterpatienten bestimmt werden (vgl. Tab. 48).

Während die Kosten für **Patient 1** ohne Aktion bei 308,34 Euro liegen, können diese durch die Durchführung von Aktion 3 auf 271,25 Euro gesenkt werden. Auch die Kosten von **Patient 2** lassen sich durch die Durchführung von Aktion 1 und 3 von 767,78 Euro auf 690,43 Euro senken. Für die **Patienten 3** und **4** liegen die Kosten ohne Durchführung einer Aktion bei 1.448,60 Euro. Werden für Patient 3 die Aktionen 2 und 3 durchgeführt, so sinken die erwarteten Kosten auf 1.055,87 Euro. Nicht zuletzt können die Kosten für Patient 4 durch die Aktion 3 auf 1.042,93 Euro gesenkt werden.

<table>
<tr><th rowspan="2">Patient</th><th colspan="2">Erwartungswerte der Kosten der Patienten</th></tr>
<tr><th>ohne Aktion</th><th>mit Aktion(en)</th></tr>
<tr><td>1</td><td>15,30 €
+ (0,90 + 0,10) · 31,85 €
+ (0,18 + 0,72) · 102,00 €
+ (0,02 + 0,08) · 810,00 €
+ 22,75 €
+ 0,10 · 656,35 €
= 308,34 €</td><td>15,30 €
+ (0,900 + 0,100) · 31,85 €
+ (0,196 + 0,784) · 102,00 €
+ (0,004 + 0,016) · 810,00 €
+ 22,75 €
+ 0,100 · 656,35 €
+ 19,55 €
= 271,25 €</td></tr>
<tr><td>2</td><td>15,30 €
+ (0,20 + 0,80) · 31,85 €
+ (0,18 + 0,72) · 102,00 €
+ (0,02 + 0,08) · 810,00 €
+ 22,75 €
+ 0,80 · 656,35 €
= 767,78 €</td><td>15,30 €
+ (0,760 + 0,240) · 31,85 €
+ (0,196 + 0,784) · 102,00 €
+ (0,004 + 0,016) · 810,00 €
+ 22,75 €
+ 0,240 · 656,35 €
+ 327,30 € + 19,55 €
= 690,43 €</td></tr>
<tr><td>3</td><td rowspan="2">15,30 €
+ 0,70 · 200,95 €
+ 0,30 · 1.220,95 €
+ (0,21 + 0,09) · 408,00 €
+ (0,49 + 0,21) · 1.116,00 €
+ 22,75 €
= 1.448,60 €</td><td>15,30 €
+ 0,790 · 200,95 €
+ 0,210 · 1.220,95 €
+ (0,602 + 0,258) · 408,00 €
+ (0,098 + 0,042) · 1.116,00 €
+ 22,75 € + 76,00 € + 19,55 €
= 1.055,87 €</td></tr>
<tr><td>4</td><td>15,30 €
+ 0,700 · 200,95 €
+ 0,300 · 1.125,15 €
+ (0,602 + 0,258) · 408,00 €
+ (0,098 + 0,042) · 1.116,00 €
+ 22,75 € + 19,55 €
= 1.042,93 €</td></tr>
</table>

Tab. 48: Erwartungswerte der Kosten der Musterpatienten

6.3.2 Umsetzung der Berechnung in Excel

Grundlage für die Berechnung des Erwartungswertes der Kosten sind die Risikogruppen des Patienten. Hierzu wird zunächst im Tabellenblatt "Eingabetool" eine Eingabemaske angelegt, in der diese eingegeben werden können ① (vgl. Abb. 16). Ist der Patient Mitglied einer Risikogruppe, so nimmt die Variable im Excel-Sheet den Wert 1 an ②. Ansonsten besitzt sie den Wert 0. Ebenso muss angegeben werden, ob ein minimalinvasiver Eingriff oder eine klassische Operation durchgeführt werden soll. Grund hierfür ist, dass es sich bei dieser Entscheidung um eine medizinische Entscheidung handelt. Daher soll diese als bekannt vorausgesetzt und nicht zufällig modelliert werden. Hierfür muss die entsprechende Variable im Excel-Sheet auf 1 gesetzt werden ③. Vorbereitend werden zudem Eingabefelder für die Aktionen angelegt, die später als Ergebniszellen für den Solver dienen werden ④. Auch wird ein Bereich definiert, in den der Zielfunktionswert geschrieben werden kann ⑤.

11	**Manuelle Eingabe**		
12			
13	**Risikogruppe und Risikoparameter**	**Ausprägung in der Berechnung**	
14	minimalinvasiver Eingriff wird durchgeführt	0	①
15	klassische Operation wird durchgeführt	1	③
16	Patient ist adipös	0	
17	Patient ist älter als 65 Jahre	0	
18	Blutwert liegt unter einem Schwellenwert	0	
19	Patient ist Diabetiker	1	②
20	Patient ist Raucher	1	②
21			
22	**Ergebnis Solver**		
23			
24	**Durchgeführte Aktionen**	**Ausprägung in der Berechnung**	
25	Aktion 1 wird durchgeführt	0	④
26	Aktion 2 wird durchgeführt	0	④
27	Aktion 3 wird durchgeführt	0	④
28			
29	**Zielfunktionswert**		
30	0,00 €		⑤

Abb. 16: Ausschnitt aus dem Tabellenblatt „Eingabetool"

Im Anschluss muss die Tabelle der Übergangswahrscheinlichkeiten (vgl. Tab. 41) in Excel erfasst werden. Die Wahrscheinlichkeiten werden mit Hilfe einer **Wenn-Dann-Funktion** verbunden, wobei die Bedingung als die Zugehörigkeit des Patienten zu einer Risikogruppe und die Durchführung einer Aktion definiert wird. Damit werden nach Eingabe der Risikogruppen eines Patienten die Übergangswahrscheinlichkeiten automatisch ermittelt. Für einen Patienten, der beispielsweise sowohl Diabetiker, als auch Raucher ist und der klassisch operiert wird, ergibt sich unter der Annahme, dass Aktion 2 nicht durchgeführt wird, die Übergangswahrscheinlichkeit von Zustand 1 nach Zustand 4 mit 0,85 ① (vgl. Abb. 17). Die Formulierung hierfür lautet in Excel wie folgt:

0,85 = WENN (UND (Aktion 2 = 1; Zinkwert liegt unter Schwellenwert = 1); 0,79; WENN (UND (Aktion 2 = 0; Zinkwert liegt unter Schwellenwert = 1); 0,7; WENN (UND (Aktion 2 = 1; Zinkwert liegt unter Schwellenwert = 0); 0,895; 0,85))).

Neben der Formulierung der Übergangswahrscheinlichkeiten müssen des Weiteren die Kosten der Teilprozesse abgebildet werden. Basis bilden die in Excel übertragenen Standardzeiten und Ressourcenkostensätze analog Tab. 17 und Tab. 36 f. in das Tabellenblatt „Nomenklatur“ (vgl. Abb. 18).

Manuelle Eingabe

Risikogruppe und Risikoparameter	Ausprägung in der Berechnung
minimalinvasiver Eingriff wird durchgeführt	0
klassische Operation wird durchgeführt	1
Patient ist adipös	0
Patient ist älter als 65 Jahre	0
Blutwert liegt unter einem Schwellenwert	0
Patient ist Diabetiker	1
Patient ist Raucher	1

Ergebnis Solver

Durchgeführte Aktionen	Ausprägung in der Berechnung
Aktion 1 wird durchgeführt	0
Aktion 2 wird durchgeführt	0
Aktion 3 wird durchgeführt	0

Zielfunktionswert
0,00 €

Übergangswahrscheinlichkeiten in der Berechnung	
s=2	
$p_{1,2,a,y}$	0,000
$p_{1,3^*,a,y}$	0,000
① $p_{1,4,a,y}$	0,850
$p_{1,5^*,a,y}$	0,150
s=3	
$p_{2,6,a,y}$	0,000
$p_{2,7^*,a,y}$	0,000
$p_{3^*,6,a,y}$	0,000
$p_{3^*,7^*,a,y}$	0,000
$p_{4,6,a,y}$	0,210
$p_{4,7^*,a,y}$	0,490
$p_{5^*,6,a,y}$	0,090
$p_{5^*,7^*,a,y}$	0,210
s=4	
$p_{6,8,a,y}$	0,300
$p_{7^*,8,a,y}$	0,700
s=5	
$p_{8,9,a,y}$	0,000

Abb. 17: Berechnung der Übergangswahrscheinlichkeiten unter Berücksichtigung von Aktionen und Risikogruppen

Standardzeit	Mittelwert in Min.
Standardzeit „Pflege" zur Aufnahme des Patienten und Prüfen des weiteren Behandlungsablaufs	30
Standardzeit „Stationsarzt" zur Durchführung eines minimalinvasiven Eingriffs	35
Standardzeit „Chirurg" zur Durchführung einer Operation	60
Standardzeit „Pflege" zur Durchführung einer Operation	85
Standardzeit „Chirurg" zur Durchführung einer Operation	60
Standardzeit „Pflege" zur Durchführung der Pflege auf der Station nach einem minimalinvasiven Eingriff	200
Standardzeit „Pflege" zur Durchführung der Pflege auf der Station nach einer Operation	800
Standardzeit „Pflege" zur Behandlung einer Wundheilungsstörung	2.000
Standardzeit „Pflege" zur Behandlung einer Thrombose	800
Standardzeit „Stationsarzt" zur Entlassung des Patienten	25
Standardzeit „Chirurg" zur Durchführung einer Operation zur Behebung des Fehlers im Rahmen des minimalinvasiven Eingriffs	120
Standardzeit „Pflege" zur Durchführung einer Operation zur Behebung des Fehlers im Rah-men des minimalinvasiven Eingriffs	200
Standardzeit „Pflege" zur Durchführung der Pflege auf der Station nach einer Operation zur Behebung des Fehlers im Rahmen des minimalinvasiven Eingriffs	800
Standardzeit „Stationsarzt" zur Entlassung des Patienten nach Wiederaufnahme	25
Standardzeit „Stationsarzt" zur Durchführung Aktion 1	30
Standardzeit „Pflege" zur Durchführung Aktion 2	100
Standardzeit „Pflege" zur Durchführung Aktion 2 für Diabetiker	20
Standardzeit „Stationsarzt" zur Durchführung Aktion 3	5

Ressource	Ressourcenkostensatz in €/min
Pflegepersonal	0,51
ärztlicher Dienst Station	0,91
ärztlicher Dienst Chirurgie	1,03

Abb. 18: Definition der Standardzeiten und Ressourcenkostensätze in Excel

	Aktion	Bezeichnung Aktion	Materialkosten	Kosten in der Berechnung
5	1	Durchführung einer zusätzlichen Untersuchung	300,00 €	0,00 € ①
6	2	Gabe von Antibiotika	20,00 € + 5,00 € + 200,00 €	0,00 €
7	3	Gabe von gerinnungshemmenden Medikamenten	15,00 €	0,00 €

9 **Kosten der Zustände**

	Teil-prozess	Bezeichnung Teilprozess	Materialkosten	Kosten in der Berechnung
12	1	„Aufnahme des Patienten"	0,00 €	15,30 €
13	2	„Durchführung minimalinvasiver Eingriff ohne Fehler"	0,00 €	0,00 €
14	3	„Durchführung minimalinvasiver Eingriff mit Fehler"	0,00 €	0,00 €
15	4	„Durchführung Operation ohne Fehler"	0,00 €	105,15 €
16	5	„Durchführung Operation mit Fehler"	0,00 €	1.125,15 €
17	6	„Pflege Patient auf Station ohne Fehler"	0,00 €	408,00 €
18	7	„Pflege Patient auf Station mit Fehler"	300,00 €	1.116,00 €
19	8	„Entlassung des Patienten"	0,00 €	22,75 €
20	9	„Wiederaufnahme und zusätzliche Operation"	0,00 €	0,00 €

Abb. 19: Darstellung der Ressourcenverbrauchsfunktionen in Excel

Im Anschluss werden die entsprechenden Ressourcenverbrauchsfunktionen, wie in Tab. 43 und Tab. 44 dargestellt, in Excel im Tabellenblatt „Kosten" ebenfalls mit Wenn-Dann-Funktionen modelliert (vgl. Abb. 19). Durch die Verwendung der Wenn-Dann-Funktionen werden die Auswirkungen der Risikogruppen auf die Kosten der Zustände sowie auf die Aktionen berücksichtigt. Die Kosten für Aktion 1 ① beispielsweise werden nur berechnet, wenn ein minimalinvasiver Eingriff vorliegt und die Aktionsvariable auf 1 steht. Die Excel-Formel hierzu lautet wie folgt:

= WENN ((UND (minimalinvasiver Eingriff = 1; Aktion 1 = 1); 300 € Materialkosten + Standardzeit „Stationsarzt“ zur Durchführung Aktion 1 · Ressourcenkostensatz „Stationsarzt“)); 0)

Im Anschluss werden die Übergangswahrscheinlichkeiten mit den entsprechenden Kostenwerten verknüpft. Hierbei wird auf die in Abb. 16 beispielhaft dargestellten, mit Wenn-Dann-Funktion modellierten Übergangswahrscheinlichkeiten zurückgegriffen. Damit können die Kostenfunktionen der einzelnen Stufen erstellt werden, die sich aus der Summe der Erwartungswerte der Stufenkosten sowie aus den Kosten für durchgeführte Aktionen zusammensetzen (vgl. Abb. 20). Hierbei wird angenommen, dass die Wahrscheinlichkeit für Stufe 1 eins beträgt. Die Kosten für Stufe 4 ① ergeben sich damit für alle Patienten beispielhaft wie folgt:

$$\begin{aligned} \text{Kosten Stufe 4} &= \left(p_{6,8,3,y} + p_{7^*,8,3,y}\right) \cdot 22{,}75 \text{ Euro} \\ &= \left(0{,}7 + 0{,}3\right) \cdot 22{,}75 \text{ Euro} \qquad (17) \\ &= 22{,}75 \text{ Euro} \end{aligned}$$

		Zielgröße der einzelnen Stufen	
3			
4		Stufe	Ausprägung in der Berechnung
5		s=1	15,30 €
6		s=2	258,15 €
7		s=3	903,60 €
8		s=4	22,75 € ①
9		s=5	0,00 €

Abb. 20: Bestandteile des Zielfunktionswertes in Excel

Abschließend müssen die **Solver-Parameter** definiert werden. Der Zielfunktionswert wird als Summe der Kosten der einzelnen Stufen definiert. Er bildet die Zielzelle und ist zu minimieren ① (vgl. Abb. 21). Als veränderbare Zellen werden die Eingabezellen der Aktionen definiert ②. Da diese nur die Ausprägung 0 oder 1 annehmen dürfen, muss dies für jede Aktion als binäre Nebenbedingung definiert werden ③. Nicht zuletzt wird in den Optionen des Solvers die Nichtnegativitätsbedingung aktiviert.

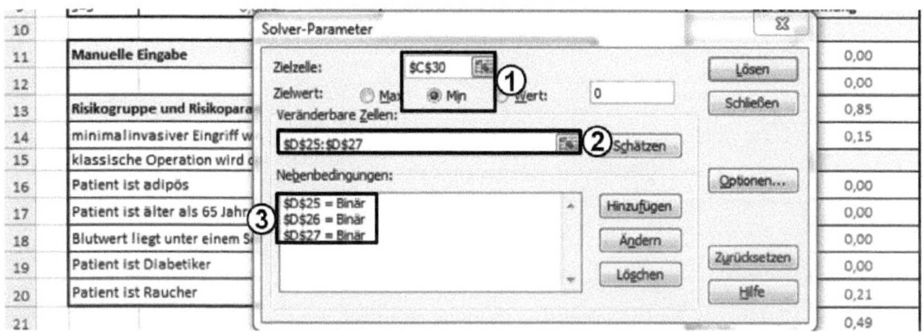

Abb. 21: Darstellung der Solver-Parameter

Damit können die optimalen Aktionen bestimmt werden. Beispielhaft wird der Solver mit den entsprechenden Parametern für einen minimalinvasiven Eingriff für Patient 1 und 2 ausgeführt (vgl. Abb. 22 und Abb. 23). Hier zeigt sich, dass für die **Patienten 1** und **2** auf jeden Fall Aktion 3 durchgeführt werden sollte. Da **Patient 2** zudem adipös ist, sollte zusätzlich Aktion 1 durchgeführt werden. Grund hierfür ist die hohe Fehlerwahrscheinlichkeit für das Nichterkennen einer Gewebeveränderung bei Patienten dieser Risikoklasse. Analog lassen sich die Aktionen für die Patienten 3 und 4 bestimmen, bei denen eine klassische Operation durchgeführt wird (vgl. Abb. 24 und Abb. 25).

Hierbei zeigt sich, dass für **Patient 3** die Aktionen 2 und 3 durchgeführt werden sollten. Für Diabetiker, wie **Patient 4** ist nur Aktion 3 durchzuführen. Grund hierfür ist das teure Medikament für Diabetiker. Damit ist es aus Sicht des Krankenhauses günstiger, den Fehler bei Eintreten zu beseitigen, als die vorbeugende Maßnahme durchzuführen.

Manuelle Eingabe	
Risikogruppe und Risikoparameter	**Ausprägung in der Berechnung**
minimalinvasiver Eingriff wird durchgeführt	1
klassische Operation wird durchgeführt	0
Patient ist adipös	0
Patient ist älter als 65 Jahre	1
Blutwert liegt unter einem Schwellenwert	0
Patient ist Diabetiker	0
Patient ist Raucher	1

Ergebnis Solver	
Durchgeführte Aktionen	**Ausprägung in der Berechnung**
Aktion 1 wird durchgeführt	0
Aktion 2 wird durchgeführt	0
Aktion 3 wird durchgeführt	1
Zielfunktionswert	
271,20 €	

Übergangswahrscheinlichkeiten in der Berechnung	
s=2	
$p_{1,2,a,y}$	0,900
$p_{1,3^*,a,y}$	0,100
$p_{1,4,a,y}$	0,000
$p_{1,5^*,a,y}$	0,000
s=3	
$p_{2,6,a,y}$	0,196
$p_{2,7^*,a,y}$	0,004
$p_{3^*,6,a,y}$	0,784
$p_{3^*,7^*,a,y}$	0,016
$p_{4,6,a,y}$	0,000
$p_{4,7^*,a,y}$	0,000
$p_{5^*,6,a,y}$	0,000
$p_{5^*,7^*,a,y}$	0,000
s=4	
$p_{6,8,a,y}$	0,980
$p_{7^*,8,a,y}$	0,020
s=5	
$p_{8,9,a,y}$	0,100

Abb. 22: Erwartungswert der Kosten für Patient 1

Manuelle Eingabe	
Risikogruppe und Risikoparameter	**Ausprägung in der Berechnung**
minimalinvasiver Eingriff wird durchgeführt	1
klassische Operation wird durchgeführt	0
Patient ist adipös	1
Patient ist älter als 65 Jahre	1
Blutwert liegt unter einem Schwellenwert	0
Patient ist Diabetiker	0
Patient ist Raucher	1

Ergebnis Solver	
Durchgeführte Aktionen	**Ausprägung in der Berechnung**
Aktion 1 wird durchgeführt	1
Aktion 2 wird durchgeführt	0
Aktion 3 wird durchgeführt	1
Zielfunktionswert	
690,43 €	

Übergangswahrscheinlichkeiten in der Berechnung	
s=2	
$p_{1,2,a,y}$	0,760
$p_{1,3^*,a,y}$	0,240
$p_{1,4,a,y}$	0,000
$p_{1,5^*,a,y}$	0,000
s=3	
$p_{2,6,a,y}$	0,196
$p_{2,7^*,a,y}$	0,004
$p_{3^*,6,a,y}$	0,784
$p_{3^*,7^*,a,y}$	0,016
$p_{4,6,a,y}$	0,000
$p_{4,7^*,a,y}$	0,000
$p_{5^*,6,a,y}$	0,000
$p_{5^*,7^*,a,y}$	0,000
s=4	
$p_{6,8,a,y}$	0,980
$p_{7^*,8,a,y}$	0,020
s=5	
$p_{8,9,a,y}$	0,240

Abb. 23: Erwartungswert der Kosten für Patient 2

Manuelle Eingabe	
Risikogruppe und Risikoparameter	**Ausprägung in der Berechnung**
minimalinvasiver Eingriff wird durchgeführt	0
klassische Operation wird durchgeführt	1
Patient ist adipös	0
Patient ist älter als 65 Jahre	1
Blutwert liegt unter einem Schwellenwert	1
Patient ist Diabetiker	0
Patient ist Raucher	1

Ergebnis Solver	
Durchgeführte Aktionen	**Ausprägung in der Berechnung**
Aktion 1 wird durchgeführt	0
Aktion 2 wird durchgeführt	1
Aktion 3 wird durchgeführt	1
Zielfunktionswert	
1.021,87 €	

Übergangswahrscheinlichkeiten in der Berechnung	
s=2	
$p_{1,2,a,y}$	0,000
$p_{1,3^*,a,y}$	0,000
$p_{1,4,a,y}$	0,790
$p_{1,5^*,a,y}$	0,210
s=3	
$p_{2,6,a,y}$	0,000
$p_{2,7^*,a,y}$	0,000
$p_{3^*,6,a,y}$	0,000
$p_{3^*,7^*,a,y}$	0,000
$p_{4,6,a,y}$	0,602
$p_{4,7^*,a,y}$	0,098
$p_{5^*,6,a,y}$	0,258
$p_{5^*,7^*,a,y}$	0,042
s=4	
$p_{6,8,a,y}$	0,860
$p_{7^*,8,a,y}$	0,140
s=5	
$p_{8,9,a,y}$	0,000

Abb. 24: Erwartungswert der Kosten für Patient 3

Manuelle Eingabe	
Risikogruppe und Risikoparameter	**Ausprägung in der Berechnung**
minimalinvasiver Eingriff wird durchgeführt	0
klassische Operation wird durchgeführt	1
Patient ist adipös	0
Patient ist älter als 65 Jahre	1
Blutwert liegt unter einem Schwellenwert	1
Patient ist Diabetiker	1
Patient ist Raucher	1

Ergebnis Solver	
Durchgeführte Aktionen	**Ausprägung in der Berechnung**
Aktion 1 wird durchgeführt	0
Aktion 2 wird durchgeführt	0
Aktion 3 wird durchgeführt	1
Zielfunktionswert	
1.037,76 €	

Übergangswahrscheinlichkeiten in der Berechnung	
s=2	
$p_{1,2,a,y}$	0,000
$p_{1,3^*,a,y}$	0,000
$p_{1,4,a,y}$	0,700
$p_{1,5^*,a,y}$	0,300
s=3	
$p_{2,6,a,y}$	0,000
$p_{2,7^*,a,y}$	0,000
$p_{3^*,6,a,y}$	0,000
$p_{3^*,7^*,a,y}$	0,000
$p_{4,6,a,y}$	0,602
$p_{4,7^*,a,y}$	0,098
$p_{5^*,6,a,y}$	0,258
$p_{5^*,7^*,a,y}$	0,042
s=4	
$p_{6,8,a,y}$	0,860
$p_{7^*,8,a,y}$	0,140
s=5	
$p_{8,9,a,y}$	0,000

Abb. 25: Erwartungswert der Kosten für Patient 4

Damit können abschließend die Auswirkungen der Durchführung von Aktionen auf den Zielfunktionswert analysiert werden. Hierzu werden in Tab. 49 die Zielfunktionswerte für Aktionen mit und ohne Durchführung der Aktionen gegenübergestellt. Hierbei zeigt sich, dass bei allen vier Patienten Verbesserungen beim Einsatz der Aktionen auftreten. Insbesondere bei Patient 3 zeigt sich mit 29,46 Prozent die stärkste Verbesserung des Zielfunktionswertes.

Patient	Vorgeschlagene Aktion(en) des Solvers	Zielfunktionswert		Senkung des Zielfunktionswertes	
		ohne Aktion	mit Aktion(en)	absolut	prozentual
1	3	308,34 €	271,25 €	37,09 €	12,03 %
2	1 und 3	767,78 €	690,43 €	77,35 €	10,07 %
3	2 und 3	1.448,60 €	1.021,87 €	426,73 €	29,46 %
4	3	1.448,60 €	1.037,67 €	410,93 €	28,37 %

Tab. 49: Analyse der Auswirkungen der Aktionen

6.4 Bestimmung der Kosten bei zufälligen Inputgrößen

6.4.1 Erweiterung des Modells um Zufallszahlen

Bislang wurden im vorliegenden Beispiel für die Dauer der Behandlungsschritte konstante Zeitwerte angenommen. In der Praxis können diese **Standardzeiten** jedoch variieren und vom Zufall abhängen. Können diese Schwankungen nicht über Patientencharakteristika erklärt und damit über die Ressourcenverbrauchsfunktionen abgebildet werden, so sind sie mit Hilfe von Zufallsvariablen darzustellen. Damit die Zufallszahlen sich ähnlich der tatsächlichen Beobachtungen verhalten, werden bei der Monte-Carlo-Simulation die Zufallszahlen aus einer Verteilung gezogen, die repräsentativ für die Realität ist.[745] Konkret werden diese Zufallsvariablen durch stetige oder diskrete Verteilungsfunktionen beschrieben.[746] Da Standardzeiten beliebige Werte in einem Intervall annehmen können, können sie mit einer **stetigen Verteilung**, wie beispielsweise der logarithmierten Standardnormalverteilung (Log-Normal-

---

[745] Vgl. Poddig/Dichtl/Petersmeier [Statistik] 168.
[746] Vgl. Davis/Pecar [Methods] 555.

verteilung) oder der Dreiecksverteilung abgebildet werden (vgl. Kapitel 4.2.2). Abb. 26 zeigt die typischen Verläufe der beiden Verteilungen.

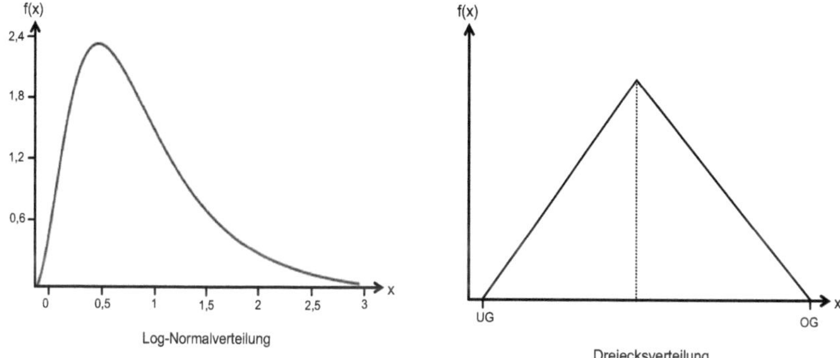

Abb. 26: Typische Verläufe der Log-Normalverteilung und der Dreiecksverteilung der Standardzeiten[747]

Da die Wahrscheinlichkeit des Eintretens einer konkreten Durchführungszeit der Behandlungsschritte zufällig ist, werden die Wahrscheinlichkeiten mit Hilfe von Zufallszahlen bestimmt. **Zufallszahlen** können in Excel mit der hierfür bereitgestellten Funktion

$$= \text{ZUFALLSZAHL()} \tag{18}$$

generiert werden.[748]

Die auf diese Weise ermittelten Zufallszahlen liegen zwischen Null und Eins und sind untereinander statistisch unabhängig.[749] Dabei ist zu beachten, dass bei jeder Aktualisierung des Tabellenblattes die Zufallszahlen neu generiert werden. Bei den durch Excel erzeugten Zufallszahlen handelt es sich allerdings nicht um „echte“ Zufallszahlen.[750] Vielmehr basieren diese künstlich generierten Zufallszahlen auf deterministischen Generierungsalgorithmen und werden daher auch als Pseudozufallszahlen

---

747 Vgl. Banks et al. [Simulation] 199 ff.; Law [Simulation] 293 ff.
748 Vgl. Davis/Pecar [Methods] 555.
749 Vgl. folgend Banks et al. [Simulation] 25 ff.
750 Vgl. folgend Banks et al. [Simulation] 276 f.; Barreto/Howland [Econometrics] 216 f.; Poddig/Dichtl/Petersmeier [Statistik] 169.

bezeichnet. Obwohl diese Zahlen durch einen Algorithmus erzeugt wurden, kann bei einer statistischen Untersuchung kein signifikanter Widerspruch zur Hypothese ihres echten Verhaltens festgestellt werden.[751] Aus diesem Grund eignen sich diese **Pseudozufallszahlen** zur Durchführung von Simulationen und werden im weiteren Verlauf der Arbeit vereinfachend als Zufallszahlen bezeichnet.[752]

Die zufälligen Zeiten für eine **logarithmierte Normalverteilung** berechnen sich Excel wie folgt:[753]

$$= \text{LOGINV}(\text{Wahrscheinlichkeit};\ln(\text{Mittelwert});\ln(\text{Standardabweichung})) \quad (19)$$

Hierbei entsprechen die Mittelwerte den Standardzeiten der Durchführungsschritte in Kapitel 6.2.2. In Excel werden jeweils deren logarithmierten Werte verwendet ① (vgl. Abb. 27). Für den Wert der Wahrscheinlichkeit wird eine Zufallszahl ② herangezogen. Problematisch bei dieser Berechnung ist jedoch, dass auch sehr große Werte, wie in der Abbildung für Beta 2 ③, generiert werden können, die unter Umständen die Ergebnisse der späteren Berechnung verfälschen können. Um diese „Ausreißer“ auszuschließen, werden mit der Funktion

$$= \text{MAX}(\text{MIN}(x;\text{OG});\text{UG}) \quad (20)$$

die erlaubten Werte auf ein durch eine **Untergrenze UG** und **Obergrenze OG** (vgl. Tab. 50) beschränktes Intervall begrenzt ④. Hierdurch entsteht eine **trunkierte Log-Normalverteilung**, die jedoch vereinfachend weiterhin als Log-Normalverteilung bezeichnet wird. Nachteil dieser Trunkierung ist, dass nicht mehr alle Wahrscheinlichkeiten berücksichtigt werden und das Ergebnis somit verfälscht wird.

---

[751] Vgl. Spaniol/Hoff [Simulation] 15.
[752] Vgl. Poddig/Dichtl/Petersmeier [Statistik] 169.
[753] Vgl. auch fortfolgend Jeschke et al. [Excel] 443.

B19 =LOGINV(B18;B16;B17)

A	B	C	D	E	F	G
Lognormal Verteilung						
Variable:	Beta 1	Beta 2	Beta 3 und Beta 5	Beta 4	Beta 6	Beta 7
Mittelwert:	30,00	35,00	60,00	85,00	200,00	800,00
Standardabweichung:	5,00	① 10,00	15,00	9,00	25,00	100,00
ln(Mittelwert):	3,40	3,56	4,09	4,44	5,30	6,68
ln(Standardabweichung):	1,61	2,30	2,71	2,20	3,22	4,61
Zufallszahl:	0,26	0,95	0,66	0,34	0,37	② 0,84
zufällige Dauer:	10,41	1537,52 ③	180,59	33,56	66,44	76394,99
Untergrenze:	21,00	25,00	42,00	60,00	140,00	560,00
Obergrenze:	39,00	46,00	78,00	111,00	260,00	1040,00
Max(Min(x;OG);UG)	21,00	46,00	78,00	60,00	140,00	④ 1040,00
tatsächliche Standardabweichung:	6,36	7,78	12,73	17,68	42,43	169,71

Abb. 27: Ausschnitt der Berechnung der zufälligen Dauer bei Log-Normalverteilung

Sind die **Untergrenze (UG)** ① und die **Obergrenze (OG)** ② sowie der Mittelwert $\overline{X}$ ③ einer Variablen bekannt, so kann auch die **Dreiecksverteilung** zur Berechnung der zufälligen Dauer ④ verwendet werden (vgl. Abb. 28 und Tab. 50).[754] Die Formel zur Erstellung einer zufälligen Dauer bei Dreiecksverteilung in Excel lautet unter Verwendung einer **Zufallszahl g** ⑤ wie folgt:

$$\begin{aligned} &= \text{wenn } (g <= (\overline{X} - UG)/(OG - UG), \\ &\quad UG + \text{Wurzel } (g \cdot (OG - UG) \cdot (\overline{X} - UG)), \\ &\quad OG - \text{Wurzel } ((1 - g) \cdot (OG - UG) \cdot (OG - \overline{X}))) \end{aligned} \tag{21}$$

	A	B	C	D	E	F	G
25	**Dreiecksverteilung**						
26							
27	Variable:	Beta 1	Beta 2	Beta 3 und Beta 5	Beta 4	Beta 6	Beta 7
① 28	Untergrenze:	21,00	25,00	42,00	60,00	140,00	560,00
29	Mittelwert:	30,00	35,00	60,00	85,00	200,00	③ 800,00
② 30	Obergrenze:	39,00	46,00	78,00	111,00	260,00	1040,00
31	Zufallszahl:	0,49	0,48	0,99	0,83	0,61	⑤ 0,69
④ 32	Zufällige Dauer:	29,87	35,03	76,01	95,99	207,20	849,57
33	tatsächliche Standardabweichung:	0,09	0,02	11,32	7,77	5,09	35,05

Abb. 28: Ausschnitt der Berechnung der zufälligen Dauer bei Dreiecksverteilung

Zur Berechnung der Zufallszahlen des Beispiels werden die in Tab. 50 angegebenen Werte verwendet.

---

754 Vgl. auch fortfolgend Davis/Pecar [Methods] 562 ff.

Variable	Untergrenze	Obergrenze	Mittelwert
$\beta_{1,1,1}$	21 Min.	39 Min.	30 Min.
$\beta_{2,2,2}$	25 Min.	46 Min.	35 Min.
$\beta_{4,3,3}$; $\beta_{4,5,3}$	42 Min.	78 Min.	60 Min.
$\beta_{4,4,1}$	60 Min.	111 Min.	85 Min.
$\beta_{6,6,1}$	140 Min.	260 Min.	200 Min.
$\beta_{6,7,1}$	560 Min.	1.040 Min.	800 Min.
$\beta_{5^*,8,1}$	1.400 Min.	2.600 Min.	2.000 Min.
$\beta_{7^*,9,1}$	560 Min.	1.040 Min.	800 Min.
$\beta_{8,10,2}$; $\beta_{8,14,2}$	18 Min.	33 Min.	25 Min.
$\beta_{9^*,11,3}$	84 Min.	156 Min.	120 Min.
$\beta_{9^*,12,1}$	140 Min.	260 Min.	200 Min.
$\beta_{9^*,13,1}$	560 Min.	1.040 Min.	800 Min.
$\beta_{10,15,2}$	21 Min.	39 Min.	30 Min.
$\beta_{11,16,1}$	70 Min.	130 Min.	100 Min.
$\beta_{11,17,1}$	14 Min.	26 Min.	20 Min.
$\beta_{12,18,2}$	4 Min.	7 Min.	5 Min.

Tab. 50: Im Beispiel verwendete Mittelwerte und Grenzen

Eine zweite Unsicherheit besteht für die **Übergangswahrscheinlichkeiten** zwischen den Zuständen. Hierbei können Fehler eintreten oder nicht eintreten, was einer diskreten Verteilung entspricht. Zu ihrer Darstellung eignen sich die Binominal- und die Poissonverteilung (vgl. Kapitel 4.2.1). Im Beispiel soll zur Darstellung der Fehlerwahrscheinlichkeiten die **Poissonverteilung** gewählt werden. In Excel können poissonverteilte Zufallszahlen allerdings nicht mit Hilfe einer einzigen Formel dargestellt werden.[755] Jedoch kann mit der Formel zur Berechnung der Poissonverteilung zunächst kumulative Wahrscheinlichkeiten erzeugt werden, die als Ausgangspunkt der Bestimmung der Zufallszahl dienen. Die Formel zur Berechnung der **Poissonverteilung** in Excel lautet wie folgt:[756]

= POISSON (Ereignis; Mittelwert; KUMULIERT/WAHR) (22)

[755] Vgl. folgend Davis/Pecar [Methods] 570 f.
[756] Vgl. folgend Jeschke et al. [Excel] 477.

Sie setzt sich aus den Argumenten Zahl der Fälle, dem erwarteten Zahlenwert, also dem Mittelwert, und dem Argument „kumuliert“ zusammen.[757] Wird das Argument „kumuliert“ mit „wahr“ angegeben, so gibt die Formel den Wert der Verteilungsfunktion der jeweiligen Poissonfunktion zurück. Dieser Wert beschreibt die Wahrscheinlichkeit, dass die Anzahl der zufällig eintretenden Werte zwischen 0 und dem zuvor gewählten Wert liegt. Wird für das Argument „kumuliert“ der Wert „falsch“ angenommen, so wird die Wahrscheinlichkeit dafür berechnet, dass die Anzahl der Ereignisse genau dem zuvor festgelegten Wert entspricht.

Im Beispiel werden die in Tab. 39 dargestellten Fehlerwahrscheinlichkeiten als Mittelwerte der Poissonverteilung verwendet ①. Die Anzahl der Ereignisse wird mit 100 festgelegt ②, womit die poissonverteilten Werte berechnet werden können ③ (vgl. Abb. 29). Zur Bestimmung der poissonverteilten Zufallszahl, im Beispiel der zufälligen Wahrscheinlichkeit des Auftretens eines Fehlers, kann die Excel-Funktion **Verweis** hinzugezogen werden. Mit ihrer Hilfe kann eine Matrix nach einem Wert mit einem zuvor definierten Suchkriterium durchsucht werden.[758] Die Funktion Verweis ist in Excel wie folgt aufgebaut:[759]

= VERWEIS (Suchkriterium; Suchvektor; Ergebnisvektor) (23)

Die Funktion „Verweis“ besteht aus den Argumenten „Suchkriterium“, „Suchvektor“ und „Ergebnisvektor“. Zur Ermittlung einer **poissonverteilten Zufallszahl** ④ wird das **Suchkriterium** durch eine Zufallszahl ersetzt ⑤. Der **Suchvektor** entspricht den Ergebnissen der Poissonverteilung ③ und der **Ergebnisvektor** entspricht der Anzahl an Ereignissen ⑥. Abb. 29 zeigt beispielhaft die Ergebnisse der Bestimmung der zufälligen Wahrscheinlichkeit für den Fehler „Nichterkennen einer Gewebeveränderung; Patient gehört keiner beeinflussenden Risikogruppe an“. Hierbei zeigt sich, dass die berechnete zufällige Anzahl der Fälle bei 6 liegt. Damit kann die Wahrscheinlichkeit für das Eintreten dieses Fehlers von zuvor 10 auf 6 Prozent geändert

---

[757] Vgl. auch fortfolgend Jeschke et al. [Excel] 477 ff.
[758] Vgl. folgend Jeschke et al. [Excel] 425.
[759] Vgl. auch fortfolgend Davis/Pecar [Methods] 570 f.

werden. Der Vorgang ist für alle potenziellen Fehler zu wiederholen. Dabei muss jeweils ein Wert für den Fehler mit und ohne Berücksichtigung der Risikogruppe ermittelt werden.

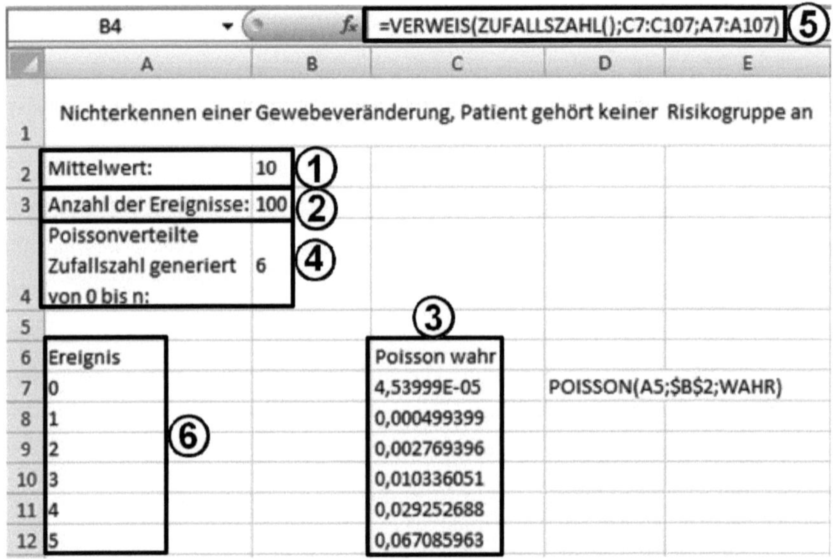

Abb. 29: Berechnung der zufälligen Fehlerwahrscheinlichkeit

Abschließend muss das Excel-Sheet so angepasst werden, dass nicht mehr die Standardzeiten und festen Fehlereintrittswahrscheinlichkeiten, sondern die zufällig erzeugten Werte zur Berechnung herangezogen werden. Hierzu werden die zur Berechnung herangezogenen Zellen mit den Zufallszahlen der jeweils vorausgesetzten Verteilungsannahme verknüpft (vgl. beispielhaft zur Verknüpfung der Standardzeiten bei Dreiecksverteilung Abb. 30).

Standardzeit	Ausprägung in der Berechnung	Ausgangswerte			Dreiecksverteilung	Log-Normalverteilung
	zufällige Dauer in Minuten	Mittelwert	Untergrenze	Obergrenze	zufällige Dauer in Minuten	zufällige Dauer in Minuten
Beta 1	33,38	30,00	21,00	45,00	33,38	45,00
Beta 2	36,52	35,00	25,00	53,00	36,52	53,00
Beta 3	63,28	60,00	42,00	90,00	63,28	90,00
Beta 4	107,86	85,00	60,00	128,00	107,86	128,00
Beta 5	63,28	60,00	42,00	90,00	63,28	90,00
Beta 6	253,33	200,00	140,00	300,00	253,33	140,00
Beta 7	819,46	800,00	560,00	1.200,00	819,46	1.200,00
Beta 8	1.877,33	2.000,00	1.400,00	3.000,00	1.877,33	1.400,00
Beta 9	680,71	800,00	560,00	1.200,00	680,71	560,00
Beta 10	22,30	25,00	18,00	38,00	22,30	18,00
Beta 11	114,49	120,00	84,00	180,00	114,49	84,00
Beta 12	228,34	200,00	140,00	300,00	228,34	300,00
Beta 13	1.039,07	800,00	560,00	1.200,00	1.039,07	560,00
Beta 14	22,30	25,00	18,00	38,00	22,30	18,00
Beta 15	37,28	30,00	21,00	45,00	37,28	37,24
Beta 16	104,23	100,00	70,00	150,00	104,23	150,00
Beta 17	16,78	20,00	14,00	30,00	16,78	27,43
Beta 18	6,80	5,00	4,00	8,00	6,80	4,00

Abb. 30: Anpassung der Bezugszellen bei Verwendung von Zufallszahlen

6.4.2 Erweiterung des Modells zur Auswahl mehrerer Aktionen zur Beeinflussung der Eintrittswahrscheinlichkeit eines Fehlers

In den vorherigen Ausführungen wurde davon ausgegangen, dass zur Beeinflussung der Fehlerwahrscheinlichkeit eines konkreten Fehlers nur jeweils eine einzige Aktion möglich ist. Unter Umständen können mehrere Aktionen möglich sein, die sich jedoch in ihren Kosten und ihrer Wirkung hinsichtlich der Senkung der Fehlerwahrscheinlichkeit unterscheiden. Beispielhaft wird zur Verdeutlichung der Problemstellung eine weitere **Aktion 4** zur Senkung der Fehlerwahrscheinlichkeit bei einem minimalinvasiven Eingriff eingeführt. Hierbei handelt es sich um ein neues Untersuchungsverfahren, welches im Mittel 250 Minuten dauern soll und vom „ärztlichen Dienst Station" durchgeführt werden soll. Sein Vorteil soll darin liegen, dass ein Diagnosefehler bei einem minimalinvasiven Eingriff vollständig vermieden werden kann, wodurch eine spätere Neuaufnahme des Patienten zur Beseitigung dieses Fehlers ausgeschlossen werden soll. Aktion 4 soll nicht durch eine Risikogruppe beeinflusst werden, es sollen jedoch 200 Euro Materialkosten für sie anfallen. Tab. 51 fasst die Merkmale von Aktion 4 und die Ausprägungen der Variablen ihrer Ressourcenverbrauchsfunktion zusammen.

Merkmal	Ausprägung
Bezeichnung der Aktion	zusätzliche Untersuchung des Patienten mit neuem Verfahren bei einem minimalinvasiven Eingriff
Anwendbarkeit der Aktion für Zustände	2 und 3
Senkung Wahrscheinlichkeit für Nichterkennen einer Gewebeveränderung bei Durchführung der Aktion	100 %
Ressourcenverbrauchsfunktion	$\beta_{13,19,2} \cdot X_{13,19,y}$
Variable $\beta_{13,19,2}$	Standardzeit „Stationsarzt" zur Durchführung der Untersuchung mit dem neuen Verfahren
Variable $X_{13,19,y}$	1, falls Aktion 4 durchgeführt wird, sonst 0
Standardzeit $\beta_{13,19,2}$	250 Min.
Ressourcenkostensatz der beteiligten Ressource	c_2
Materialkosten	200,00 €

Tab. 51: Beschreibung der Aktion 4

Damit lassen sich die Kosten der Aktion 4 berechnen. Abb. 31 stellt die Kosten der Aktion 4 den Kosten der Aktion 1 gegenüber. Hierbei zeigt sich, dass Aktion 4 um 100,20 Euro teurer ist als Aktion 1.

Aktion	Zusammensetzung der Kosten	Kosten
Aktion 1	30 Min. · 0,91 €/Min. + 300 €	327,30 €
Aktion 4	250 Min. · 0,91 €/Min. + 200 €	427,50 €

Abb. 31: Vergleich der Kosten der Aktionen 1 und 4

Die Auswahl der Aktion ist nicht alleine von deren Kosten, sondern vielmehr auch von ihrer Auswirkung auf die **Übergangswahrscheinlichkeiten** abhängig. Diese müssen nun um Aktion 4 erweitert werden. Hierbei muss unterschieden werden, ob in einem vorhergehenden Zustand Aktion 1, Aktion 4 oder keine Aktion gewählt wurde. Tab. 52 zeigt die neuen Übergangswahrscheinlichkeiten für Patienten, die einer oder keiner beeinflussenden Risikogruppe angehören. Zur Erhöhung der Übersichtlichkeit sind dabei nur die erlaubten Übergänge dargestellt.

Übergang	Patient gehört keiner beeinflussenden Risikogruppe an			Patient gehört einer beeinflussenden Risikogruppe an		
	Aktion durchgeführt					
	keine Aktion	Aktion 1	Aktion 4	keine Aktion	Aktion 1	Aktion 4
	$X_{10,15,y} = 0$ $X_{13,19,y} = 0$	$X_{10,15,y} = 1$ $X_{13,19,y} = 0$	$X_{10,15,y} = 0$ $X_{13,19,y} = 1$	$X_{10,15,y} = 0$ $X_{13,19,y} = 0$	$X_{10,15,y} = 1$ $X_{13,19,y} = 0$	$X_{10,15,y} = 0$ $X_{13,19,y} = 1$
$p_{1,2,a,y}$	0,900	0,970	1	0,200	0,760	1
$p_{1,3^*,a,y}$	0,100	0,030	0	0,800	0,240	0
$p_{1,4,a,y}$	0,855	0,891	0,950	0,180	0,196	0,900
$p_{1,5^*,a,y}$	0,045	0,009	0,050	0,020	0,004	0,100
$p_{2,6,a,y}$	0,095	0,099	0	0,720	0,784	0
$p_{2,7^*,a,y}$	0,005	0,001	0	0,080	0,016	0
$p_{3^*,6,a,y}$	0,950	0,990	0,950	0,900	0,980	0,900
$p_{3^*,7^*,a,y}$	0,050	0,010	0,050	0,100	0,020	0,100
$p_{4,6,a,y}$	0,900	0,970	1	0,200	0,760	1
$p_{4,7^*,a,y}$	0,100	0,030	0	0,800	0,240	0

Tab. 52: Übergangswahrscheinlichkeiten beim minimalinvasiven Eingriff für die Aktionen 1 und 4

Zur Integration der Aktion 4 in das Modell müssen eine Reihe an Anpassungen durchgeführt werden (vgl. Abb. 32):

- Aufnahme der Ausgangswerte von Aktion 4 in das Excel-Sheet,
- Generierung von Zufallszahlen für die Variable $\beta_{13,19,2}$
- Anpassung der Ressourcenverbrauchsfunktion für Aktion 4 in Excel,
- Anpassung der Zielfunktion,
- Anpassung der Solver-Einstellungen und
- Anpassung der Übergangswahrscheinlichkeiten.

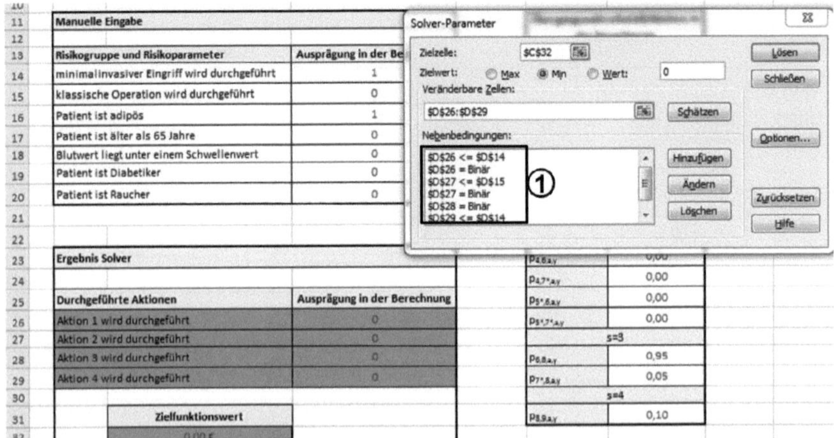

Abb. 32: Modifikation der Solver-Einstellungen bei Aufnahme von Aktion 4 in das Modell

Nach Aufnahme der Aktion 4 ergibt sich die **Zielfunktion** für alle Varianten y mit y = {1, 2, …, 32} wie folgt:

$$
\begin{aligned}
E(K_{DRG,y}) = & \sum_{i=1}^{9^*}\sum_{j=1}^{14}\sum_{b=1}^{3} p_{i,a,y}\cdot\beta_{i,j,b}\cdot X_{i,j,y}\cdot c_b + \sum_{a=10}^{13}\sum_{j_a=15}^{19}\sum_{b=1}^{3}\beta_{a,j_a,b}\, X_{a,j_a,y}\cdot c_b \\
& + 300\cdot X_{7^*,6,y} + 300\cdot X_{10,15,y} + 25\cdot X_{11,16,y} \qquad \Rightarrow \min. \quad (24) \\
& + 200\cdot X_{11,17,y} + 15\cdot X_{12,18,y} + 200\cdot X_{13,19,y}
\end{aligned}
$$

Die Anpassung kann analog der bisherigen Ausführungen erfolgen. Weitere Modifikationen sind jedoch bei der Anpassung der Solver-Einstellungen durchzuführen. Hier muss neben der Anpassung der veränderbaren Zellen und der Definition der Binärvariablen auch sichergestellt werden, dass nur Aktion 1 oder 4 durchgeführt werden darf ①. Zur Vorbereitung weiterer Schritte werden zusätzlich die Tabellenblätter „Ergebnisse“ und „Auswertungen“ angelegt.

6.4.3 Einsatz des Erwartungswert-Standardabweichungskriteriums zur Beurteilung der Ergebnisse der Simulation

Der bislang als Zielkriterium verwendete Erwartungswert unterstellt eine risikoneutrale Einstellung des Entscheiders.[760] Soll in die Entscheidungsfindung zusätzlich die Risikopräferenz mit berücksichtigt werden, so kommen zum Erwartungswert sowohl das Erwartungswert-Standardabweichungs-Kriterium, als auch das Bernoulli-Prinzip in Frage (vgl. Kapitel 5.3.4).[761] Beide Ansätze bieten den Vorteil, dass sie außer dem Risiko durch die Streuung des Zielfunktionswertes auch die Präferenz des Entscheiders berücksichtigen. Bei der Verwendung des Bernoulli-Prinzips jedoch entstehen im vorliegenden Anwendungskontext Probleme bei der Erstellung der Risikopräferenzfunktion. Aus diesem Grund wird im Beispielszenario das leichter bestimmbare **Erwartungswert-Standardabweichungs-Kriterium** verwendet.

Zur Berechnung des Erwartungswert-Standardabweichungs-Kriteriums ist zunächst der **Risikoparameter q** durch den Entscheider festzulegen.[762] Des Weiteren müssen der **Erwartungswert μ** und die **Standardabweichung σ** bestimmt werden. Formal lässt sich das Erwartungswert-Standardabweichungs-Kriterium für eine **Alternative einer Entscheidung H** unter Verwendung des Risikoparameter q wie folgt darstellen:

$$\mu,\sigma(H,q) = \mu(H) + q\sigma(H) \qquad (25)$$

Voraussetzung des Einsatzes des Erwartungswert-Standardabweichungs-Kriteriums ist das Vorliegen einer **Normalverteilung**.[763] Ist eine Zufallsvariable (ZV) normalverteilt mit ZV~N (μ, o^2), so entsprechen die Parameter μ und o^2 dem Erwartungswert und der Varianz und es gilt:[764]

$$E(ZV) = \mu \text{ und } V(ZV) = o^2 \qquad (26)$$

---

760 Vgl. auch fortfolgend Kapitel 5.3.4.
761 Vgl. folgend Greiner/Schöffski [Grundprinzipien] 174 ff.; Siebert et al. [Modellierung] 279 ff.
762 Vgl. folgend Dinkelbach/Kleine [Elemente] 84 f.; Klein/Scholl [Planung] 413 f; Troßmann [Investition] 257.
763 Vgl. Eisenführ/Weber [Entscheiden] 248.
764 Vgl. folgend Schlittgen [Statistik] 251.

Vor der Anwendung des Erwartungswert-Standardabweichungs-Kriteriums muss geprüft werden, ob eine Normalverteilung für die Ergebnisse der Simulation vorliegt. Zur Überprüfung können in Excel ein **Box-and-Whiskers-Plot** oder auch ein **Normalverteilungs-Plot** eingesetzt werden.[765] Während erster eine Datenmenge auf einer Intervallskala zusammenfasst, ist der Normalverteilungs-Plot eine grafische Darstellung einer Datenmenge mit ihren korrespondierenden Z-Werten. Der Z-Wert entspricht dem Wert der Verteilung (Quantil), dessen Wahrscheinlichkeit berechnet werden soll.[766] Die Z-Werte werden mit der in Excel hinterlegten Funktion STANDNORMINV () ermittelt. Sie liefert die zu einer bestimmten Wahrscheinlichkeit gehörige standardnormal verteilte Zufallsvariable und damit die Stelle z auf der Abszisse, die dem kumulierten Flächenanteil der Standardnormalverteilung entspricht. Stimmen die Z-Werte mit den zu überprüfenden Daten überein und liegen damit auf einer Linie, so kann von einer Normalverteilung ausgegangen werden.[767] Die Umsetzung des Normalverteilungs-Plots in Excel erfolgt nach den folgenden sechs Schritten:

- Sortieren der Anzahl der zu untersuchenden Datenwerte (1, 2, 3, ..., n) in aufsteigender Reihenfolge,
- Berechnung der kumulierten Fläche für den kleinsten Wert mit der Formel: 1/(1+n),
- Berechnung des Z-Wertes für diese kumulierte Fläche mit der Formel: =STANDNORMINV(),
- Berechnung der kumulierten Fläche für die weiteren Datenwerte mit der Formel: alte Fläche + 1/(1+n),
- Sortieren der zu untersuchenden Daten in aufsteigender Reihenfolge und
- Erstellung eines Diagramms zur Darstellung der zu untersuchenden Daten und den korrespondierenden Z-Werten.

Für den **Anwendungsfall** werden zur Überprüfung beispielhaft für die Behandlung von Patient 4 mit einer klassischen Operation 100 Durchläufe der Simulation durch-

---

[765] Vgl. folgend Davis/Pecar [Methods] 113 ff.
[766] Vgl. auch fortfolgend Jeschke et al. [Excel] 513 ff.
[767] Vgl. auch fortfolgend Davis/Pecar [Methods] 113 ff.

geführt und die entsprechenden Zielfunktionswerte als Ausgangsdaten berechnet. Hierbei zeigt sich, dass in 9 Fällen die Aktionen 2 und 3, in 62 Fällen nur Aktion 3 und in 29 Fällen keine Aktion durchgeführt wurde. Tab. 53 zeigt beispielhaft die Ergebnisse für den Fall, dass die Aktionen 2 und 3 durchgeführt werden.

n	Quantil	Z-Wert	Zielfunktionswert
1	0,1	-1,28155157	1.244,84 €
2	0,2	-0,84162123	1.274,97 €
3	0,3	-0,52440051	1.309,69 €
4	0,4	-0,2533471	1.357,55 €
5	0,5	-1,3921E-16	1.386,46 €
6	0,6	0,2533471	1.393,30 €
7	0,7	0,52440051	1.400,02 €
8	0,8	0,84162123	1.516,84 €
9	0,9	1,28155157	1.610,35 €

Tab. 53: Berechnung der Z-Werte für den Fall, dass die Aktionen 2 und 3 durchgeführt werden

Die Ergebnisse der beiden anderen Fälle werden im Anhang in Tab. 71 sowie Tab. 72 dargestellt. Zur Erstellung des Normalverteilungsplots werden zunächst je nach Anzahl der Fälle die entsprechenden Quantile mit ihren Z-Werten berechnet. Für den Fall, dass die Aktionen 2 und 3 durchgeführt werden, werden n = 9 Datenwerte untersucht. Für n = 1 ergibt sich das Quantil mit 1/(1+9) = 0,1. Der entsprechende Z-Wert wird in Excel mit der Funktion =STANDNORMINV(0,1) = -1,28155157 berechnet. Für n = 2 ergibt sich das Quantil mit 0,1 + 1/(1+9) = 0,2 und der Z- Wert mit -0,84162123. Entsprechend lassen sich die übrigen Werte ermitteln. Die Zielfunktionswerte entsprechen den Ergebnissen der einzelnen Simulationsläufe.

Damit können die Z-Werte den Zielfunktionswerten wie folgt in den Normalverteilungsplots gegenübergestellt werden (vgl. Abb. 33). Hierbei zeigt sich, dass die Z-Werte weitestgehend mit den zu überprüfenden Daten übereinstimmen und auf einer Linie liegen. Für das Beispielszenario wird daher vereinfachend angenommen, dass alle Zielfunktionswerte normal verteilt sind und daher das Erwartungswert-Standardabweichungskriterium eingesetzt werden kann.

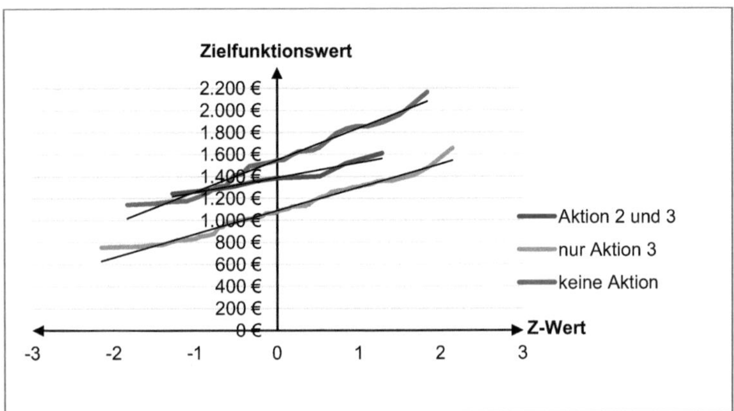

Abb. 33: Normalverteilungsplot der durchgeführten Aktionen mit Trendlinie

6.5 Umsetzung der Simulation in Excel

6.5.1 Makros zur Vereinfachung der Simulation in Excel

Excel-Makros werden mit Hilfe der Programmiersprache VBA (Visual basic for Applications) erstellt.[768] Mit ihrer Hilfe können Programme geschrieben werden, die Routinetätigkeiten auf Knopfdruck abarbeiten.[769] Damit kann der Benutzer mit Hilfe von Userforms, im Sinne von Eingabe-, Dialog- und Informationsfenstern, die Parameter der Simulation steuern und die Simulation bearbeiten. Für das Beispielszenario wird ein **Makro** entwickelt, das den Nutzer bei der Auswahl der geeigneten Aktionen für Patienten einer Risikogruppe unterstützt.[770] Hierzu soll das Makro:

- die in einer Eingabemaske eingetragenen gewünschten Parameter in die Tabellenblätter schreiben,
- die Berechnung des Zielfunktionswertes durch den Solver starten,
- die Ergebnisse aufzeichnen und klassifizieren,

[768] Vgl. Nelles [Excel] 853.

[769] Vgl. folgend Schels/Seidel [Excel] 54.

[770] Vgl. grundlegend zur Vorgehensweise zur Erstellung von Makros mit VBA Held [Excel] und Theis [Excel].

– das Minimum, das Maximum, den Mittelwert und die Standardabweichung der Zielfunktionswerte der einzelnen Klassen ermitteln und
– den Zielfunktionswert mit Hilfe des Erwartungswert-Standardabweichungs-Kriteriums bewerten.

Zur Verwendung des Erwartungswert-Standardabweichungs-Kriteriums muss in Excel ein weiteres Eingabefeld für das gewünschte Risikoparameter erstellt werden ① (vgl. folgend Abb. 34). Ausgangspunkt zum **Start** der Simulation ist für den Nutzer der Button mit der Aufschrift „Simulation aufrufen" ② im Tabellenblatt „Eingabetool".[771]

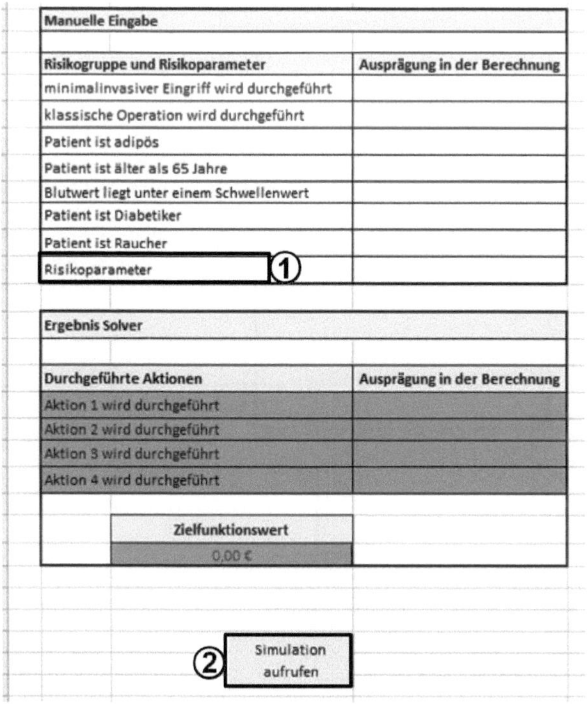

Manuelle Eingabe	
Risikogruppe und Risikoparameter	Ausprägung in der Berechnung
minimalinvasiver Eingriff wird durchgeführt	
klassische Operation wird durchgeführt	
Patient ist adipös	
Patient ist älter als 65 Jahre	
Blutwert liegt unter einem Schwellenwert	
Patient ist Diabetiker	
Patient ist Raucher	
Risikoparameter ①	

Ergebnis Solver	
Durchgeführte Aktionen	Ausprägung in der Berechnung
Aktion 1 wird durchgeführt	
Aktion 2 wird durchgeführt	
Aktion 3 wird durchgeführt	
Aktion 4 wird durchgeführt	

Zielfunktionswert
0,00 €

② Simulation aufrufen

Abb. 34: Aufrufen der Simulation

771 Der vollständige Code wird im Anhang in Tab. 73 dargestellt.

Durch Klicken auf diesen Button wird die Userform „Interface“ aufgerufen. In der **Userform „Interface“** werden die Parameter der Simulation eingegeben. Diese umfassen Informationen über den Patienten, über die Art der Behandlungsmethode und der Berechnung sowie über die angenommene Verteilungsannahme, die den Behandlungszeiten zugrunde liegt. Die Userform umfasst hierzu neun Elemente (vgl. Abb. 35).

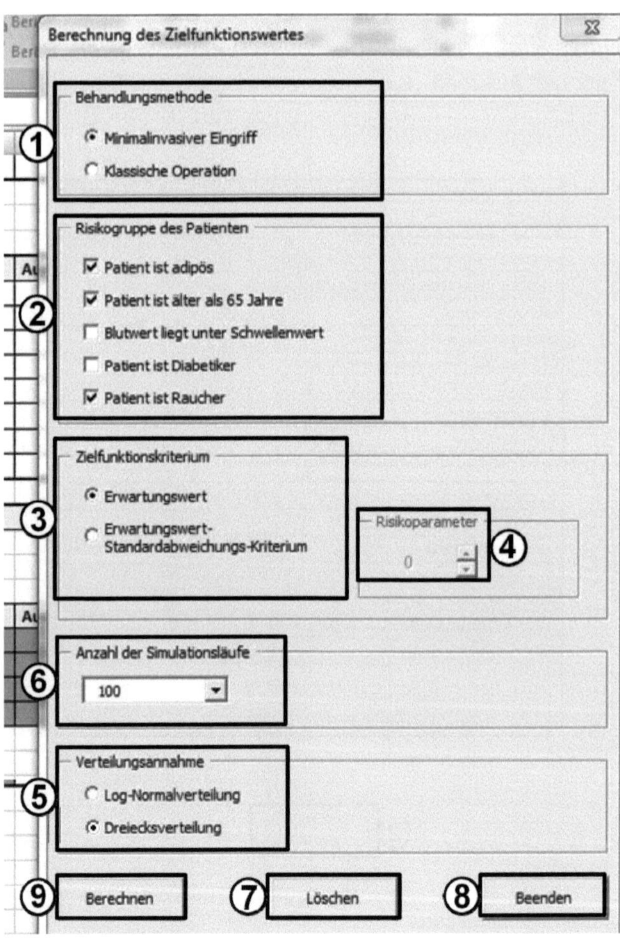

Abb. 35: Userform „Interface“

Erstens kann der Nutzer über **Optionbuttons** die Art der Behandlungsmethode auswählen ①. Durch die Verwendung von Optionbuttons kann hierbei nur eine der beiden Behandlungsmethoden gewählt werden. Zum zweiten können über **Checkboxen** die Risikogruppen des Patienten angegeben werden ②. Danach kann der Nutzer über einen Optionbutton wählen, mit welchem Zielfunktionskriterium die Berechnung durchgeführt wird ③. Wird das Erwartungswert-Standardabweichungs-Kriterium gewählt, so kann der gewünschte Risikoparameter über einen **Spinbutton**, und damit über Pfeiltasten, in 0,01er-Schritten angegeben werden ④. Wird hingegen der Erwartungswert ausgewählt, so wird der Spinbutton für den Risikoparameter ausgegraut und ist nicht anwählbar.

Danach wird über einen Optionbutton die Verteilung angegeben, die für die der Berechnung zugrundeliegenden Behandlungszeiten angenommen wird ⑤. Hierbei kann zwischen einer Log-Normal- und einer Dreiecksverteilung gewählt werden. Die Anzahl der Durchläufe der Simulation wird über eine **Combobox** eingegeben ⑥. Mit Hilfe der Combobox kann der Nutzer aus einem Drop-down-Menu die gewünschte Anzahl an Simulationsläufen wählen. Durch Klick auf den Button „Löschen" werden die Inhalte der Tabellen in den Blättern „Auswertung" und „Ergebnisse", sowie die Aktions-Variablen und der Zielfunktionswert im Tabellenblatt „Eingabetool" gelöscht ⑦. Soll die Userform „Interface" geschlossen werden, so ist ein Klick auf den Button mit der Aufschrift „Beenden" auszuführen ⑧. Um die Simulation zu starten, ist zunächst ein Klick auf den Button mit der Aufschrift „Berechnen" notwendig ⑨.

Durch Klick auf den Button „Berechnen" wird die **Userform „Hinweis"** eingeblendet. Sie weist den Nutzer darauf hin, die Eingabeparameter zu überprüfen (vgl. Abb. 36). Mit einem Klick auf den Button mit der Aufschrift „Zurück" ① gelangt der Nutzer erneut in die Userform „Interface". Durch Klick auf den Button mit der Aufschrift „Start" ② startet die Berechnung. Hierbei werden die Informationen über die Behandlungsmethode und die Risikogruppe des Patienten in das Tabellenblatt „Eingabetool" übertragen (vgl. Abb. 16).

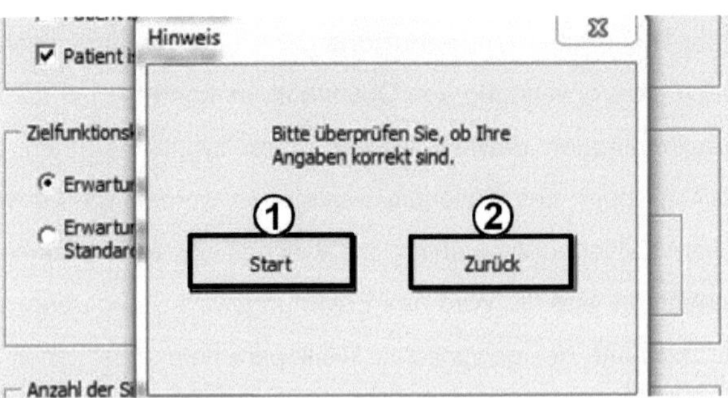

Abb. 36: Userform „Hinweis“

Danach werden die Zufallszahlen generiert und die entsprechenden Wahrscheinlichkeiten und Standardzeiten berechnet. Die entsprechenden Informationen, wie hier in der Abb. beispielhaft dargestellt, die der Dreiecksverteilung ①, werden in die entsprechenden Spalten des Tabellenblatts „Nomenklatur“ übertragen ② (vgl. Abb. 37).

	Standardzeiten	②	①	
3	Standardzeit	Ausprägung in der Berechnung		Log-Normalverteilung
4		zufällige Dauer in Minuten	Mittelwert	zufällige Dauer in Minuten
5	Beta 1	33,38	30,00	45,00
6	Beta 2	36,52	35,00	53,00
7	Beta 3	63,28	60,00	90,00
8	Beta 4	107,86	85,00	128,00
9	Beta 5	63,28	60,00	90,00
10	Beta 6	253,33	200,00	140,00
11	Beta 7	819,46	800,00	1.200,00
12	Beta 8	1.877,33	2.000,00	1.400,00
13	Beta 9	680,71	800,00	560,00
14	Beta 10	22,30	25,00	18,00
15	Beta 11	114,49	120,00	84,00
16	Beta 12	228,34	200,00	300,00
17	Beta 13	1.039,07	800,00	560,00
18	Beta 14	22,30	25,00	18,00
19	Beta 15	37,28	30,00	37,24
20	Beta 16	104,23	100,00	150,00
21	Beta 17	16,78	20,00	27,43
22	Beta 18	6,80	5,00	4,00

Abb. 37: Ausgangswerte bei Verwendung des Erwartungswert-Kriteriums

Im Anschluss wird der Solver ausgeführt und der Zielfunktionswert unter Berücksichtigung der Aktionen simuliert. Nach dem Start der Simulation wird der Nutzer durch einen Hinweis in einem **Infofenster** darüber informiert, dass die Simulation in Bearbeitung ist, so dass keine Änderungen vorgenommen werden können (vgl. Abb. 38).

Ist die Simulation beendet, so wird der Nutzer ebenfalls durch einen Hinweis informiert. Durch Klicken auf den Button „OK" gelangt der Nutzer in das Excel-Sheet und kann die Ergebnisse abrufen (vgl. Abb. 39).

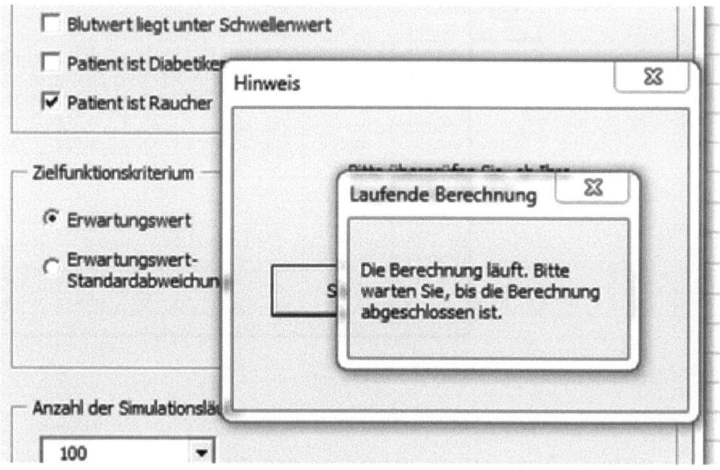

Abb. 38: Infofenster der laufenden Simulation

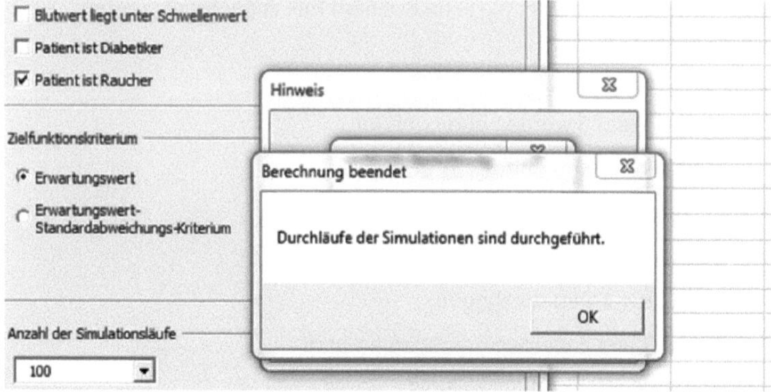

Abb. 39: Infofenster der abgeschlossenen Simulation

Die Ergebnisse der Simulationsläufe werden vom Makro automatisch in die Tabellenblätter „Ergebnisse“ und „Auswertung“ übertragen. Das **Tabellenblatt „Ergebnisse“** enthält die Zielfunktionswerte der einzelnen Stufen ① und den gesamten Zielfunktionswert ② (vgl. Abb. 40). Zudem werden die bei jedem Durchgang durchgeführten Aktionen mit einer 1 gekennzeichnet ③.

	A	B	C	D	E	F	G	H	I	J
1	Aktionen				②	Zielfunktion① rt				
2	1	2	3	4	gesamt	Stufe 1	Stufe 2	Stufe 3	Stufe 4	Stufe 5
3	0	0	0	③	644,57 €	15,12 €	36,73 €	148,41 €	28,13 €	416,18 €
4	0	0	0	1	677,78 €	467,91 €	18,05 €	175,58 €	16,24 €	0,00 €
5	1	0	1	0	665,33 €	343,51 €	51,15 €	96,70 €	18,61 €	155,36 €
6	0	0	1	1	624,21 €	384,27 €	45,26 €	181,66 €	13,01 €	0,00 €
7	0	0	1	1	677,02 €	413,45 €	63,30 €	187,84 €	12,42 €	0,00 €
8	0	0	0	0	643,35 €	13,27 €	41,10 €	111,25 €	26,58 €	451,16 €
9	1	0	1	0	646,58 €	326,45 €	44,09 €	105,81 €	20,98 €	149,25 €
10	0	0	0	0	839,22 €	11,56 €	13,64 €	155,43 €	26,62 €	631,96 €
11	0	0	0	1	703,84 €	446,49 €	40,19 €	203,02 €	14,15 €	0,00 €
12	0	0	0	0	611,71 €	13,95 €	24,67 €	126,41 €	26,16 €	420,51 €
13	0	0	0	0	687,07 €	18,87 €	41,68 €	118,11 €	18,45 €	489,95 €
14	1	0	0	0	678,69 €	337,57 €	32,96 €	114,30 €	25,52 €	168,34 €
15	0	0	0	0	879,52 €	12,39 €	30,76 €	142,42 €	25,87 €	668,08 €
16	0	0	0	0	519,24 €	15,94 €	15,03 €	103,21 €	22,60 €	362,46 €
17	1	0	1	0	743,22 €	350,78 €	60,63 €	111,38 €	26,14 €	194,29 €

Abb. 40: Ausschnitt der Ergebnisse

Das **Tabellenblatt „Auswertung“** enthält die Auswertung der Ergebnisse. Hierzu wird der gesamte Zielfunktionswert übertragen und die Anzahl der durchgeführten Aktionen und deren Kombinationen bestimmt. Als Kombinationen können dabei die folgenden acht Fälle eintreten, die jeweils einem Fall zugeordnet werden ①:

- Fall 1: nur Aktion 1 wird durchgeführt,
- Fall 2: Aktion 1 und 3 werden durchgeführt,
- Fall 3: nur Aktion 2 wird durchgeführt,
- Fall 4: Aktion 2 und 3 werden durchgeführt,
- Fall 5: nur Aktion 3 wird durchgeführt,
- Fall 6: nur Aktion 4 wird durchgeführt,
- Fall 7: Aktion 3 und 4 werden durchgeführt und
- Fall 8: keine Aktion wird durchgeführt.

Neben der Anzahl des Auftretens der acht Fälle wird jeweils der Mittelwert der Zielfunktionswerte der Durchläufe, in denen der Fall eingetreten ist, bestimmt (vgl. Abb. 41 und als vergrößerte Darstellung Abb. 44 im Anhang).

Zusätzlich werden das jeweilige Minimum und Maximum sowie die Standardabweichung der Zielfunktionswerte bestimmt und, wenn zuvor gewählt, der Zielfunktionswert mit dem Erwartungswert-Standardabweichungs-Kriterium bewertet ①. Nicht zuletzt werden die Ergebnisse grafisch dargestellt ②.

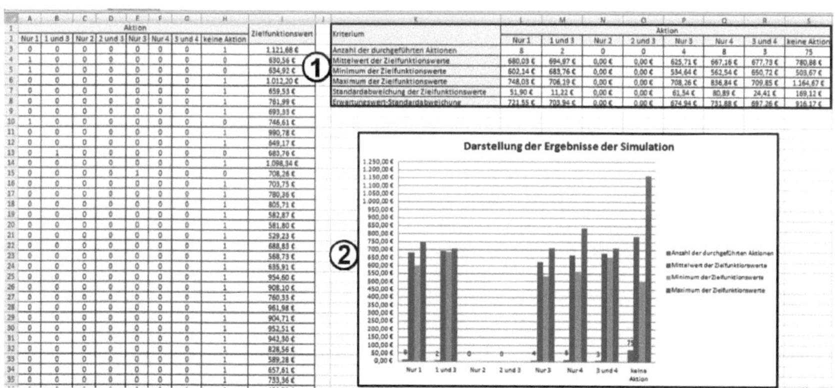

Abb. 41: Ausschnitt der Auswertung

6.5.2 Bestimmung der Anzahl der Simulationsläufe

Grundsätzlich gilt, dass die Güte einer Monte-Carlo-Simulation mit steigender Anzahl an Wiederholungen gewinnt.[772] Jedoch wird die Anzahl an Wiederholungen in der Praxis je nach Problemkomplexität durch lange Rechenzeiten und begrenzte Softwarekapazitäten nach oben begrenzt. Die übliche Wiederholungsanzahl bei Monte-Carlo-Simulationen liegt zwischen 1.000 und 10.000. Die notwendige **Anzahl an Durchläufen der Simulation n** zur Ermittlung eines signifikanten Ergebnisses kann jedoch auch für den Einzelfall für ein **Konfidenzniveau** α und die **Genauigkeit** δ geschätzt werden.[773] Hierbei wird davon ausgegangen, dass bei einer Monte-Carlo-

[772] Vgl. auch fortfolgend Poddig/Dichtl/Petersmeier [Statistik] 168.

[773] Vgl. auch fortfolgend Banks et al. [Simulation] 429; zur Herleitung der Formel Davis/Pecar [Me-

Simulation die Ergebnisse unabhängig und normal verteilt mit einer Standardabweichung σ sind. Geht man von einem Mittelwert von 0 und einer Standardabweichung von 1 aus (vgl. Kapitel 6.4.3), so kann die Anzahl an benötigten Durchläufen mit Hilfe der **Inversen der kumulierten Standardnormalverteilung** $\theta^{-1}(x)$ wie folgt geschätzt werden:

$$n = \left(\frac{\sigma \cdot \theta^{-1}\left(\frac{1+\alpha}{2} \right)}{\delta} \right)^2 \qquad (27)$$

Für das Beispielszenario soll die Anzahl an Durchläufen der Simulation zum einen für ein Konfidenzintervall von 90 Prozent und zum anderen für ein Konfidenzintervall von 95 Prozent für die Verteilung des Mittelwertes mit einer Genauigkeit von ±2 bestimmt werden. Zusätzlich sind Informationen über die Standardabweichung notwendig ①. Hierzu wird diese für die Ergebnisse von 100 Durchläufen der Simulation für Patienten einer Risikoklasse bestimmt (vgl. Abb. 42) ②.

J3 ② =STABW(I3:I103)

	A	B	C	D	E	F	G	H	I	J
1	Aktion								Zielfunktionsw[...] ①	Standardabweichung
2	Nur 1	1 und 3	Nur 2	2 und 3	Nur 3	Nur 4	3 und 4	keine Aktion		
3	0	0	0	0	0	0	0	1	644,57 €	70,31 €
4	0	0	0	0	0	1	0	0	677,78 €	
5	0	1	0	0	0	0	0	0	665,33 €	
6	0	0	0	0	0	0	1	0	624,21 €	
7	0	0	0	0	0	0	1	0	677,02 €	
8	0	0	0	0	0	0	0	1	643,35 €	
9	0	1	0	0	0	0	0	0	646,58 €	
10	0	0	0	0	0	0	0	1	839,22 €	
11	0	0	0	0	0	1	0	0	703,84 €	
12	0	0	0	0	0	0	0	1	611,71 €	

Abb. 42: Ausschnitt der Berechnung der Standardabweichung der Zielfunktionswerte

Damit kann das geschätzte Minimum der Anzahl an Durchläufen der Simulation in Excel, wie in Abb. 43 dargestellt, ermittelt werden. Hierbei wird der Wert auf die nächste ganzzahlige Zahl aufgerundet.

thods] 583 ff.

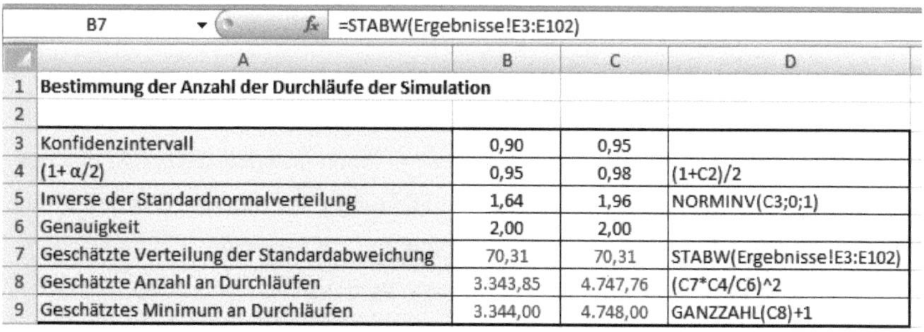

B7 fx =STABW(Ergebnisse!E3:E102)

	A	B	C	D
1	**Bestimmung der Anzahl der Durchläufe der Simulation**			
2				
3	Konfidenzintervall	0,90	0,95	
4	(1+α/2)	0,95	0,98	(1+C2)/2
5	Inverse der Standardnormalverteilung	1,64	1,96	NORMINV(C3;0;1)
6	Genauigkeit	2,00	2,00	
7	Geschätzte Verteilung der Standardabweichung	70,31	70,31	STABW(Ergebnisse!E3:E102)
8	Geschätzte Anzahl an Durchläufen	3.343,85	4.747,76	(C7*C4/C6)^2
9	Geschätztes Minimum an Durchläufen	3.344,00	4.748,00	GANZZAHL(C8)+1

Abb. 43: Berechnung der notwendigen Anzahl an Durchläufen

Da die Standardabweichung der Ergebnisse für die einzelnen Risikogruppen und damit die notwendigen Durchläufe stark variiert, müssen diese für alle Risikoklassen separat ermittelt werden. Zudem muss die Berechnung getrennt nach der den Inputparameter zugrunde liegenden Verteilung durchgeführt werden. Im Beispielszenario wird der Erwartungswert als Zielkriterium gewählt und jeweils mit den beiden möglichen Verteilungen, Log-Normal- und Dreiecksverteilung kombiniert. Grund hierfür ist, dass keine konkreten Daten über die Verteilung vorliegen. Beispielhaft werden 100 Zielfunktionswerte für die vier Musterpatienten berechnet und die **Anzahl an notwendigen Durchläufen** bestimmt (vgl. Tab. 54). Die Ergebnisse werden dabei jeweils auf volle 1.000 Stück aufgerundet.

Patient	Konfidenzniveau 0,90	Konfidenzniveau 0,95
	Anzahl der benötigten Durchläufe bei Log-Normalverteilung	
Patient 1	2.000 Stk.	2.000 Stk.
Patient 2	11.000 Stk.	15.000 Stk.
Patient 3	42.000 Stk.	59.000 Stk.
Patient 4	40.000 Stk.	56.000 Stk.
Anzahl der benötigten Durchläufe bei Dreiecksverteilung		
Patient 1	1.000 Stk.	1.000 Stk.
Patient 2	5.000 Stk.	6.000 Stk.
Patient 3	32.000 Stk.	45.000 Stk.
Patient 4	29.000 Stk.	41.000 Stk.

Tab. 54: Notwendige Durchläufe der Simulation für die Musterpatienten

6.5.3 Simulation der Kosten für die Behandlung der Musterpatienten

Abschließend kann untersucht werden, ob der Einsatz von Aktionen zur Vermeidung von Fehlern für Patienten einzelner Risikoklassen sinnvoll ist. Da Patient 1 und 2 minimalinvasiv behandelt werden, wird Aktion 2 bei ihnen grundsätzlich nicht durchgeführt. Somit ist zu untersuchen, ob die Durchführung der Aktionen 1, 3 und 4 eine Verbesserung des Zielfunktionswertes bewirken. Für die Patienten 3 und 4 hingegen, die mit einer klassischen Operation behandelt werden, können nur die Aktionen 2 und 3 durchgeführt werden. Die Aktionen 1 und 4 werden ausgeschlossen. Um eine Entscheidung treffen zu können, werden die Simulationen für die individuellen Risikogruppen der Patienten mit der für sie ermittelten notwendigen Anzahl an Durchläufen (vgl. Tab. 54) durchgeführt. Neben der Erfassung der Ergebnisse der einzelnen Simulationsläufe erfolgt eine automatische **Auswertung** dieser. Dabei werden für jede Aktion die Anzahl ihrer Durchführungen n, ihr Mittelwert $\overline{X}$, ihr Minimalwert (Mini.), ihr Maximalwert (Max.), ihre Standardabweichung σ bestimmt sowie das Erwartungswert-Standardabweichungs-Kriterium angewendet. Letzteres wird jeweils für einen risikoscheuen (Risikoparameter q = -0,8) und einen risikofreudigen (Risikoparameter q = 0,8) Entscheider dargestellt. Die jeweils niedrigsten Zielfunktionswerte werden grau hervorgerufen.

Für **Patient 1** ergeben sich die in Tab. 55 dargestellten Ergebnisse. Hierbei zeigt sich, dass sowohl bei Vorliegen einer Log-Normalverteilung als auch bei einer Dreiecksverteilung der Fall nicht auftritt, dass die Aktionen 1 und 3 sowie 3 und 4 durchgeführt werden. Bei Vorliegen einer Dreiecksverteilung wird zusätzlich Aktion 4 generell nicht durchgeführt. Insgesamt werden für Patient 1 die geringsten Zielfunktionswerte dann erreicht, wenn keine Aktion durchgeführt wird. Damit sollte bei Durchführung eines minimalinvasiven Eingriffs bei Vorliegen einer **Log-Normalverteilung** oder einer **Dreiecksverteilung** für Patienten, die derselben Risikoklasse wie Patient 1 angehören, **keine Aktion** durchgeführt werden.

Kriterium	Aktion					
	nur 1	1 und 3	nur 3	nur 4	3 und 4	keine Aktion
	Log-Normalverteilung					
n	1	0	168	1	0	1.830
$\overline{X}$	479,33 €	0,00 €	307,72 €	279,56 €	0,00 €	280,94 €
Mini.	479,33 €	0,00 €	194,00 €	279,56 €	0,00 €	163,85 €
Max.	479,33 €	0,00 €	426,37 €	279,56 €	0,00 €	460,76 €
σ	0,00 €	0,00 €	50,94 €	0,00 €	0,00 €	53,32 €
q = -0,8	479,33 €	0,00 €	266,97 €	279,56 €	0,00 €	238,29 €
q = 0,8	479,33 €	0,00 €	348,47 €	279,56 €	0,00 €	323,60 €
	Dreiecksverteilung					
n	1	0	59	0	0	940
$\overline{X}$	521,64 €	0,00 €	302,23 €	0,00 €	0,00 €	277,96 €
Mini.	521,64 €	0,00 €	234,44 €	0,00 €	0,00 €	172,64 €
Max.	521,64 €	0,00 €	390,01 €	0,00 €	0,00 €	400,27 €
σ	0,00 €	0,00 €	33,54 €	0,00 €	0,00 €	34,93 €
q = -0,8	521,64 €	0,00 €	275,40 €	0,00 €	0,00 €	250,02 €
q = 0,8	521,64 €	0,00 €	329,06 €	0,00 €	0,00 €	305,91 €

Tab. 55: Ergebnisse der Simulationen für Patient 1

Tab. 56 zeigt die Ergebnisse der Simulation für **Patient 2**. Hierbei unterscheiden sich die Ergebnisse je nach angenommener Verteilungsannahme der Inputparameter und Entscheidungskriterium. Um bei Durchführung eines minimalinvasiven Eingriffs die geringsten Zielfunktionswerte zu erreichen, sollte bei Vorliegen einer **Log-Normalverteilung** für Patienten, die derselben Risikoklasse wie **Patient 2** angehören, bei Risikofreude nur **Aktion 1**, bei Risikoaversion die **Aktionen 3** und **4** und bei Risikoneutralität nur **Aktion 4** durchgeführt werden. Liegt hingegen eine **Dreiecksverteilung** vor, so sollte bei Durchführung eines minimalinvasiven Eingriffs für Patienten, die derselben Risikoklasse wie Patient 2 angehören, im Falle einer Risikoneutralität und Risikofreude nur **Aktion 1** und im Falle einer Risikoaversion die **Aktionen 3** und **4** durchgeführt werden.

Kriterium	Aktion					
	nur 1	1 und 3	nur 3	nur 4	3 und 4	keine Aktion
	Log-Normalverteilung					
n	719	297	344	829	320	8.491
$\overline{X}$	691,93 €	721,27 €	778,96 €	679,88 €	683,43 €	776,98 €
Mini.	552,71 €	583,82 €	434,83 €	206,15 €	211,91 €	418,09 €
Max.	884,55 €	856,11 €	1.172,53 €	891,21 €	909,85 €	1.261,07 €
σ	63,59 €	61,82 €	158,31 €	99,63 €	106,54 €	158,41 €
q = -0,8	641,05 €	671,81 €	652,31 €	600,18 €	598,20 €	650,25 €
q = 0,8	742,80 €	770,73 €	905,61 €	759,59 €	768,66 €	903,71 €
	Dreiecksverteilung					
n	377	153	135	494	162	3.679
$\overline{X}$	685,13 €	703,69 €	791,32 €	693,05 €	702,47 €	765,53 €
Mini.	607,71 €	620,72 €	614,72 €	251,73 €	289,01 €	512,10 €
Max.	815,03 €	817,94 €	1.060,80 €	811,29 €	824,94 €	1.104,40 €
σ	31,43 €	35,76 €	87,68 €	46,38 €	65,87 €	87,88 €
q = -0,8	659,98 €	675,08 €	721,18 €	655,95 €	649,77 €	695,23 €
q = 0,8	710,27 €	732,29 €	861,46 €	730,16 €	755,16 €	835,84 €

Tab. 56: Ergebnisse der Simulationen für Patient 2

Tab. 57 zeigt die Ergebnisse der Simulation für **Patient 3**. Hierbei wird Aktion 3 bei Annahme einer Log-Normalverteilung bei allen Risikopräferenzen bevorzugt. Ebenso wird sie bei Annahme einer Dreiecksverteilung und Risikoaversion bevorzugt. Ist der Entscheider jedoch risikoneutral oder risikoavers, so wird die Durchführung der Aktionen 2 und 3 bevorzugt. In beiden Fällen weichen die erzielten Werte bei Durchführung der Aktion 3 oder der Kombination von 2 und 3 nur geringfügig voneinander ab. Daher sollte zum Wohle des Patienten zusätzlich Aktion 2 durchgeführt werden, da so das Risiko für ein mögliches Leiden des Patienten durch eine Infektion verringert wird. Damit sollte bei Durchführung einer klassischen Operation bei Vorliegen einer **Log-Normalverteilung** oder einer **Dreiecksverteilung** für Patienten, die derselben Risikoklasse wie Patient 3 angehören, generell die **Aktionen 2** und **3** durchgeführt werden.

Kriterium	Aktion			
	nur 2	2 und 3	nur 3	keine Aktion
	Log-Normalverteilung			
n	4.498	17.736	11.399	8.367
$\overline{X}$	1.510,24 €	1.114,87 €	1.097,46 €	1.485,29 €
Mini.	954,78 €	671,55 €	634,15 €	837,63 €
Max.	2.159,77 €	1.641,09 €	1.808,63 €	2.248,95 €
σ	228,63 €	196,07 €	215,79 €	248,02 €
q = -0,8	1.327,33 €	958,01 €	924,83 €	1.286,88 €
q = 0,8	1.693,14 €	1.271,73 €	1.270,10 €	1.683,71 €
	Dreiecksverteilung			
n	3.421	13.885	8.718	5.976
$\overline{X}$	1.465,83 €	1.078,41 €	1.088,13 €	1.471,50 €
Mini.	1.071,82 €	805,10 €	746,27 €	1.020,61 €
Max.	1.921,17 €	1.443,94 €	1.584,56 €	1.968,59 €
σ	118,46 €	90,81 €	106,47 €	131,75 €
q = -0,8	1.371,06 €	1.005,76 €	1.002,95 €	1.366,10 €
q = 0,8	1.560,60 €	1.151,06 €	1.173,31 €	1.576,90 €

Tab. 57: Ergebnisse der Simulationen für Patient 3

Tab. 58 zeigt die Ergebnisse für **Patient 4**. Hierbei gibt es ebenfalls keine Unterscheidung der Ergebnisse nach angenommener Verteilung der Inputparameter und Entscheidungskriterium.

In allen Fällen erzielt die Durchführung der Aktion 3 die geringsten Zielfunktionswerte. Damit sollte bei Durchführung einer klassischen Operation bei Vorliegen einer **Log-Normalverteilung** oder einer **Dreiecksverteilung** für Patienten, die derselben Risikoklasse wie Patient 4 angehören, generell die **Aktion 3** durchgeführt werden.

Kriterium	Aktion			
	nur 2	2 und 3	nur 3	keine Aktion
	Log-Normalverteilung			
n	327	3.014	21.848	14.811
$\overline{X}$	1.780,33 €	1.332,75 €	1.109,79 €	1.530,96 €
Mini.	1.240,93 €	902,75 €	630,71 €	887,88 €
Max.	2.898,30 €	2.788,14 €	2.814,06 €	3.232,12 €
σ	231,35 €	206,49 €	236,98 €	257,62 €
q = -0,8	1.595,25 €	1.167,55 €	920,20 €	1.324,86 €
q = 0,8	1.965,42 €	1.497,94 €	1.299,37 €	1.737,05 €
	Dreiecksverteilung			
n	199	1.736	18.284	8.781
$\overline{X}$	1.719,07 €	1.296,48 €	1.092,29 €	1.474,98 €
Mini.	1.397,01 €	970,79 €	761,73 €	955,55 €
Max.	3.006,39 €	1.624,15 €	2.481,07 €	2.722,86 €
σ	157,47 €	93,95 €	112,63 €	135,91 €
q = -0,8	1.593,10 €	1.221,32 €	1.002,19 €	1.366,25 €
q = 0,8	1.845,05 €	1.371,64 €	1.182,39 €	1.583,71 €

Tab. 58: Ergebnisse der Simulationen für Patient 4

Damit kann der **Behandlungspfad** hinsichtlich der einzelnen Risikoklassen erweitert werden. Hierzu muss die Ressourcenverbrauchsfunktion angepasst und, wie in Tab. 59 für einen risikoneutralen Entscheider dargestellt, die Definition der Zeittreiber hinsichtlich der Risikoklassen erweitert werden. Die Zuordnung der Patienten zu den einzelnen Risikoklassen erfolgt dabei analog Tab. 33.

Abschließend können, wie in Tab. 60 für einen risikoneutralen Entscheider beispielhaft dargestellt, die durch die Modifikation der Behandlungen erreichbaren Verbesserungen ermittelt werden. Wird ein **Patient der Risikoklasse 10** minimalinvasiv behandelt, so ist keine Aktion durchzuführen, wodurch sich keine Änderung des Zielfunktionswertes ergibt. Hingegen kann für **Patienten der Risikoklasse 26**, die minimalinvasiv behandelt werden, bei Vorliegen einer Log-Normalverteilung bei Durchführung der Aktion 4 eine Verbesserung des Zielfunktionswertes um 12,50 Prozent erreicht werden.

Liegt eine Dreiecksverteilung vor, so ist durch die Durchführung der Aktion 1 eine Verbesserung in Höhe von 10,50 Prozent zu erreichen. Wird für **Patienten der Risikoklasse 14** und **16** eine klassische Operation durchgeführt, so ist generell Aktion 3 durchzuführen. Bei zusätzlicher Durchführung der Aktion 2 für Patienten der Risikoklasse 14 kann bei Vorliegen einer Log-Normalverteilung eine Verbesserung in Höhe von 17,57 Prozent und bei Vorliegen einer Dreiecksverteilung in Höhe von 18,58 Prozent erreicht werden. Für Patienten der Risikoklasse 16 kann hingegen bei Vorliegen einer Log-Normalverteilung eine Verbesserung in Höhe von 27,51 Prozent und bei Vorliegen einer Dreiecksverteilung in Höhe von 25,95 Prozent erreicht werden.

Variable	Patient 1	Patient 2	Patient 3	Patient 4
	Risikoklasse			
	y = 10	y = 26	y = 14	y = 16
	minimalinvasiver Eingriff		klassische Operation	
	Log-Normalverteilung			
$X_{10,15,y}$	$X_{10,15,10} = 0$	$X_{10,15,26} = 0$	$X_{10,15,14} = 0$	$X_{10,15,16} = 0$
$X_{11,16,y}$	$X_{11,16,10} = 0$	$X_{11,16,26} = 0$	$X_{11,16,14} = 1$	$X_{11,16,16} = 0$
$X_{12,18,y}$	$X_{12,18,10} = 0$	$X_{12,18,26} = 0$	$X_{12,18,14} = 1$	$X_{12,18,16} = 1$
$X_{13,19,y}$	$X_{13,19,10} = 0$	$X_{13,19,26} = 1$	$X_{13,19,14} = 0$	$X_{13,19,16} = 0$
	Dreiecksverteilung			
$X_{10,15,y}$	$X_{10,15,10} = 0$	$X_{10,15,26} = 1$	$X_{10,15,14} = 0$	$X_{10,15,16} = 0$
$X_{11,16,y}$	$X_{11,16,10} = 0$	$X_{11,16,26} = 0$	$X_{11,16,14} = 1$	$X_{11,16,16} = 0$
$X_{12,18,y}$	$X_{12,18,10} = 0$	$X_{12,18,26} = 0$	$X_{12,18,14} = 1$	$X_{12,18,16} = 1$
$X_{13,19,y}$	$X_{13,19,10} = 0$	$X_{13,19,26} = 0$	$X_{13,19,14} = 0$	$X_{13,19,16} = 0$

Tab. 59: Angepasste Definition der Zeittreiber des Beispiels bei Annahme von Risikoneutralität

neue Aktion(en)	Zielfunktionswert		Verbesserung	
	keine Aktion	neue Aktion(en)	absolut	prozentual
Log-Normalverteilung				
Patient 1 – Risikoklasse 10				
– –	280,94 €	– –	– –	– –
Patient 2 – Risikoklasse 26				
4	776,98 €	679,88 €	97,10 €	12,50 %
Patient 3 – Risikoklasse 14				
2 und 3	1.352,45 €	1.114,87 €	237,58 €	17,57 %
Patient 4 – Risikoklasse 16				
3	1.530,96 €	1.109,79 €	421,17 €	27,51 %
Dreiecksverteilung				
Patient 1 – Risikoklasse 10				
– –	277,96 €	– –	– –	– –
Patient 2 – Risikoklasse 26				
1	765,53 €	685,13 €	80,40 €	10,50 %
Patient 3 – Risikoklasse 14				
2 und 3	1.324,45 €	1.078,41 €	246,04 €	18,58 %
Patient 4 – Risikoklasse 16				
3	1.474,98 €	1.092,29 €	382,69 €	25,95 %

Tab. 60: Zusammenfassung der Ergebnisse bei Annahme

6.5.4 Nutzen der Ergebnisse der Simulation zur Steuerung von Fehlerkosten im Krankenhaus

Das in der vorliegenden Arbeit vorgestellte Modell dient der Unterstützung des **Qualitätsmanagements**. Seine Grundlage bilden dabei klinische Behandlungspfade, die durch ihre standardisierten Behandlungsabläufe bereits zur Qualitätssteigerung beitragen. Nachteil der bisherigen Darstellung der Behandlungspfade war jedoch, dass die Pfade zwar Behandlungsvarianten enthielten und damit für einzelne Gruppen differenziert waren, jedoch die Betrachtung einzelner Risikoklassen vernachlässigt wurde. Mit Hilfe des Modells wird diese Schwachstelle überwunden. Hierzu wird zunächst der Zusammenhang zwischen Fehlerkosten und Risikoklassen abgebildet und dessen Auswirkungen auf den Zielfunktionswert bestimmt. Die Verwendung des

Time-Driven Activity-Based Costing ermöglicht hierbei die Bestimmung von Fehlerkosten für Patienten einzelner Risikoklassen, da die Kosten mit Hilfe der der Kostenfunktion zugrundeliegenden Ressourcenverbrauchsfunktion differenziert werden können und die Entscheidungsfindung somit nicht auf einem Durchschnittswert basiert. Basis des Modells bildet die Darstellung des Behandlungspfades mit Hilfe eines markovschen Prozesses. Vorteil dieser Abbildung ist die Möglichkeit der Darstellung einzelner Behandlungsverläufe. Zudem kann durch die Annahme der markovschen Eigenschaft und damit der Annahme eines gedächtnislosen Prozesses auf die zusätzliche Darstellung von Korrelationen zwischen den Behandlungszuständen verzichtet werden.

Im Anschluss wird der Nutzer dabei unterstützt, geeignete Aktionen zur Senkung der Komplikationsraten und damit zur Minimierung des Zielfunktionswertes für einzelne Risikoklassen auszuwählen. Neben der grundsätzlichen Möglichkeit zur Eignungsprüfung von Aktionen für einzelne Risikoklassen können auch **Aktionen** verglichen werden. Liegen ähnliche Aktionen vor, so können diese in das Modell aufgenommen und analysiert werden (vgl. Kapitel 6.4.2). Zudem kann auch der Nutzen von Änderungen des Behandlungspfades überprüft werden. So ist es beispielsweise möglich, dass ein Fremdbezug einer Leistung, wie zum Beispiel die externe Durchführung der Analyse von Blutuntersuchungen, zwar kostengünstiger ist, jedoch die Fehlerwahrscheinlichkeit aufgrund der vermehrten Schnittstellen oder anderer Standards bei den externen Laboren steigt. Auch bei der Vereinbarung von Leistungsstandards mit den Lieferanten kann das Modell zur Entscheidungsfindung herangezogen werden. Beispiel für eine solche **Leistungsvereinbarung** ist die Festlegung einer maximalen Fehlerquote für ein Implantat. Die Höhe dieser Fehlerquote kann aus dem Modell abgeleitet werden. So kann der Break-even berechnet werden, ab dem sich die Auslagerung von Leistungen, zum Beispiel durch eine erhöhte Komplikationsrate und den damit steigenden Kosten, nicht mehr lohnt.

Die Anpassung des Modells kann durch eine Änderung der Parameter notwendig werden. Hierbei spielt beispielsweise die **demografische Entwicklung** eine Rolle, die sich in einer erhöhten Lebenserwartung niederschlägt. Hatte beispielsweise ein im Jahr 1886 geborenes Mädchen noch eine durchschnittliche Lebenserwartung von 78,03 Jahren, so liegt diese, wäre es im Jahre 2008 geboren, bereits bei 82,40 Jahren.[774] Infolge dieser gestiegenen Lebenserwartung verändert sich auch die Altersstruktur der Patienten, wobei die Lebenserwartung, laut Schätzungen, in den nächsten Jahren noch zunehmen wird.[775] Dieser Anstieg wird wegen des gleichzeitigen Verlustes an Kindern, Jugendlichen und jungen Erwachsenen auch als double aging bezeichnet. Für Krankenhäuser hat dies die Folge, dass mehr ältere Patienten mit einer erhöhten Komorbidität und einer schlechteren Risikostruktur versorgt werden müssen, bei gleichzeitigem Verlust an jungen Patienten mit guter Risikostruktur. Zusätzlich führt die Verlagerung von Leistungen in den ambulanten Sektor zu einem Anstieg des Anteils an multimorbiden[776] und chronisch kranken Patienten im Krankenhaus,[777] was zu einem gleichzeitigen Anstieg der Pflegequote führt.[778] So liegt der Anteil der Pflegebedürftigen beispielsweise in der Altersgruppe der 70- bis 75-Jährigen bei knapp 5 Prozent und steigt bei den über 90-Jährigen auf über 60 Prozent. Somit ist es notwendig, die Auswirkungen einer veränderten Risikostruktur und die Auswirkungen von Komorbiditäten auf das Modell zu untersuchen, da diese unter Umständen Einfluss auf die Fehlerhäufigkeit haben. Dies ist mit den in Kapitel 5.2.2.3 dargestellten Methoden und im Falle einer positiven Prüfung in das Modell zu integrieren und die Wahrscheinlichkeiten sind anzupassen.

Die aus der Analyse gewonnenen Ergebnisse bilden den Ausgangspunkt zur Modifikation des bestehenden **Behandlungspfades**. Hierbei werden die Aktionen standardmäßig für einzelne Risikoklassen in den Behandlungspfad integriert. So können Aktionen gezielt nur für die Risikoklassen eingesetzt werden, für die sie den größten Nutzen bringen, was zu einer Verringerung der Gesamtkosten führt. Hierdurch wird sowohl sichergestellt, dass die Wahrscheinlichkeit für das Eintreten von Komplikationen für Patienten gesenkt als auch gleichzeitig Fehlerkosten vermieden werden.

---

[774] Vgl. Deutsche Krankenhausgesellschaft e. V. [Zahlen] 58.

[775] Vgl. auch fortfolgend Vetter [Einflüsse] 24.

[776] Unter Multimorbidität wird "das gleichzeitige Vorliegen mehrerer Krankheiten verstanden. Mit steigendem Alter steigt die Wahrscheinlichkeit für eine Multimorbidität." Burchert [Lexikon] 192.

[777] Vgl. Neudamm/Haeske-Seeberg [Qualität] 81.

[778] Vgl. folgend Roßbach/Marth/Zimolong [Gutachten] 109.

6.6 Einsatz des Modells zur Steuerung der Kosten der Fehlerursachenbeseitigung

6.6.1 Investitionen als Maßnahmen zur Fehlerursachenbeseitigung

Die Kosten zur Fehlerursachenbeseitigung und die DRG-bezogenen Fehlervermeidungskosten dienen der Vermeidung beziehungsweise Eliminierung der **Abweichungskosten** im Behandlungsprozess. Sie umfassen Kosten für strukturelle Änderungen des Behandlungsablaufs, die beispielsweise durch die Eliminierung nichtwertschöpfender, jedoch fehleranfälliger Aktivitäten entstehen. Sie fallen auch an, wenn bei der Fehleranalyse aufgedeckt wurde, dass einzelne Analysegeräte oder Personen eine höhere Fehlerquote besitzen und diese zum Beispiel durch den Kauf eines Analysegeräts mit einer geringeren Fehlerquote oder die Durchführung einer Schulungsmaßnahme gesenkt werden können. Die so entstehenden Kosten können nicht einem einzelnen Patienten, sondern nur einer gesamten DRG zugeordnet werden. Unter Umständen sind sie sogar nur einer Gruppe von DRGs zuzuordnen, wenn die Aktivität Bestandteil mehrerer Behandlungsabläufe ist.

Maßnahmen dieser Art amortisieren sich erst im Laufe der Zeit und besitzen somit einen langen Wirkungshorizont (vgl. Kapitel 5.3.3). Damit können Maßnahmen als Investitionen aufgefasst werden.[779] Die konkreten Maßnahmen können unterteilt werden in diejenigen, die den Behandlungsablauf verändern, und in jene, die die Übergangswahrscheinlichkeiten in die Fehlerzustände beeinflussen. Wird eine Veränderung des Behandlungsablaufes durchgeführt, so muss der Behandlungspfad angepasst werden. Zur Überprüfung ihrer Wirksamkeit ist für sie ein eigenes Markov-Modell zu erstellen.[780] Hierbei unterscheidet sich dieses vom Ausgangsmodell oftmals nur in den Modellparametern beziehungsweise Zuständen und nicht in der gesamten Modellstruktur. Sollen durch die vorgesehenen Maßnahmen jedoch die Fehlerquoten gesenkt werden, so sind lediglich die Übergangswahrscheinlichkeiten anzupassen. Können Fehler ganz eliminiert werden, so sind ihre Zustände aus dem Modell zu entfernen. Im Anwendungskontext ist das Ziel der Maßnahme die Einspa-

---

[779] Vgl. ausführlich zur Abgrenzung von Investitionen Troßmann [Investition] 3 ff.
[780] Vgl. folgend Siebert [Entscheidungen] 10.

rung von Kosten. Hierbei ist jedoch zu beachten, dass die Einsparung von Kosten nicht zwangsläufig eine Verringerung der Zahlungen aus Sicht der Finanzbuchhaltung bedingt. Grund hierfür ist der hohe Fixkostenanteil im Krankenhaus und die eventuell damit verbundenen Bindungsfristen beispielsweise von Arbeitsverträgen. Dennoch soll für den Anwendungsfall vereinfachend angenommen werden, dass Kosten auch Zahlungen bedingen.

Der Ergebnishorizont der Maßnahme spielt bei der Entscheidungsfindung eine Rolle und der Barwert der möglichen Abweichungskosten muss zur Entscheidungsfindung herangezogen werden. Der **Barwert** einer **zukünftigen Ein- oder Auszahlung C_l** „ist der Wert, der sich durch Abzinsung ergibt. Mit seiner Hilfe kann festgestellt werden, welchen Wert eine oder mehrere in einer Betrachtungsperiode geleistete Zahlung(en) zu Beginn der Betrachtungsperiode hat/haben.“[781] Zur Bestimmung des Barwertes wird der **Diskontierungszinssatz u**, auch Kalkulationszinssatz genannt, herangezogen.[782] Zudem müssen Informationen über den Zeitpunkt der Zahlung beziehungsweise die Laufzeit der Zahlungen vorliegen. Damit kann der **Kapitalwert C_0** ermittelt werden. „Der Kapitalwert eines Investitionsprojekts ist die Summe der Barwerte seiner Einnahmeüberschüsse über die Projektlaufzeit.“[783] Die Projektdauer kann beispielsweise auch durch die **Nutzungsdauer L** in Jahren der neu angeschafften Geräte bestimmt werden, wobei l = {1, 2, …, L}. Damit ergibt sich der Kapitalwert wie folgt:[784]

$$C_0 = \sum_{l=1}^{L} C_l \cdot \frac{1}{(1+u)^l} \qquad (28)$$

Im **Anwendungsfall** soll die Investition zur Einsparung der Abweichungskosten beitragen und die Abweichungskosten sollen in der obigen Formel die Variable C_l ersetzen. Da die genaue Höhe der Abweichungskosten nicht bekannt ist, muss für sie ihr Erwartungswert der jeweiligen Periode angesetzt werden. Hierbei handelt es sich

[781] Olfert [Investition] 207.
[782] Vgl. ausführlich zur Bestimmung des Kalkulationszinssatzes Troßmann/Baumeister [Internes] 218f.; Troßmann [Koordination] 260.
[783] Troßmann [Investition] 36.
[784] Vgl. Olfert [Investition] 208.

nicht um die Kosten eines einzelnen Patienten, sondern um die Gesamtkosten aller entsprechenden Fehler einer DRG, die in der Periode I aufgetreten sind. Kann der Fehler zudem in mehreren DRGs auftreten, so sind die entsprechenden Kosten aufzusummieren. Damit gilt für den Anwendungsfall:

$$C_I = E(K_{AB,I}) \tag{29}$$

6.6.2 Darstellung des Entscheidungskriteriums am Beispiel des Kaufs eines Diagnosegeräts

Beispielhaft soll ein Diagnosegerät zur Durchführung des minimalinvasiven Eingriffs angeschafft werden. Dieses Gerät möge den Vorteil haben, dass auch bei adipösen Patienten Gewebeveränderungen sicherer erkannt werden können. Es stehen zwei Geräte zur Auswahl. Zum einen soll **Gerät 1** für 1.000.000 Euro angeschafft werden können. Die Nutzungsdauer dieses Gerätes wird vom Hersteller mit sieben Jahren angegeben und das Krankenhaus plant hiermit 1.000 Behandlungen pro Jahr durchzuführen. Dies entspricht der Anzahl an Behandlungen mit dem alten Verfahren. Zum anderen kann **Gerät 2** angeschafft werden. Die Kosten hierfür sollen sich auf 1.250.000 Euro belaufen. Seine optimale Nutzungsdauer wird vom Hersteller mit neun Jahren angegeben, wobei das Krankenhaus aufgrund einer schnelleren Untersuchungszeit von 1.200 Behandlungen pro Jahr ausgeht. Tab. 61 fasst die Eckdaten der beiden Geräte zusammen:

	Gerät 1	Gerät 2
Anschaffungskosten	1.000.000 €	1.250.000 €
Nutzungsdauer	7 Jahre	9 Jahre
Geplante Behandlungen pro Jahr	1.000 Behandlungen	1.200 Behandlungen

Tab. 61: Vergleich der beiden Investitionsalternativen

Die beiden Geräte sollen sich in der Genauigkeit der Untersuchungsergebnisse unterscheiden. Gerät 1 soll eine Verbesserung gegenüber dem Eingriff mit dem alten Verfahren von 15 Prozent und Gerät 2 eine Verbesserung von 90 Prozent erzielen. Die Fehlerwahrscheinlichkeit des alten Verfahrens soll für Patienten, die nicht adipös sind bei 10 und für Patienten, die adipös sind, bei 80 Prozent liegen. Tab. 62 zeigt die unterschiedlichen Fehlerwahrscheinlichkeiten.

	Eingriff mit altem Verfahren	Eingriff mit Gerät 1	Eingriff mit Gerät 2
Patent ist nicht adipös	10,00 %	8,50 %	1,00 %
Patent ist adipös	80,00 %	68,00 %	8,00 %

Tab. 62: Fehlerwahrscheinlichkeiten der Investitionsobjekte

Die **Abweichungskosten** sind abhängig von der Patientenstruktur. Tab. 63 zeigt die angenommene Zusammensetzung der Patientenstruktur für die kommenden neun Jahre und die sich daraus ergebenden Anzahl an Behandlungen für adipöse und nicht adipöse Patienten.

Jahr	Anteil nicht adipöser Patienten	Erwartete Behandlungen nicht adipöser Patienten		Anteil adipöser Patienten	Erwartete Behandlungen adipöser Patienten	
		Gerät 1	Gerät 2		Gerät 1	Gerät 2
1	60,00 %	600 Stk.	720 Stk.	40,00 %	400 Stk.	480 Stk.
2	58,80 %	588 Stk.	706 Stk.	41,20 %	412 Stk.	494 Stk.
3	57,56 %	576 Stk.	691 Stk.	42,44 %	424 Stk.	509 Stk.
4	56,29 %	563 Stk.	675 Stk.	43,71 %	437 Stk.	525 Stk.
5	54,98 %	550 Stk.	660 Stk.	45,02 %	450 Stk.	540 Stk.
6	53,63 %	536 Stk.	644 Stk.	46,37 %	464 Stk.	556 Stk.
7	52,24 %	522 Stk.	627 Stk.	47,76 %	478 Stk.	573 Stk.
8	50,81 %	--	610 Stk.	49,19 %	--	590 Stk.
9	49,33 %	--	592 Stk.	50,67 %	--	608 Stk.

Tab. 63: Zusammensetzung der Patientenstruktur

Dabei wird davon ausgegangen, dass der Anteil an adipösen Patienten pro Jahr um drei Prozent steigt. Dabei wurde die Anzahl der Behandlungen auf ganze Zahlen gerundet.

Die Abweichungskosten für das „Nichterkennen einer Gewebeveränderung bei einem minimalinvasiven Eingriff“ wurden in Kapitel 6.3.1 mit 656,35 € berechnet (vgl. Tab. 43). Damit können unter Berücksichtigung der Behandlungsmengen, der Patientenstruktur und des Kalkulationszinssatzes die Zielfunktionswerte beziehungsweise die Barwerte der Zielfunktionswerte der Abweichungskosten berechnet werden.

Der **Kalkulationszinssatz u** wird dabei mit 5 Prozent pro Jahr angenommen. Tab. 64 fasst die Ergebnisse für die Geräte zusammen.

Die Berechnung der erwarteten Behandlungen mit Fehlern ergibt sich dabei für die einzelnen Jahre aus der Fehlerwahrscheinlichkeit für nicht adipöse Patienten multipliziert mit der Anzahl an erwarteten Behandlungen für diese plus der Fehlerwahrscheinlichkeit für adipöse Patienten multipliziert mit der Anzahl an erwarteten Behandlungen dieser Gruppe. Die Anzahl an erwarteten Fehlern in Jahr 1 ergibt sich beispielsweise wie folgt:

$$\begin{aligned} &\text{Anzahl erwarteter Behandlungen mit Fehler} \\ &= 0{,}1 \cdot 600 \text{ Behandlungen} + 0{,}8 \cdot 400 \text{ Behandlungen} \\ &= 380 \text{ Behandlungen} \end{aligned} \tag{30}$$

Damit ergibt sich der Zielfunktionswert für Jahr 1 bei Behandlung des Patienten mit dem alten Verfahren wie folgt:

$$\begin{aligned} K_1 &= 380 \text{ Behandlungen} \cdot 656{,}35 \text{ €/Behandlung} \\ &= 249.413{,}00 \text{ €} \end{aligned} \tag{31}$$

Analog lassen sich in Anlehnung an Tab. 63 die weiteren Anzahlen der erwarteten Behandlungen mit Fehler bestimmen. Damit lassen sich die Kapitalwerte der beiden Geräte mit deren Anschaffungskosten wie folgt gegenüberstellen (vgl. Tab. 65).

Die Barwerte beider Geräte liegen unter dem des alten Verfahrens mit 1.926.927,74 Euro. Grund hierfür ist die geringere Fehlerwahrscheinlichkeit der beiden Geräte. Betrachtet man jedoch zusätzlich die Anschaffungskosten, so lohnt sich nur eine Anschaffung von Gerät 2. Grund hierfür ist, dass dessen potenzielle Einsparung im Vergleich zum alten Verfahren größer ist als seine Anschaffungskosten. Bei Gerät 1 hingegen übersteigen die Anschaffungskosten diese potenziellen Einsparungen.

Jahr	Anzahl erwarteter Behandlungen mit Fehler	Zielfunktionswert	Barwert des Zielfunktionswertes
	altes Verfahren		
1	380 Stk.	249.413,00 €	237.536,20 €
2	388 Stk.	254.926,34 €	231.225,58 €
3	397 Stk.	260.605,08 €	225.120,57 €
4	406 Stk.	266.454,18 €	219.212,39 €
5	415 Stk.	272.478,76 €	213.494,19 €
6	425 Stk.	278.684,07 €	207.958,23 €
7	434 Stk.	285.075,54 €	202.597,77 €
8	444 Stk.	291.658,76 €	197.406,02 €
9	455 Stk.	298.439,47 €	192.376,77 €
Summe	3.745 Stk.	2.457.735,21 €	1.926.927,74 €
Jahr	Gerät 1		
1	323 Stk.	212.001,05 €	201.905,77 €
2	330 Stk.	216.687,39 €	196.541,75 €
3	337 Stk.	221.514,32 €	191.352,49 €
4	345 Stk.	226.486,06 €	186.330,53 €
5	353 Stk.	231.606,94 €	181.470,06 €
6	361 Stk.	236.881,46 €	176.764,50 €
7	369 Stk.	242.314,21 €	172.208,11 €
Summe	2.419 Stk.	1.587.491,43 €	1.306.573,20 €
Jahr	Gerät 2		
1	46 Stk.	29.929,56 €	28.504,34 €
2	47 Stk.	30.591,16 €	27.747,07 €
3	48 Stk.	31.272,61 €	27.014,47 €
4	49 Stk.	31.974,50 €	26.305,49 €
5	50 Stk.	32.697,45 €	25.619,30 €
6	51 Stk.	33.442,09 €	24.954,99 €
7	52 Stk.	34.209,07 €	24.311,73 €
8	53 Stk.	34.999,05 €	23.688,72 €
9	55 Stk.	35.812,74 €	23.085,21 €
Summe	449 Stk.	294.928,22 €	231.231,33 €

Tab. 64: Zielfunktionswerte und Barwert der Zielfunktionswerte

	Gerät 1	Gerät 2
Kapitalwerte	1.306.573,20 €	231.231,33 €
Potenzielle Einsparung im Vergleich zum alten Verfahren	620.354,53 €	1.695.696,41 €
Anschaffungskosten	1.000.000 €	1.250.000 €

Tab. 65: Vergleich der Barwerte der beiden Geräte

7 Unterstützungsmöglichkeiten des SAP Enterprise-Ressource-Planning-Systems zur praktischen Umsetzung des Time-Driven Activity-Based Costing

Um das Time-Driven Activity-Based Costing in der Praxis einsetzen zu können, müssen mehrere Voraussetzungen erfüllt sein. Zum ersten ist die Abbildung von Prozessen mit Hilfe von Modellen, die letztlich als Strukturobjekte für die Allokation von Prozesskosten dienen, notwendig.[785] Hierzu ist zunächst eine Modellierung und Visualisierung der klinischen Behandlungspfade mittels Informationstechnologie Voraussetzung.[786] Mit der Integration klinischer Behandlungspfade in das **Krankenhausinformationssystem** wird eine Möglichkeit geschaffen, medizinisches Wissen mit ökonomischen Zielen, durchzuführenden Aufgaben und Prozessen zu verknüpfen.[787] Erst durch diese Einbindung können die Informationen, die aus den klinischen Behandlungspfaden gewonnen wurden, für weitere Planungen verwendet werden.[788] Sie können dabei sowohl als Grundlage der Einsatzplanung der Mitarbeiter als auch zur Planung der weiteren Ressourcen dienen. Dadurch, dass klinische Pfade auf einem Pfadmodell basieren, können zudem sowohl medizinische als auch verwaltungstechnische Aufgaben sowie die benötigte Zeit und die entstandenen Kosten der Behandlung überwacht werden. Zum zweiten ist die Sicherstellung des Zugriffs auf den **operativen Datenbestand** zur Berechnung von Prozesskapazitäten notwendig.[789] Nicht zuletzt bilden **valide Leistungsdaten** die Basis für eine verlässliche Kalkulation sowie für eine verursachungsgerechte Kostenträgerrechnung.[790] Um den Behandlungsablauf im Krankenhaus abbilden zu können, ist es daher notwendig, alle vom Patienten bezogenen Leistungen personenbezogen zu erfassen.[791]

Daraus entsteht die Forderung nach dem Einsatz einer modernen Informatikstruktur für Krankenhäuser.[792] Hierbei bietet der Einsatz rechentechnischer Anwendungen

---

785 Vgl. Grob/Bensberg/Coners [Analytisch] 605.
786 Vgl. Lux/Raphael [Informationssysteme] 74; Schilling et al. [Behandlungspfade] 966.
787 Vgl. Muscholl [Approach] 293 f.
788 Vgl. auch fortfolgend Muscholl [Behandlungspfade] 350.
789 Vgl. Coners/von der Hardt [Time] 114.
790 Vgl. Möller/Borges/Schmitz [Kostenträgerrechnung] 3.
791 Vgl. Baukmann [Prüfung] 161; Rieben et al. [Kostenträgerrechnung] 43.
792 Vgl. Rieben et al. [Kostenträgerrechnung] 43.

die Möglichkeit, auf den einzelnen Patienten zugeschnittene Kalkulationen durchzuführen und ermöglicht damit eine Transparenz des Behandlungsablaufs.[793] Oftmals tritt jedoch in der Praxis das Problem auf, dass medizinische Subsysteme keine direkte Anbindung an das Patientenmanagementsystem besitzen und damit die leistungsbezogenen Patientendaten nur durch aufwendige Schnittstellen an die bestehenden EDV-Systeme übermittelt werden können.[794] Zur Überwindung dieses Problems und zur Bewältigung der großen anfallenden Datenmengen, wie beispielsweise bei der Verrechnung von Gemeinkosten, können als Datenquelle integrierte Enterprise-Ressource-Planning-Systeme (ERP-Systeme), wie beispielsweise das **SAP ERP-System**, verwendet werden.[795] Enterprise-Ressource-Planning-Systeme bieten neben der Speicherung der Daten den Vorteil von integrierten Auswertungsmodulen. So können zum Beispiel mit Hilfe des SAP-Controllingmoduls betriebswirtschaftliche Kalkulationen einschließlich einer Kostenträgerrechnung durchgeführt werden.[796]

Für den Krankenhausbereich entwickelte die SAP AG die Branchenlösung **mySAP Healthcare**.[797] Diese Branchenlösung ist vollständig in mySAP integriert, so dass der uneingeschränkte Zugriff auf alle relevanten betriebswirtschaftlichen Daten ermöglicht wird. Speziell für die Bereiche Patientenmanagement und -abrechnung stellt SAP die Module IS-H und IS-Hmed bereit.[798] Das Modul IS-Hmed dient der medizinischen Dokumentation von Leistungen. Dabei werden nicht nur die durchgeführten Behandlungsschritte dokumentiert, sondern vielmehr auch Leistungsanforderungen an weitere Abteilungen durchgeführt. Die von der Komponente ISH gewonnenen Informationen lassen sich problemlos in das SAP-System integrieren. ISH fungiert als patientenorientiertes Kernsystem und liefert die notwendigen patientenbezogenen Informationen für das Controlling. Speziell die klinischen Behandlungspfade können EDV-gestützt innerhalb des SAP-Systems mittels des SAP-Moduls **i.s.h.med pathways** der Firma Siemens (ehemals GSD) aus Berlin dargestellt und den Patienten

---

[793] Vgl. Hentze/Kehres [Kosten] 121.
[794] Vgl. Möller/Borges/Schmitz [Kostenträgerrechnung] 2 f.
[795] Vgl. Coners [Zeitstudien] 258; Grob/Bensberg/Coners [Analytisch] 604.
[796] Vgl. Möller/Borges/Schmitz [Kostenträgerrechnung] 3.
[797] Vgl. folgend SAP AG [Healthcare].
[798] Vgl. auch fortfolgend Hennevogl [SAP] 254.

zugeordnet werden.[799] Mit Hilfe dieses Moduls werden alle notwendigen und zu durchlaufenden Schritte von der ambulanten Voruntersuchung über den stationären Aufenthalt bis hin zur post-stationären Versorgung definiert und visualisiert. Die Aufgaben werden hierzu mit Symbolen versehen. Dabei geben gelbe Dreiecke die Aufgaben an, die noch am gleichen Tag zu erledigen sind, grüne Quadrate zeigen zukünftige Aufgaben, und rote Kreise warnen vor Aufgaben, die bereits abgeschlossen hätten sein sollen. Hat ein Mitarbeiter die erforderliche Aufgabe erfüllt, so kann er dies im SAP-System durch das Setzen eines Häkchens bestätigen. Die vorliegende Dokumentation bildet die Voraussetzung für eine realitätsnahe Kostenanalyse. Zusätzlich erhält der Patient beim Erstkontakt mit der Klinik eine detaillierte Informationsbroschüre überreicht, in der der gesamte Ablauf der Behandlung beschrieben ist. Somit werden durch den Einsatz des i.s.h.med-Tools die Voraussetzungen des Time-Driven Activity-Based Costing erfüllt. Zum einen werden die anfallenden Daten direkt in dem SAP ERP-System gespeichert und dienen dem Time-Driven Activity-Based Costing als Datengrundlage. Zum anderen bietet i.s.h.med die Möglichkeit der Abbildung klinischer Behandlungspfade als Strukturobjekt und bildet damit die Basis der Kostenrechnung.

Der Einsatz des SAP-Systems und seiner erweiternden Module dient zwar der Unterstützung des Time-Driven Activity-Based Costing, ist für dessen Durchführung allerdings nicht ausreichend. Vielmehr ist es notwendig, bei der eigentlichen Dateneingabe auf die Kontierung der entsprechenden Kostenträger zu achten. Hierbei sind die Buchungen primärer und sekundärer Kosten zu unterscheiden.[800] Bei den in der Finanzbuchhaltung zu erfassenden **Primärbuchungen** ist es notwendig, dass der Patient und sein aktueller Behandlungsfall als Kontierungsobjekt angegeben werden kann.[801] Hierdurch wird eine direkte Zuordnung der Kosten zu diesen gewährleistet. Sollen die Kosten nicht direkt einem Patienten, sondern einer DRG zugeordnet werden, so kann für die entsprechende DRG ein Innenauftrag angelegt werden.[802] Dieser bietet im Falle eines echten Innenauftrags die Möglichkeit, angefallene Kosten zu

---

[799] Vgl. auch fortfolgend o. V. [Behandlungspfade].
[800] Vgl. Kalenberg [Kostenrechnung] 26 f.
[801] Vgl. SAP Help [Kontierung].
[802] Vgl. auch fortfolgend SAP Help [Innenauftrag].

sammeln und weiter zuverrechnen. Als möglicher Empfänger kann beispielsweise ein Objekt in der Ergebnis- und Marktsegmentrechnung dienen. Sollen die Daten nur zu statistischen Auswertungen auf dem Innenauftrag gesammelt werden, so ist ein statistischer Innenauftrag anzulegen, der nur indirekt bebucht werden kann. Sein Nachteil ist, dass die Kosten nicht weiterverrechnet werden können, da diese auf dem statistischen Innenauftrag nur im Sinne einer Schattenbuchhaltung geführt werden.

Um bei **Sekundärbuchungen** eine verursachungsgerechte Zuordnung der Kosten zu gewährleisten, kann die Template-Planung eingesetzt werden.[803] Diese stellt ein dynamisches Berechnungswerkzeug dar, welches Funktionen, Formeln und Werte zur Verrechnung der Gemeinkosten hinterlegt. Im vorliegenden Beispielszenario könnte die Formel Bezug auf die Merkmale des Patienten haben. So kann in der Formel beispielsweise hinterlegt werden, dass die Kosten in Abhängigkeit von der Pflegestufe des Patienten verrechnet werden. Damit wird die Idee der Wenn-Dann-Beziehungen des Time-Driven Activity-Based Costing aufgegriffen. Damit das i.s.h.med-System auch zur Steuerung der Fehlerkosten eingesetzt werden kann, müssen einige Anpassungen durchgeführt werden. Zum einen müssen die zugrunde liegenden Behandlungspfade um die Möglichkeit, Fehler darzustellen, erweitert werden. Hierzu werden diese als Funktionen im Behandlungspfad abgebildet. Dabei enthalten die Funktionen auch die möglichen Aktionen. Durch Formulierung der Wenn-Dann-Funktion können sie je nach Vorliegen der Störgrößen ausgewählt werden. Die Patienteneigenschaften werden in dem Modell als Störgrößen geführt. Zudem müssen die Übergangswahrscheinlichkeiten integriert werden. Damit ist ein Algorithmus zu implementieren, der den Behandlungsablauf dynamisch anpasst. Auf diese Weise wird der Anwender nicht nur durch den regulären Behandlungsablauf geführt, sondern erhält zusätzlich Vorschläge zur Fehlervermeidung.

Eine weitere Möglichkeit der Erfassung der verwendeten Zeiten kann der Einsatz der **Radio-Frequency Identification Technik (RFDI)** bilden. Hierfür werden mit Sensoren und Antennen ausgestattete Transponder, sogenannte RFDI-Chips, einge-

---

[803] Vgl. folgend SAP Help [Template].

setzt.[804] Werden diese Chips auf einer bestimmten Frequenz angefunkt, so werden sie aktiv. Um diese Technik einsetzen zu können, müssen sowohl die Patienten als auch das Personal beziehungsweise die verwendeten Untersuchungsgeräte mit der entsprechenden Technik ausgestattet werden. Damit ist es möglich, die benötigten Daten ohne manuellen Aufwand zur Verfügung zu stellen und eine ständige Zuordnung zum Patienten zu gewährleisten, da die Daten automatisch erfasst und weiterverarbeitet werden. Diese Technik eignet sich insbesondere für die Erfassung von Pflegeleistungen, bei der eine manuelle Eingabe der aufgewendeten Zeiten nicht praktikabel ist.

---

804 Vgl. folgend Burr/Stephan [Dienstleistungsmanagement] 54.

Anhang

Teilprozess	Aktivitäten	Kategorie der beteiligten Ressourcen
Vorstationäre Ambulanz	– Aufnahme des Patienten – Anlegen der Patientenakte	medizinisch-technischer Dienst
	– Anamnese – klinische Untersuchung – Umfelddiagnostik inkl. Ultraschall – Rückmeldung an Oberarzt	Arzt
	– Assistenz bei klinischer Untersuchung – Begleitung des Patienten zum zentralen Patientenmanagement – Planung der stationären Aufnahme – Fall im SAP-System anlegen – Dokumente drucken – Informationsgespräch mit dem Patienten	Pflege
Vorstationärer Operations-Tag	– Vervollständigung der Daten im SAP-System – Etikettierung der vorbereiteten Akte – Befunde anfordern – Aufnahme der Medikamente des Patienten	medizinisch-technischer Dienst
	– chirurgische Aufklärung – anästhesiologische Aufklärung	Arzt
	– Blutentnahme – Elektrokardiogramm (EKG) durchführen – Durchführung der Pflegeanamnese – Aushändigung der Thromboseprophylaxe und des Abführmittels – Vollständigkeitsprüfung der Unterlagen – Terminvereinbarung mit dem Patienten zur eigentlichen Aufnahme	Pflege
Aufnahme Operations-Tag	– Monitoring – Legen der Verweildauerkanüle – Prüfung der Laborwerte	Arzt

Tab. 66: Teilprozessschritte der laparoskopischen Cholezystektomie – Teil 1

Teilprozess	Aktivitäten	Kategorie der beteiligten Ressourcen
Aufnahme Operations-Tag	– Prüfung der Unterlagen – Präoxygenierung – Narkose – Intubation – Beatmung – Magensonde legen – Gabe von Sterofundi – Blutentnahme – Visite – Laborkontrolle – Wundinspektion	Arzt
	– Vorbereitung Akte und Bett – Patient begrüßen und in SAP-System aufnehmen – Durchführung beziehungsweise Kontrolle der Rasur – Vorbereitung des Patienten auf die Operation – Transport des Patienten und dessen Unterlagen in den Operationssaal – Umlagern des Patienten – Assistenz bei der Anästhesie – Vorbereiten der Anästhesie – Vorbereitung der sterilen Instrumente – steriles Abdecken des Patienten und Hautdesinfektion – Entsorgung der Instrumente – Ausschleusen des Patienten – Monitoring und Vitalzeichenkontrolle im Aufwachraum – Patient auf Station bringen – Vitalzeichen- und Verbandskontrolle – Mobilisierung des Patienten	Pflege

Tab. 67: Teilprozessschritte der laparoskopischen Cholezystektomie – Teil 2

Teilprozess	Aktivitäten	Kategorie der beteiligten Ressourcen
Aufnahme Operations-Tag	– Hilfe bei Blasenentleerung, Aufstehen, Gehen, Umziehen, Lagern im Bett – Getränke stellen – Atemübung und Einreiben – Bett herrichten – Laborkontrolle vorbereiten und anfordern – Vorbereiten und Gabe der Medikation – Begleitung Visite – Übergabe an nächste Schicht	Pflege
1. Post Operations-Tag	– Blutentnahme – Visite – Laborkontrolle – Wundinspektion	Arzt
	– Vitalzeichen- und Verbandskontrolle – Mobilisierung des Patienten – Getränke und Essen stellen – Atemübung und Einreiben – Bett herrichten – Laborkontrolle vorbereiten und anfordern – Verweilkanüle entfernen – Vorbereiten und Gabe der Medikation – Begleitung Visite – Übergabe an nächste Schicht	Pflege
	– Hilfe beim Gehen	Physiotherapeut
2. Post Operations-Tag	– Visite – Laborkontrolle – Wundinspektion – Schreiben des vorläufigen Arztbriefes – Diktieren des vollständigen Arztbriefes – Entlassungsbrief schreiben – Qualitätssicherungsbögen ausfüllen	Arzt

Tab. 68: Teilprozessschritte der laparoskopischen Cholezystektomie – Teil 3

Teilprozess	Aktivitäten	Kategorie der beteiligten Ressourcen
2. Post Operations-Tag	– Übergabe an nächste Schicht – Begleitung Visite – Verbandswechsel – Getränke und Essen stellen – Bett wiederaufbereiten – Patient im SAP-System entlassen	Pflege
	– Treppensteigen	Physiotherapeut
Entlassungstag	– Entlassungsbrief schreiben	Arzt

Tab. 69: Teilprozessschritte der laparoskopischen Cholezystektomie – Teil 4

Risiko-klasse	Risikogruppe liegt vor				
	r =1	r =2	r =3	r =4	r =5
1	nein	nein	nein	nein	nein
2	nein	nein	nein	nein	ja
3	nein	nein	nein	ja	nein
4	nein	nein	nein	ja	ja
5	nein	nein	ja	nein	nein
6	nein	nein	ja	nein	ja
7	nein	nein	ja	ja	nein
8	nein	nein	ja	ja	ja
9	nein	ja	nein	nein	nein
10	nein	ja	nein	nein	ja
11	nein	ja	nein	ja	nein
12	nein	ja	nein	ja	ja
13	nein	ja	ja	nein	nein
14	nein	ja	ja	nein	ja
15	nein	ja	ja	ja	nein
16	nein	ja	ja	ja	ja
17	ja	nein	nein	nein	nein
18	ja	nein	nein	nein	ja
19	ja	nein	nein	ja	nein
20	ja	nein	nein	ja	ja
21	ja	nein	ja	nein	nein
22	ja	nein	ja	nein	ja
23	ja	nein	ja	ja	nein
24	ja	nein	ja	ja	ja
25	ja	ja	nein	nein	nein
26	ja	ja	nein	nein	ja
27	ja	ja	nein	ja	nein
28	ja	ja	nein	ja	ja
29	ja	ja	ja	nein	nein
30	ja	ja	ja	nein	ja
31	ja	ja	ja	ja	nein
32	ja	ja	ja	ja	ja

Tab. 70: Definition der Risikoklassen des Prozesses

n	Quantil	Z-Wert	Zielfunktionswert
1	0,02	-2,14759388	754,16 €
2	0,03	-1,85572992	759,74 €
3	0,05	-1,66839119	762,96 €
4	0,06	-1,52610335	775,55 €
5	0,08	-1,40935522	776,40 €
6	0,10	-1,30917172	799,41 €
7	0,11	-1,22064035	820,40 €
8	0,13	-1,14076374	821,04 €
9	0,14	-1,06757052	825,00 €
10	0,16	-0,99969049	832,55 €
11	0,17	-0,93612982	853,09 €
12	0,19	-0,87614285	857,97 €
13	0,21	-0,81915425	867,84 €
14	0,22	-0,76470967	879,76 €
15	0,24	-0,71244303	934,57 €
16	0,25	-0,66205417	939,18 €
17	0,27	-0,61329312	972,06 €
18	0,29	-0,56594882	978,46 €
19	0,30	-0,51984071	980,26 €
20	0,32	-0,47481248	990,21 €
21	0,33	-0,4307273	1.001,28 €
22	0,35	-0,38746404	1.007,05 €
23	0,37	-0,34491439	1.014,32 €
24	0,38	-0,30298045	1.015,86 €
25	0,40	-0,26157283	1.028,57 €
26	0,41	-0,22060909	1.034,68 €
27	0,43	-0,18001237	1.039,16 €
28	0,44	-0,1397103	1.061,51 €
29	0,46	-0,09963397	1.061,86 €
30	0,48	-0,0597171	1.065,09 €
31	0,49	-0,01989519	1.069,36 €
32	0,51	0,01989519	1.083,17 €
33	0,52	0,0597171	1.094,44 €
34	0,54	0,09963397	1.096,88 €

n	Quantil	Z-Wert	Zielfunktionswert
35	0,56	0,1397103	1.105,58 €
36	0,57	0,18001237	1.124,09 €
37	0,59	0,22060909	1.126,82 €
38	0,60	0,26157283	1.127,16 €
39	0,62	0,30298045	1.129,05 €
40	0,63	0,34491439	1.130,14 €
41	0,65	0,38746404	1.142,71 €
42	0,67	0,4307273	1.171,45 €
43	0,68	0,47481248	1.189,71 €
44	0,70	0,51984071	1.206,36 €
45	0,71	0,56594882	1.217,84 €
46	0,73	0,61329312	1.225,53 €
47	0,75	0,66205417	1.257,28 €
48	0,76	0,71244303	1.263,62 €
49	0,78	0,76470967	1.272,43 €
50	0,79	0,81915425	1.274,88 €
51	0,81	0,87614285	1.286,69 €
52	0,83	0,93612982	1.302,29 €
53	0,84	0,99969049	1.303,40 €
54	0,86	1,06757052	1.323,41 €
55	0,87	1,14076374	1.328,88 €
56	0,89	1,22064035	1.352,53 €
57	0,90	1,30917172	1.359,80 €
58	0,92	1,40935522	1.360,91 €
59	0,94	1,52610335	1.384,19 €
60	0,95	1,66839119	1.410,11 €
61	0,97	1,85572992	1.487,27 €
62	0,98	2,14759388	1.656,14 €

Tab. 71: Berechnung der Z-Werte für den Fall, dass nur Aktion 3 durchgeführt wird

n	Quantil	Z-Wert	Zielfunktionswert
1	0,03	-1,833914636	1.141,14 €
2	0,07	-1,501085946	1.153,28 €
3	0,10	-1,281551566	1.168,67 €
4	0,13	-1,110771617	1.171,93 €
5	0,17	-0,967421566	1.208,84 €
6	0,20	-0,841621234	1.253,36 €
7	0,23	-0,727913291	1.307,49 €
8	0,27	-0,622925723	1.315,05 €
9	0,30	-0,524400513	1.410,70 €
10	0,33	-0,430727299	1.420,17 €
11	0,37	-0,340694827	1.491,95 €
12	0,40	-0,253347103	1.505,70 €
13	0,43	-0,167894005	1.518,35 €
14	0,47	-0,083651734	1.527,37 €
15	0,50	-1,39214E-16	1.547,90 €
16	0,53	0,083651734	1.549,73 €
17	0,57	0,167894005	1.590,51 €
18	0,60	0,253347103	1.623,34 €
19	0,63	0,340694827	1.629,71 €
20	0,67	0,430727299	1.634,77 €
21	0,70	0,524400513	1.664,69 €
22	0,73	0,622925723	1.726,01 €
23	0,77	0,727913291	1.792,38 €
24	0,80	0,841621234	1.831,32 €
25	0,83	0,967421566	1.854,28 €
26	0,87	1,110771617	1.854,64 €
27	0,90	1,281551566	1.887,48 €
28	0,93	1,501085946	1.961,31 €
29	0,97	1,833914636	2.163,45 €

Tab. 72: Berechnung der Z-Werte für den Fall, dass keine Aktion durchgeführt wird

Code	Erläuterung
Unterprozedur „berechnen“	
Sub berechnen()	Der Solver wird in gewünschter Anzahl ausgeführt und die Ergebnisse aufgezeichnet.
Loeschen	Die Unterprozedur "loeschen" wird aufgerufen.
Dim Ergebnis() As Single	Die Variable "Ergebnis" wird als Feld deklariert und dimensioniert.
Dim iCounter, iVerteilung, iRow, iMax As Long	iCounter (Zählvariable) und iMax (Anzahl der Durchläufe) werden als ganzzahlige Variablen deklariert und dimensioniert.
Dim CaseA, CaseB, CaseC, CaseD, CaseE, CaseF, CaseG, CaseH As Long	CaseA bis CaseH - Zählvariablen für die Fälle von auftretenden Aktionen werden deklariert und dimensioniert.
Dim Risikoparameter As Single	Die Variable "Risikoparameter" wird deklariert und dimensioniert.
Dim CostA() As Single Dim CostB() As Single Dim CostC() As Single Dim CostD() As Single Dim CostE() As Single Dim CostF() As Single Dim CostG() As Single Dim CostH() As Single	Deklaration und Dimensionierung der Felder CostA bis CostH für die Kosten der möglichen Aktionen und deren Kombinationen.
ReDim Ergebnis(1 To 10)	Die Anzahl der zu übertragenden Werte beträgt 10. Das Ergebnis wird als Feld mit 10 Variablen angelegt.
iMax = ComboBoxAnzahl.Value	Die Variable iMax wird aus dem Textfeld in der UserForm "Interface" eingelesen. Sie entspricht der Aufschrift des Textfeldes.
Sheets("Eingabetool").Select	Das Tabellenblatt "Eingabetool" wird ausgewählt.
If OptionButtonMinimal.Value = True Then Cells(14, 4) = 1	Die Behandlungsmethode „minimalinvasiver Eingriff“ wird im Interface eingestellt: Übertragung des Wertes 1 in das Feld D14 des Tabellenblattes "Eingabetool".
If OptionButtonMinimal.Value = True Then Cells(15, 4) = 0	Die Behandlungsmethode „minimalinvasiver Eingriff“ wird im Interface eingestellt: Übertragung des Wertes 0 in das Feld D15 des Tabellenblattes "Eingabetool".

Code	Erläuterung
If OptionButtonOP.Value = True Then Cells(15, 4) = 1	Die Behandlungsmethode „klassische Operation" wird im Interface eingestellt: Übertragung des Wertes 1 in das Feld D15 des Tabellenblattes "Eingabetool".
If OptionButtonOP.Value = Then Cells(14, 4) = 0	Die Behandlungsmethode „klassische Operation" wird im Interface eingestellt: Übertragung des Wertes 0 in das Feld D14 des Tabellenblattes "Eingabetool".
If CheckBoxr1.Value = True Then Cells(16, 4) = 1 Else Cells(16, 4) = 0	Die Risikogruppe „Patient ist adipös" wird im Interface eingestellt: Übertragung des Wertes 1 in das Feld D16 des Tabellenblattes "Eingabetool"; sonst 0.
If CheckBoxr2.Value = True Then Cells(17, 4) = 1 Else Cells(17, 4) = 0	Die Risikogruppe „Patient ist älter als 65 Jahre" wird im Interface eingestellt: Übertragung des Wertes 1 in das Feld D17 des Tabellenblattes "Eingabetool"; sonst 0.
If CheckBoxr3.Value = True Then Cells(18, 4) = 1 Else Cells(18, 4) = 0	Die Risikogruppe „Zinkwert liegt unter Schwellenwert" wird im Interface eingestellt: Übertragung des Wertes 1 in das Feld D18 des Tabellenblattes "Eingabetool"; sonst 0.
If CheckBoxr4.Value = True Then Cells(19, 4) = 1 Else Cells(19, 4) = 0	Die Risikogruppe „Patient ist Diabetiker" wird im Interface eingestellt: Übertragung des Wertes 1 in das Feld D19 des Tabellenblattes "Eingabetool"; sonst 0.
If CheckBoxr5.Value = True Then Cells(20, 4) = 1 Else Cells(20, 4) = 0	Die Risikogruppe „Patient ist Raucher" wird im Interface eingestellt: Übertragung des Wertes 1 in das Feld D20 des Tabellenblattes "Eingabetool"; sonst 0.
Risikoparameter = LabelParameter.Caption	Der Risikoparameter wird aus dem Interface in die Variable eingelesen.
Cells(21, 4) = Risikoparameter	Der Wert des Risikoparameters wird in das Feld D21 des Tabellenblattes "Eingabetool" übertragen.
iRow = 3	Die erste zu beschreibende Reihe ist die 3. Reihe. Daher wird die Laufvariable für die zu beschreibende Reihe mit dem Ausgangswert 3 belegt.
CaseA = 0 CaseB = 0 CaseC = 0 CaseD = 0 CaseD = 0	Die Ausgangswerte von CaseA bis CaseH sind 0 und werden den Variablen zugewiesen.

Code	Erläuterung
CaseE = 0 CaseF = 0 CaseG = 0 CaseH = 0	
For iCounter = 1 To iMax	Zählschleife, Anzahl der Durchläufe entspricht iMax. Die Zählvariable iCounter beginnt bei 1.
Calculate	Die Zufallsvariablen werden aktualisiert.
If OptionButtonLogverteilung.Value = True Then	Die Option Verteilung „Log-Normalverteilung" wird im Interface eingestellt.
For iVerteilung = 5 To 23 Worksheets("Nomenklatur").Cells(iVerteilung, 4).Value = Worksheets("Nomenklatur").Cells(iVerteilung, 14).Value	Die Zellen N5:N23 des Tabellenblattes „Nomenklatur" werden in D5:D23 kopiert.
Next iVerteilung	Next beendet die Schleife, die von 5 bis 23 läuft
ElseIf OptionButtonDreiecksverteilung.Value = True Then	Die Option Verteilung „Dreiecksverteilung" wird im Interface eingestellt.
For iVerteilung = 5 To 23 Worksheets("Nomenklatur").Cells(iVerteilung, 4).Value = Worksheets("Nomenklatur").Cells(iVerteilung, 12).Value	Die Zellen L5:L23 des Tabellenblattes „Nomenklatur" werden in D5:D23 kopiert.
Next iVerteilung	Next beendet die Schleife, die von 5 bis 23 läuft
End If	Ende der Fallunterscheidung für die Auswahl der Verteilungen.
For iVerteilung = 5 To 23 Worksheets("Nomenklatur").Cells(iVerteilung, 5).Value = 0 Next iVerteilung	Die Werte der Zellen "E5" bis "E23" im Tabellenblatt "Nomenklatur" werden auf 0 gesetzt.
Sheets("Eingabetool").Select	Tabellenblatt "Eingabetool" wird ausgewählt.
Range("D28").Select	Die Zelle D28 wird markiert.
Range(Selection, Range("D31")).Select	Der Bereich D28:D31 wird markiert.
Selection.ClearContents	Die Auswahl wird gelöscht.

Code	Erläuterung
Simulation	Die Unterprozedur "Simulation" wird aufgerufen.
Sheets("Eingabetool").Select	Das Tabellenblatt "Eingabetool" wird ausgewählt.
If Cells(35, 3).Text = "#NV" Then	Abfrage wird auf den Fehler "#NV".
Sheets("Ergebnisse").Cells(2 + iCounter, 11).Value = iCoun ter	Ein Hinweis auf Fehler in Spalte "K" im Tabellenblatt "Ergebnisse" wird ausgegeben.
iCounter = iCounter - 1	Der Zähler wird um 1 zurückgesetzt, um iMax gültige Werte zu generieren.
ElseIf Cells(28, 4).Value >= 0.5 And Cells(30, 4).Value >= 0.5 And Cells(31, 4).Value >= 0.5 Then	Abfrage, ob die Kombination der Aktionen 1, 2 und 3 auftritt.
Sheets("Ergebnisse").Cells(2 + iCounter, 11).Value = "ACD"	Hinweis auf den Fehler "ACD" in Spalte "K" wird im Tabellenblatt "Ergebnisse" ausgegeben.
iCounter = iCounter - 1	Der Zähler wird um 1 zurückgesetzt, um iMax gültige Werte zu generieren.
ElseIf Cells(28, 4).Value >= 0.5 And Cells(31, 4).Value >= 0.5 Then	Abfrage, ob die Kombination der Aktionen 1 und 4 auftritt.
Sheets("Ergebnisse").Cells(2 + iCounter, 11).Value = "AD"	Hinweis auf den Fehler "14" in Spalte "K" wird im Tabellenblatt "Ergebnisse" ausgegeben.
iCounter = iCounter - 1	Der Zähler wird um 1 zurückgesetzt, um iMax gültige Werte zu generieren.
Else	Liegt kein Fehler vor, werden die Werte aus dem Tabellenblatt "Eingabetool" in die Variable "Ergebnis" (Vektor) eingelesen.
Ergebnis(1) = Cells(28, 4)	Der Wert der Aktion 1 wird an die Stelle Ergebnis (1) geschrieben.
Ergebnis(2) = Cells(29, 4)	Der Wert der Aktion 2 wird an die Stelle Ergebnis (2) geschrieben.
Ergebnis(3) = Cells(30, 4)	Der Wert der Aktion 3 wird an die Stelle Ergebnis (3) geschrieben.
Ergebnis(4) = Cells(31, 4)	Der Wert der Aktion 4 wird an die Stelle Ergebnis (4) geschrieben.
Ergebnis(5) = Cells(35, 3)	Der Wert des Erwartungswertes wird an die Stelle Ergebnis (5) geschrieben.
Ergebnis(6) = Cells(5, 4) Ergebnis(7) = Cells(6, 4) Ergebnis(8) = Cells(7, 4)	Die einzelnen Zielgrößen werden an die Stellen Ergebnis (6) bis Ergebnis (10) geschrieben.

Code	Erläuterung
Ergebnis(9) = Cells(8, 4) Ergebnis(10) = Cells(9, 4)	
Sheets("Ergebnisse").Select Cells(iRow, 1).Value = Ergebnis(1) Cells(iRow, 2).Value = Ergebnis(2) Cells(iRow, 3).Value = Ergebnis(3) Cells(iRow, 4).Value = Ergebnis(4) Cells(iRow, 5).Value = Ergebnis(5) Cells(iRow, 6).Value = Ergebnis(6) Cells(iRow, 7).Value = Ergebnis(7) Cells(iRow, 8).Value = Ergebnis(8) Cells(iRow, 9).Value = Ergebnis(9) Cells(iRow, 10).Value = Ergebnis(10)	Die Werte aus der Variablen "Ergebnis" werden in das Tabellenblatt „Ergebnisse" zeilenweise übertragen. iRow gib die aktuelle Zeile an.
Sheets("Auswertung").Cells(iRow, 9).Value = Ergebnis(5)	Der Zielfunktionswert wird ebenfalls in Spalte I des Tabellenblattes "Auswertung" übertragen.
Calculate	Die Werte der Tabellenblättern "Ergebnisse" und "Auswertung" werden aktualisiert.
Call WriteCases(iRow, CaseA, CaseB, CaseC, CaseD, CaseE, CaseF, CaseG, CaseH)	Die Unterprozedur "WriteCases" wird aufgerufen. Die Tabelle im Tabellenblatt "Auswertung" wird beschrieben, die Variablen CaseA bis CaseH geben die Anzahl der auftretenden Fälle an.
iRow = iRow + 1	Nächste Zeile: iRow wird um 1 erhöht.
End If	Ende der Abfrage, ob ein Fehler vorliegt.
Next iCounter	Das Ende der Schleife, die Zählvariable wird um das Standard-Inkrement 1 erhöht.
Calculate	Die Werte in den Tabellenblättern werden aktualisiert.
Call Arraybeschreiben(iRow, CaseA, CaseB, CaseC, CaseD, CaseE, CaseF, CaseG, CaseH, CostA, CostB, CostC, CostD, CostE, CostF, CostG, CostH)	Aufruf der Prozedur Arraybeschreiben: Die Arrays für die verschiedenen Fälle werden erzeugt und befüllt.
Sheets("Auswertung").Cells(4, 13).Value = WorksheetFunction.Average(CostA)	Der Durchschnittswert aller Elemente des Feldes CostA wird ermittelt und in die entsprechende Zelle des Tabellenblattes "Auswertung" übertragen.
Sheets("Auswertung").Cells(5, 13).Value = WorksheetFunction.Min(CostA)	Der Minimalwert aller Elemente des Feldes CostA wird ermittelt und in die entsprechende Zelle des Tabellenblattes "Auswertung" übertragen.

Code	Erläuterung
Sheets("Auswertung").Cells(6, 13).Value = WorksheetFunction.Max(CostA)	Der Maximalwert aller Elemente des Feldes CostA wird ermittelt und in die entsprechende Zelle des Tabellenblattes "Auswertung" übertragen.
Sheets("Auswertung").Cells(7, 13).Value = WorksheetFunction.StDevP(CostA)	Die Standardabweichung aller Elemente des Feldes CostA wird ermittelt und in die entsprechende Zelle des Tabellenblattes "Auswertung" übertragen.
Sheets("Auswertung").Cells(4, 14).Value = WorksheetFunction.Average(CostB)	Der Mittelwert aller Elemente des Feldes CostB wird ermittelt und in die entsprechende Zelle des Tabellenblattes "Auswertung" übertragen.
Sheets("Auswertung").Cells(5, 14).Value = WorksheetFunction.Min(CostB)	Der Minimalwert aller Elemente des Feldes CostB wird ermittelt und in die entsprechende Zelle des Tabellenblattes "Auswertung" übertragen.
Sheets("Auswertung").Cells(6, 14).Value = WorksheetFunction.Max(CostB)	Der Maximalwert aller Elemente des Feldes CostB wird ermittelt und in die entsprechende Zelle des Tabellenblattes "Auswertung" übertragen.
Sheets("Auswertung").Cells(7, 14).Value = WorksheetFunction.StDevP(CostB)	Die Standardabweichung aller Elemente des Feldes CostB wird ermittelt und in die entsprechende Zelle des Tabellenblattes "Auswertung" übertragen.
Sheets("Auswertung").Cells(4, 15).Value = WorksheetFunction.Average(CostC)	Der Mittelwert aller Elemente des Feldes CostC wird ermittelt und in die entsprechende Zelle des Tabellenblattes "Auswertung" übertragen.
Sheets("Auswertung").Cells(5, 15).Value = WorksheetFunction.Min(CostC)	Der Minimalwert aller Elemente des Feldes CostC wird ermittelt und in die entsprechende Zelle des Tabellenblattes "Auswertung" übertragen.
Sheets("Auswertung").Cells(6, 15).Value = WorksheetFunction.Max(CostC)	Der Maximalwert aller Elemente des Feldes CostC wird ermittelt und in die entsprechende Zelle des Tabellenblattes "Auswertung" übertragen.
Sheets("Auswertung").Cells(7, 15).Value = WorksheetFunction.StDevP(CostC)	Die Standardabweichung aller Elemente des Feldes CostC wird ermittelt und in die entsprechende Zelle des Tabellenblattes "Auswertung" übertragen.
Sheets("Auswertung").Cells(4, 16).Value = WorksheetFunction.Average(CostD)	Der Mittelwert aller Elemente des Feldes CostD wird ermittelt und in die entsprechende Zelle des Tabellenblattes "Auswertung" übertragen.

Code	Erläuterung
Sheets("Auswertung").Cells(5, 16).Value = WorksheetFunction.Min(CostD)	Der Minimalwert aller Elemente des Feldes CostD wird ermittelt und in die entsprechende Zelle des Tabellenblattes "Auswertung" übertragen.
Sheets("Auswertung").Cells(6, 16).Value = WorksheetFunction.Max(CostD)	Der Maximalwert aller Elemente des Feldes CostD wird ermittelt und in die entsprechende Zelle des Tabellenblattes "Auswertung" übertragen.
Sheets("Auswertung").Cells(7, 16).Value = WorksheetFunction.StDevP(CostD)	Die Standardabweichung aller Elemente des Feldes CostD wird ermittelt und in die entsprechende Zelle des Tabellenblattes "Auswertung" übertragen.
Sheets("Auswertung").Cells(4, 17).Value = WorksheetFunction.Average(CostE)	Der Mittelwert aller Elemente des Feldes CostE wird ermittelt und in die entsprechende Zelle des Tabellenblattes "Auswertung" übertragen.
Sheets("Auswertung").Cells(5, 17).Value = WorksheetFunction.Min(CostE)	Der Minimalwert aller Elemente des Feldes CostE wird ermittelt und in die entsprechende Zelle des Tabellenblattes "Auswertung" übertragen.
Sheets("Auswertung").Cells(6, 17).Value = WorksheetFunction.Max(CostE)	Der Maximalwert aller Elemente des Feldes CostE wird ermittelt und in die entsprechende Zelle des Tabellenblattes "Auswertung" übertragen.
Sheets("Auswertung").Cells(7, 17).Value = WorksheetFunction.StDevP(CostE)	Die Standardabweichung aller Elemente des Feldes CostE wird ermittelt und in die entsprechende Zelle des Tabellenblattes "Auswertung" übertragen.
Sheets("Auswertung").Cells(4, 18).Value = WorksheetFunction.Average(CostF)	Der Mittelwert aller Elemente des Feldes CostF wird ermittelt und in die entsprechende Zelle des Tabellenblattes "Auswertung" übertragen.
Sheets("Auswertung").Cells(5, 18).Value = WorksheetFunction.Min(CostF)	Der Minimalwert aller Elemente des Feldes CostF wird ermittelt und in die entsprechende Zelle des Tabellenblattes "Auswertung" übertragen.
Sheets("Auswertung").Cells(6, 18).Value = WorksheetFunction.Max(CostF)	Der Maximalwert aller Elemente des Feldes CostF wird ermittelt und in die entsprechende Zelle des Tabellenblattes "Auswertung" übertragen.
Sheets("Auswertung").Cells(7, 18).Value = WorksheetFunction.StDevP(CostF)	Die Standardabweichung aller Elemente des Feldes CostF wird ermittelt und in die entsprechende Zelle des Tabellenblattes "Auswertung" übertragen.

Code	Erläuterung
Sheets("Auswertung").Cells(4, 19).Value = WorksheetFunction.Average(CostG)	Der Mittelwert aller Elemente des Feldes CostG wird ermittelt und in die entsprechende Zelle des Tabellenblattes "Auswertung" übertragen.
Sheets("Auswertung").Cells(5, 19).Value = WorksheetFunction.Min(CostG)	Der Minimalwert aller Elemente des Feldes CostG wird ermittelt und in die entsprechende Zelle des Tabellenblattes "Auswertung" übertragen.
Sheets("Auswertung").Cells(6, 19).Value = WorksheetFunction.Max(CostG)	Der Maximalwert aller Elemente des Feldes CostG wird ermittelt und in die entsprechende Zelle des Tabellenblattes "Auswertung" übertragen.
Sheets("Auswertung").Cells(7, 19).Value = WorksheetFunction.StDevP(CostG)	Die Standardabweichung aller Elemente des Feldes CostG wird ermittelt und in die entsprechende Zelle des Tabellenblattes "Auswertung" übertragen.
Sheets("Auswertung").Cells(4, 20).Value = WorksheetFunction.Average(CostH)	Der Mittelwert aller Elemente des Feldes CostH wird ermittelt und in die entsprechende Zelle des Tabellenblattes "Auswertung" übertragen.
Sheets("Auswertung").Cells(5, 20).Value = WorksheetFunction.Min(CostH)	Der Minimalwert aller Elemente des Feldes CostH wird ermittelt und in die entsprechende Zelle des Tabellenblattes "Auswertung" übertragen.
Sheets("Auswertung").Cells(6, 20).Value = WorksheetFunction.Max(CostH)	Der Maximalwert aller Elemente des Feldes CostH wird ermittelt und in die entsprechende Zelle des Tabellenblattes "Auswertung" übertragen.
Sheets("Auswertung").Cells(7, 20).Value = WorksheetFunction.StDevP(CostH)	Die Standardabweichung aller Elemente des Feldes CostH wird ermittelt und in die entsprechende Zelle des Tabellenblattes "Auswertung" übertragen.
Sheets("Auswertung").Select	Das Tabellenblatt „Auswertung“ wird ausgewählt.
Calculate	Die Werte des Tabellenblatts „Auswertung“ werden aktualisiert.
MsgBox "Durchläufe der Simulationen sind durchgeführt.", vbOKOnly, "Berechnung beendet"	Die Messagebox mit Hinweis, dass die Simulation abgeschlossen ist, erscheint.
End Sub	Ende der Unterprozedur „Berechnen“.

Code	Erläuterung
Unterprozedur „loeschen“	
Sub loeschen()	Die Ergebnisse, die Auswertungen, die Risikoparameter sowie die Behandlungsmethode werden aus den Tabellenblättern gelöscht.
Sheets("Ergebnisse").Select	Das Tabellenblatt "Ergebnisse" wird ausgewählt.
Range("A3").Select	Die Zelle A3 wird markiert.
Range(Selection, Range("K1048576")).Select	Der Bereich A3:K1.048.576 wird markiert.
Selection.ClearContents	Die Auswahl wird gelöscht.
Range("A3").Select	Die Zelle A3 wird markiert.
Sheets("Auswertung").Select	Das Tabellenblatt "Auswertung" wird ausgewählt.
Range("A3").Select	Die Zelle A3 wird markiert.
Range(Selection, Range("I1048576")).Select	Der Bereich A3:I1.048.576 wird markiert.
Selection.ClearContents	Die Auswahl wird gelöscht.
Range("A3").Select	Die Zelle A3 wird markiert.
Sheets("Eingabetool").Select	Das Tabellenblatt "Eingabetool" wird ausgewählt.
Range("D14").Select	Die Zelle D14 wird ausgewählt.
Range(Selection, Range("D21")).Select	Die Zellen D14:D21 werden ausgewählt.
Selection.ClearContents	Die Auswahl wird gelöscht.
Range("D28").Select	Die Zelle D28 wird markiert.
Range(Selection, Range("D31")).Select	Der Bereich D28:D31 wird markiert.
Selection.ClearContents	Die Auswahl wird gelöscht.
End Sub	Ende der Unterprozedur „loeschen“.
Unterprozedur „CallInterface“	
Sub CallInterface() Interface.Show	Die UserForm "Interface" wird aufgerufen. Die Prozedur ist dem Button "Simulation aufrufen" im Tabellenblatt "Eingabetool" zugeordnet.
End Sub	Ende der Unterprozedur „CallInterface“.
Unterprozedur „WriteCases“	
Sub WriteCases(iRow, CaseA, CaseB, CaseC, CaseD, CaseE, CaseF, CaseG, CaseH)	Die Prozedur beschreibt die Tabelle für die Fälle im Tabellenblatt "Auswertung" und zählt, wie oft jeder der 8 Fälle vor-

Code	Erläuterung
	kommt.
Sheets("Eingabetool").Select	Die Werte für die Aktionen im Tabellenblatt "Eingabetool" werden überprüft.
If Cells(28, 4).Value >= 0.5 And Cells(29, 4).Value < 0.5 And Cells(30, 4).Value < 0.5 And Cells(31, 4).Value < 0.5 Then	Die Abfrage, ob der erste Fall „nur Aktion 1 wird ausgeführt" eintritt, wird durchgeführt.
Sheets("Auswertung").Cells(iRow, 1).Value = 1 Sheets("Auswertung").Cells(iRow, 2).Value = 0 Sheets("Auswertung").Cells(iRow, 3).Value = 0 Sheets("Auswertung").Cells(iRow, 4).Value = 0 Sheets("Auswertung").Cells(iRow, 5).Value = 0 Sheets("Auswertung").Cells(iRow, 6).Value = 0 Sheets("Auswertung").Cells(iRow, 7).Value = 0 Sheets("Auswertung").Cells(iRow, 8).Value = 0	Tritt der erste Fall „nur Aktion 1 wird durchgeführt" ein, wird in die erste Spalte der Wert 1, in alle anderen Spalten der Wert 0 geschrieben.
CaseA = CaseA + 1	Die Anzahl der Fälle „nur Aktion 1 wird durchgeführt" wird gezählt.
ElseIf Cells(28, 4).Value >= 0.5 And Cells(29, 4).Value < 0.5 And Cells(30, 4).Value >= 0.5 And Cells(31, 4).Value < 0.5 Then	Die Abfrage, ob der zweite Fall „Aktion 1 und Aktion 3 werden ausgeführt" eintritt, wird durchgeführt.
Sheets("Auswertung").Cells(iRow, 1).Value = 0 Sheets("Auswertung").Cells(iRow, 2).Value = 1 Sheets("Auswertung").Cells(iRow, 3).Value = 0 Sheets("Auswertung").Cells(iRow, 4).Value = 0 Sheets("Auswertung").Cells(iRow, 5).Value = 0 Sheets("Auswertung").Cells(iRow, 6).Value = 0 Sheets("Auswertung").Cells(iRow, 7).Value = 0 Sheets("Auswertung").Cells(iRow, 8).Value = 0	Tritt der zweite Fall „Aktion 1 und 3 werden durchgeführt" ein, wird in die zweite Spalte der Wert 1, in alle anderen Spalten der Wert 0 geschrieben.

Code	Erläuterung
CaseB = CaseB + 1	Die Anzahl der Fälle „Aktion 1 und 3 werden durchgeführt" wird bestimmt.
ElseIf Cells(28, 4).Value < 0.5 And Cells(29, 4).Value >= 0.5 And Cells(30, 4).Value < 0.5 And Cells(31, 4).Value < 0.5 Then	Die Abfrage, ob der dritte Fall „nur Aktion 2 wird durchgeführt" eintritt, wird durchgeführt.
Sheets("Auswertung").Cells(iRow, 1).Value = 0 Sheets("Auswertung").Cells(iRow, 2).Value = 0 Sheets("Auswertung").Cells(iRow, 3).Value = 1 Sheets("Auswertung").Cells(iRow, 4).Value = 0 Sheets("Auswertung").Cells(iRow, 5).Value = 0 Sheets("Auswertung").Cells(iRow, 6).Value = 0 Sheets("Auswertung").Cells(iRow, 7).Value = 0 Sheets("Auswertung").Cells(iRow, 8).Value = 0	Tritt der dritte Fall „nur Aktion 2 wird durchgeführt" ein, wird in die dritte Spalte der Wert 1, in alle anderen Spalten der Wert 0 geschrieben.
CaseC = CaseC + 1	Die Anzahl der Fälle „nur Aktion 2 wird durchgeführt" wird gezählt.
ElseIf Cells(28, 4).Value < 0.5 And Cells(29, 4).Value >= 0.5 And Cells(30, 4).Value >= 0.5 And Cells(31, 4).Value < 0.5 Then	Die Abfrage, ob der vierte Fall „Aktionen 2 und 3 werden durchgeführt" eintritt, wird durchgeführt.
Sheets("Auswertung").Cells(iRow, 1).Value = 0 Sheets("Auswertung").Cells(iRow, 2).Value = 0 Sheets("Auswertung").Cells(iRow, 3).Value = 0 Sheets("Auswertung").Cells(iRow, 4).Value = 1 Sheets("Auswertung").Cells(iRow, 5).Value = 0 Sheets("Auswertung").Cells(iRow, 6).Value = 0 Sheets("Auswertung").Cells(iRow, 7).Value = 0 Sheets("Auswertung").Cells(iRow, 8).Value = 0	Tritt der vierte Fall „Aktionen 2 und 3 werden durchgeführt" ein, wird in die vierte Spalte der Wert 1, in alle anderen Spalten der Wert 0 geschrieben.
CaseD = CaseD + 1	Die Anzahl der Fälle „Aktionen 2 und 3 werden durchgeführt" wird gezählt.

Code	Erläuterung
ElseIf Cells(28, 4).Value < 0.5 And Cells(29, 4).Value < 0.5 And Cells(30, 4).Value >= 0.5 And Cells(31, 4).Value < 0.5 Then	Die Abfrage, ob der fünfte Fall „nur Aktion 3 wird durchgeführt“ eintritt, wird durchgeführt.
Sheets("Auswertung").Cells(iRow, 1).Value = 0 Sheets("Auswertung").Cells(iRow, 2).Value = 0 Sheets("Auswertung").Cells(iRow, 3).Value = 0 Sheets("Auswertung").Cells(iRow, 4).Value = 0 Sheets("Auswertung").Cells(iRow, 5).Value = 1 Sheets("Auswertung").Cells(iRow, 6).Value = 0 Sheets("Auswertung").Cells(iRow, 7).Value = 0 Sheets("Auswertung").Cells(iRow, 8).Value = 0	Tritt der fünfte Fall „nur Aktion 3 wird durchgeführt“ ein, wird in die fünfte Spalte der Wert 1, in alle anderen Spalten der Wert 0 geschrieben.
CaseE = CaseE + 1	Die Anzahl der Fälle „nur Aktion 3 wird durchgeführt“ wird gezählt.
ElseIf Cells(28, 4).Value < 0.5 And Cells(29, 4).Value < 0.5 And Cells(30, 4).Value < 0.5 And Cells(31, 4).Value >= 0.5 Then	Die Abfrage, ob der sechste Fall „nur Aktion 4 wird durchgeführt“ eintritt, wird durchgeführt.
Sheets("Auswertung").Cells(iRow, 1).Value = 0 Sheets("Auswertung").Cells(iRow, 2).Value = 0 Sheets("Auswertung").Cells(iRow, 3).Value = 0 Sheets("Auswertung").Cells(iRow, 4).Value = 0 Sheets("Auswertung").Cells(iRow, 5).Value = 0 Sheets("Auswertung").Cells(iRow, 6).Value = 1 Sheets("Auswertung").Cells(iRow, 7).Value = 0 Sheets("Auswertung").Cells(iRow, 8).Value = 0	Tritt der sechste Fall „nur Aktion 4 wird durchgeführt“ ein, wird in die sechste Spalte der Wert 1, in alle anderen Spalten der Wert 0 geschrieben.
CaseF = CaseF + 1	Die Anzahl der Fälle „nur Aktion 4 wird durchgeführt“ wird gezählt.
ElseIf Cells(28, 4).Value < 0.5 And Cells(29, 4).Value < 0.5 And Cells(30, 4).Value >= 0.5	Die Abfrage, ob der siebte Fall „Aktionen 3 und 4 werden durchgeführt“ eintritt,

Code	Erläuterung
And Cells(31, 4).Value >= 0.5 Then	wird durchgeführt.
Sheets("Auswertung").Cells(iRow, 1).Value = 0 Sheets("Auswertung").Cells(iRow, 2).Value = 0 Sheets("Auswertung").Cells(iRow, 3).Value = 0 Sheets("Auswertung").Cells(iRow, 4).Value = 0 Sheets("Auswertung").Cells(iRow, 5).Value = 0 Sheets("Auswertung").Cells(iRow, 6).Value = 0 Sheets("Auswertung").Cells(iRow, 7).Value = 1 Sheets("Auswertung").Cells(iRow, 8).Value = 0	Tritt der siebte Fall „Aktionen 3 und 4 werden durchgeführt" ein, wird in die siebte Spalte der Wert 1, in alle anderen Spalten der Wert 0 geschrieben.
CaseG = CaseG + 1	Die Anzahl der Fälle „Aktionen 3 und 4 werden durchgeführt" wird gezählt.
ElseIf Cells(28, 4).Value < 0.5 And Cells(29, 4).Value < 0.5 And Cells(30, 4).Value < 0.5 And Cells(31, 4).Value < 0.5 Then	Die Abfrage, ob der achte Fall „keine Aktion wird durchgeführt" eintritt, wird durchgeführt.
Sheets("Auswertung").Cells(iRow, 1).Value = 0 Sheets("Auswertung").Cells(iRow, 2).Value = 0 Sheets("Auswertung").Cells(iRow, 3).Value = 0 Sheets("Auswertung").Cells(iRow, 4).Value = 0 Sheets("Auswertung").Cells(iRow, 5).Value = 0 Sheets("Auswertung").Cells(iRow, 6).Value = 0 Sheets("Auswertung").Cells(iRow, 7).Value = 0 Sheets("Auswertung").Cells(iRow, 8).Value = 1	Tritt der achte Fall „keine Aktion wird durchgeführt" ein, wird in die achte Spalte der Wert 1, in alle anderen Spalten der Wert 0 geschrieben.
CaseH = CaseH + 1	Die Anzahl der Fälle „keine Aktion wird durchgeführt" wird gezählt.
End If	Ende der Fallbetrachtung.
End Sub	Ende der Unterprozedur „WriteCases".
Unterprozedur „Arraybeschreiben"	

Code	Erläuterung
Sub Arraybeschreiben(iRow, CaseA, CaseB, CaseC, CaseD, CaseE, CaseF, CaseG, CaseH, CostA() As Single, CostB() As Single, CostC() As Single, CostD() As Single, CostE() As Single, CostF() As Single, CostG() As Single, CostH() As Single)	In dieser Prozedur wird jeweils ein Feld für alle acht auftretenden Fälle angelegt und mit den realisierten Kosten aufgefüllt.
Dim A, B, C, D, E, F, G, H, iwrite As Long If CaseA >= 1 Then ReDim CostA(1 To CaseA) As Single Else: ReDim CostA(0) As Single	Diese Prozedur ist notwendig, um später Mittelwerte, Minima, Maxima und die Standardabweichung für die jeweiligen Kosten in den einzelnen Fällen bestimmen zu können.

CostA(0) = 0
End If
If CaseB >= 1 Then
	Eine If-Abfrage prüft zunächst für jeden Fall, ob dieser überhaupt mindestens einmal eingetreten ist. Zur Fehlervermeidung wird bei Nichteintreten eines Falles ein Feld mit einer Position, die den Wert 0 hat, erzeugt.

ReDim CostB(1 To CaseB) As Single Else: ReDim CostB(0) As Single	Tritt ein Fall mindestens einmal auf, wird ein Feld in der Dimension der Anzahl der Fälle, beginnend bei 1, dimensioniert.
CostB(0) = 0	Somit werden in dieser Prozedur insgesamt acht Felder erstellt:

End If
If CaseC >= 1 Then
ReDim CostC(1 To CaseC) As Single
Else: ReDim CostC(0) As Single
CostC(0) = 0
End If
If CaseD >= 1 Then
ReDim CostD(1 To CaseD) As Single
Else: ReDim CostD(0) As Single
CostD(0) = 0
End If
If CaseE >= 1 Then
ReDim CostE(1 To CaseE) As Single
Else: ReDim CostE(0) As Single
CostE(0) = 0
End If
If CaseF >= 1 Then
ReDim CostF(1 To CaseF) As Single
Else: ReDim CostF(0) As Single
CostF(0) = 0
End If
	Es werden 8 Felder CostA – CostH erstellt, in die die Kosten eingetragen werden können.

Code	Erläuterung

If CaseG >= 1 Then
ReDim CostG(1 To CaseG) As Single
Else: ReDim CostG(0) As Single
CostG(0) = 0
End If
If CaseH >= 1 Then
ReDim CostH(1 To CaseH) As Single
Else: ReDim CostH(0) As Single
CostH(0) = 0
End If	

A = 0 B = 0 C = 0 D = 0 E = 0 F = 0 G = 0 H = 0	Der Ausgangswert für die Werte A bis H wird auf 0 gesetzt. Die Zählvariablen A bis H dienen als aktueller Index der jeweiligen Felder CostA bis CostH, um die Felder mit den entsprechenden Kosten zu befüllen.
For iwrite = 3 To iRow	
If Sheets("Auswertung").Cells(iwrite, 1).Value > 0.5 Then A = A + 1 CostA(A) = Sheets("Auswertung").Cells(iwrite, 9).Value	Es wird geprüft, welcher der Fälle eingetreten ist. Der Index wird beginnend mit 0 um 1 erhöht. Der Zielfunktionswert wird in das Feld an die Position des Index (hier A) geschrieben.
ElseIf Sheets("Auswertung").Cells(iwrite, 2).Value > 0.5 Then B = B + 1 CostB(B) = Sheets("Auswertung").Cells(iwrite, 9).Value ElseIf Sheets("Auswertung").Cells(iwrite, 3).Value > 0.5 Then C = C + 1 CostC(C) = Sheets("Auswertung").Cells(iwrite, 9).Value ElseIf Sheets("Auswertung").Cells(iwrite, 4).Value > 0.5 Then	Für den einen eintretenden Fall wird der Index (A-H) jeweils um 1 erhöht, die aktuellen Kosten werden in das entsprechende Feld an die aktuelle Position des Index geschrieben.

Code	Erläuterung
D = D + 1 CostD(D) = Sheets("Auswertung").Cells(iwrite, 9).Value ElseIf Sheets("Auswertung").Cells(iwrite, 5).Value > 0.5 Then E = E + 1 CostE(E) = Sheets("Auswertung").Cells(iwrite, 9).Value ElseIf Sheets("Auswertung").Cells(iwrite, 6).Value > 0.5 Then F = F + 1 CostF(F) = Sheets("Auswertung").Cells(iwrite, 9).Value ElseIf Sheets("Auswertung").Cells(iwrite, 7).Value > 0.5 Then G = G + 1 CostG(G) = Sheets("Auswertung").Cells(iwrite, 9).Value ElseIf Sheets("Auswertung").Cells(iwrite, 8).Value > 0.5 Then H = H + 1 CostH(H) = Sheets("Auswertung").Cells(iwrite, 9).Value End If Next iwrite	
End Sub	Ende der Unterprozedur "Arraybeschreiben"
Private Unterprozedur „Berechnenbutton_Click" (Userform: Inferface)	
Private Sub Berechnenbutton_Click()	Klick auf den Button mit der Aufschrift "Berechnen" in der Userform "Interface".
Hinweis.Show (0)	Die Userform "Hinweis" wird aufgerufen.
End Sub	Ende der Unterprozedur "Berechnenbutton_Click"
Private Unterprozedur „Löschenbutton_Click" (Userform: Inferface)	
Private Sub Löschenbutton_Click()	Klick auf den Button mit der Aufschrift

Code	Erläuterung
	"Löschen" in der Userform "Interface".
loeschen	Die Unterprozedur "loeschen" wird aufgerufen.
End Sub	Ende der Unterprozedur "Löschenbutton_Click".
Private Unterprozedur Closebutton_Click (Userform: Inferface)	
Private Sub Closebutton_Click()	Klick auf den Button mit der Aufschrift "Beenden" in der Userform "Interface".
Unload Interface	Die Userform "Interface" wird geschlossen.
End Sub	Ende der Unterprozedur "Closebutton_Click".
Private Unterprozedur "OptionButtonEW_Click" (Userform: Inferface)	
Private Sub OptionButtonEW_Click()	Aktion beim Anklicken der Option "Erwartungswert" in der Userform „Interface".

If OptionButtonEW Then
FrameRisikoparameter.Enabled = False
LabelParameter.Enabled = False
SpinButtonParameter.Enabled = False
Else
FrameRisikoparameter.Enabled = True
LabelParameter.Enabled = True
SpinButtonParameter.Enabled = True
End If
	Bei Auswahl "Erwartungswert" ist der Risikoparameter nicht veränderbar. Der Spinbutton ist nicht mehr anwählbar und der SpinButton, das Label mit dem Wert und der Rahmen werden ausgegraut.

End Sub	Ende der Unterprozedur "OptionButtonEW_Click".
Private Unterprozedur "OptionButtonEWSK_Click" (Userform: Inferface)	
Private Sub OptionButtonEWSK_Click() If OptionButtonEWSK.Value = True Then	Aktion beim Anklicken der Option "Erwartungswert- Standardabweichungskriterium".

FrameRisikoparameter.Enabled = True
LabelParameter.Enabled = True
SpinButtonParameter.Enabled = True
Else
FrameRisikoparameter.Enabled = False
LabelParameter.Enabled = False
SpinButtonParameter.Enabled = False
End If
	Bei Auswahl "Erwartungswert-Standardabweichungskriterium" ist der Risikoparameter veränderbar. Der Spinbutton wird anwählbar.

End Sub	Ende der Unterprozedur "OptionButtonEWSK_Click".

Code	Erläuterung
Private Unterprozedur „SpinButtonParameter_Change“ (Userform: Inferface)	
Private Sub SpinButtonParameter_Change() LabelParameter.Caption = (SpinButton-Parameter.Value - 100) * 0.01	Aktualisieren des Wertes des SpinButtons. Ein Zusammenhang zwischen dem SpinButton und der Aufschrift des Labels wird erstellt. Der Wertebereich für den Spinbutton wird von 0 bis 200 gewählt, rechnerisch ergibt sich somit der Wertebereich für den Parameter von -1 bis 1 in 0,01-erSchritten.
End Sub	Ende der Unterprozedur “SpinButtonParameter_Change“.
Private Unterprozedur “UserForm_Initialize“ (Userform: Inferface)	
Private Sub UserForm_Initialize()	Initialisierung der UserForm „Interface“.
Dim intl As Long	Deklarierung und Dimensionierung / der Zählvariablen.
With Me.ComboBoxAnzahl	Die Combobox (pullpdown-Liste) wird mit Zahlen befüllt.
For intl = 1 To 100 Step 1 AddItem CStr(intl) Next intl	Die Zahlen 1-100 sind in 1er-Schritten auswählbar.
For intl = 110 To 1000 Step 10 .AddItem CStr(intl) Next intl	Die Zahlen 110-1.000 sind in 10er-Schritten auswählbar.
For intl = 1050 To 5000 Step 50 .AddItem CStr(intl) Next intl	Die Zahlen 1.050-5.000 sind in 50er-Schritten auswählbar.
For intl = 5100 To 10000 Step 100 .AddItem CStr(intl) Next intl	Die Zahlen 5.100-10.000 sind in 100er-Schritten auswählbar.
For intl = 10500 To 100000 Step 500 .AddItem CStr(intl) Next intl	Die Zahlen 10.500-100.000 in 500er-Schritten auswählbar.
.Text = "100"	Die Vorauswahl für die Combobox ist 100.
End With	
End Sub	Ende der Unterprozedur “User-Form_Initialize“.
Private Unterprozedur „BackButton_Click“ (Userform: Hinweis)	
Private Sub BackButton_Click()	Klick auf Zurück.
Unload Hinweis	Das Hinweis-Fenster zum Überprüfen

Code	Erläuterung
	der Parameter wird geschlossen.
End Sub	Ende der Unterprozedur „BackButton_Click".
Private Unterprozedur „OKButton_Click" (Userform: Hinweis)	
Private Sub OKButton_Click()	Klick auf OK.
LaufendeBerechnung.Show (0)	Das Info-Fenster, das die Berechnung läuft, wird angezeigt.
DoEvents	
Interface.berechnen	Ruft die Prozedur "berechnen" auf, Bezug zur Userform "Interface" muss hergestellt werden.
Unload LaufendeBerechnung	Das Info-Fenster wird geschlossen.
Unload Me	Das Hinweis-Fenster wird geschlossen.
End Sub	Ende der Unterprozedur „OKButton_Click".
Unterprozedur „Simulation", Aufgezeichnetes Makro	
Sub Simulation()	Die Unterprozedur führt den Solver aus und akzeptiert die Lösung. Dieses Makro wurde mit dem Makro-Rekorder aufgezeichnet.
SolverOk SetCell:="C35", MaxMinVal:=2, ValueOf:="0", ByChange:= _ "D28,D29,D30,D31"	Der Solver wird ausgeführt.
SolverSolve True	Die Solver-Lösung wird standardmäßig akzeptiert.
End Sub	Ende der Unterprozedur „Simulation".

Tab. 73: Quellcode des Makros

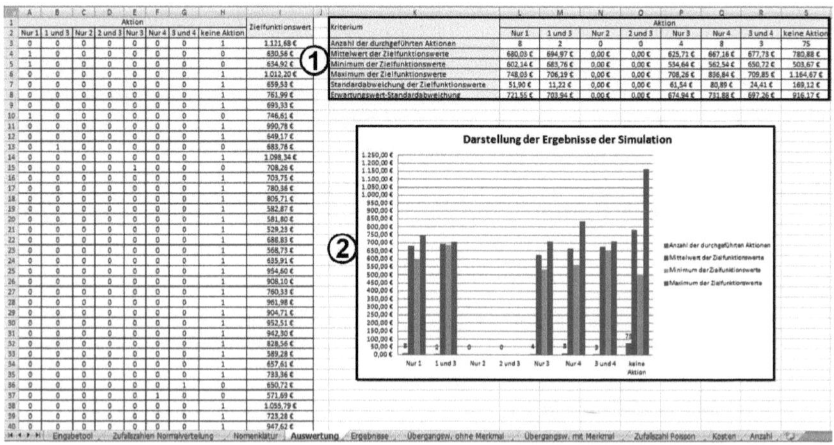

Aktion								Zielfunktionswert
Nur 1	1 und 3	Nur 2	2 und 3	Nur 3	Nur 4	3 und 4	keine Aktion	
0	0	0	0	0	0	0	1	1.121,68 €
1	0	0	0	0	0	0	0	630,56 €
1	0	0	0	0	0	0	0	634,92 €
0	0	0	0	0	0	0	1	1.012,20 €
0	0	0	0	0	0	0	1	659,53 €
0	0	0	0	0	0	0	1	761,99 €
0	0	0	0	0	0	0	1	693,33 €
1	0	0	0	0	0	0	0	746,61 €
0	0	0	0	0	0	0	1	990,78 €
0	0	0	0	0	0	0	1	649,17 €
0	1	0	0	0	0	0	0	683,76 €
0	0	0	0	0	0	0	1	1.098,34 €
0	0	0	0	1	0	0	0	708,26 €
0	0	0	0	0	0	0	1	703,75 €
0	0	0	0	0	0	0	1	780,36 €
0	0	0	0	0	0	0	1	805,71 €
0	0	0	0	0	0	0	1	582,87 €
0	0	0	0	0	0	0	1	581,80 €
0	0	0	0	0	0	0	1	529,23 €
0	0	0	0	0	0	0	1	688,83 €
0	0	0	0	0	0	0	1	568,73 €
0	0	0	0	0	0	0	1	635,91 €
0	0	0	0	0	0	0	1	954,60 €
0	0	0	0	0	0	0	1	908,10 €
0	0	0	0	0	0	0	1	760,33 €
0	0	0	0	0	0	0	1	961,98 €
0	0	0	0	0	0	0	1	904,71 €
0	0	0	0	0	0	0	1	952,51 €
0	0	0	0	0	0	0	1	942,30 €
0	0	0	0	0	0	0	1	828,56 €
0	0	0	0	0	0	0	1	589,28 €
0	0	0	0	0	0	0	1	657,61 €
0	0	0	0	0	0	0	1	733,36 €
0	0	0	0	0	0	1	0	650,72 €
0	0	0	0	0	1	0	0	571,69 €
0	0	0	0	0	0	0	1	1.055,79 €
0	0	0	0	0	0	0	1	723,28 €
0	0	0	0	0	0	0	1	947,62 €

Kriterium	Aktion							
	Nur 1	1 und 3	Nur 2	2 und 3	Nur 3	Nur 4	3 und 4	keine Aktion
Anzahl der durchgeführten Aktionen	8	2	0	0	4	8	3	75
Mittelwert der Zielfunktionswerte	680,03 €	694,97 €	0,00 €	0,00 €	625,71 €	667,16 €	677,73 €	780,88 €
Minimum der Zielfunktionswerte	602,14 €	683,76 €	0,00 €	0,00 €	534,64 €	562,54 €	650,72 €	503,67 €
Maximum der Zielfunktionswerte	748,03 €	706,19 €	0,00 €	0,00 €	708,26 €	836,84 €	709,85 €	1.164,67 €
Standardabweichung der Zielfunktionswerte	51,90 €	11,22 €	0,00 €	0,00 €	61,54 €	80,89 €	24,41 €	169,12 €
Erwartungswert-Standardabweichung	721,55 €	703,94 €	0,00 €	0,00 €	674,94 €	731,88 €	697,26 €	916,17 €

Abb. 44: Auswertung der Ergebnisse

Literaturverzeichnis

Adam, Diedrich: [Planung] Planung und Entscheidung. Modelle – Ziele – Methoden. Mit Fallstudien und Lösungen. 4. Aufl., Wiesbaden 1996.

Allweyer, Thomas: [Geschäftsprozessmanagement] Geschäftsprozessmanagement. Strategie, Entwurf, Implementierung, Controlling. Bochum 2005.

Arthur, Jay: [Sigma] Lean Six Sigma for hospitals. Simple Steps to fast, affordable, flawless healthcare. New York et al. 2011.

Backhaus, Klaus und Stephan **Funke:** [Fixkostenmanagement] Fixkostenmanagement. In: Kostenmanagement. Wettbewerbsvorteile durch systematische Kostensteuerung. Hrsg. von K.-P. Franz und P. Kajüter. Stuttgart 1997, S. 29-43.

Baltzer, Björn und Bernd **Zirkler:** [Time-driven] Time-driven Activity-based Costing. Entwicklung, Methodik, Anwendungsfelder. Saarbrücken 2007.

Bankhofer, Udo und Jürgen **Vogel:** [Statistik] Datenanalyse und Statistik. Eine Einführung für Ökonomen im Bachelor. Wiesbaden 2008.

Barreto, Humberto und Frank M. **Howland:** [Econometrics] Introductory Econometrics. Using Monte Carlo Simulation with Microsoft Excel. New York 2006.

Bartholomeyczik, Sabine: [Pflege] Zur Pflege im Krankenhaus: Ist-Situation und Sollvorstellungen. In: Krankenhausreport 2010. Schwerpunkt: Krankenhausversorgung in der Krise? Stuttgart 2010, S. 209-221.

Bauer, Martin, W. **Weber** und Alfons **Bach:** [Controlling] Controlling im Krankenhaus. Eine Einführung in das Kosten- und Leistungsmanagement. In: Der Anästhesist (48) 1999, S. 910-916.

Bauer, Martin, W. **Weber** und Alfons **Bach:** [Grundlagen] Grundlagen des Kosten- und Leistungsmanagements. Eine Einführung in das krankenhausinterne Controlling. In: Der Urologe (40) Nr. 1/2000, S. 33-40.

Baukmann, Dirk: [Prüfung] Die Kosten- und Erlösrechnung im Krankenhaus und ihre Prüfung. Ein Steuerungsinstrument des Krankenhausmanagements: Anforderungen und Ausgestaltung sowie Möglichkeiten und Probleme der Prüfung. Diss., Düsseldorf 2001.

Baum, Dieter: [Warteschlangentheorie] Grundlagen der Warteschlangentheorie. Berlin, Heidelberg 2013.

Bamberg, Günter, Adolf G. **Coenenberg** und Michael **Krapp:** [Entscheidungslehre] Betriebswirtschaftliche Entscheidungslehre. 15. Aufl., München 2012.

Banks, Jerry et al.: [Simulation] Discrete-Event System Simulation. 5. Aufl., Harlow 2014.

Beck, J. Robert und Stephan G. **Pauker:** [Markov] The Markov process in medical prognosis. In: Medical Decision Making (3) 1983, S. 419-458.

Beck, Andreas et al.: [Copula] Copulas im Risikomanagement. In: Zeitschrift für das gesamte Kreditwesen Nr. 14/2006, S. 29-33.

Becker, Hans Paul: [Investition] Investition und Finanzierung. Grundlagen der betrieblichen Finanzwirtschaft. 6. Aufl., Wiesbaden 2013.

Becker, Jörg, Christoph **Mathas** und Axel **Winkelmann:** [Management] Geschäftsprozessmanagement. Hrsg. von O. Günther et al. Heidelberg 2009.

Becker, Torsten: [Prozesse] Prozesse in Produktion und Supply Chain optimieren. 2. Aufl., Berlin, Heidelberg 2008.

Bentley, Tanya G. K., Milton C. **Weinstein** und Karen M. **Kuntz:** [Effects] Effects of Categorizing Continuous Variables in Decision-Analytic Models. In: Medical Decision Making (29) 2009, S. 549-556.

Bilcke, Joke et al.: [Accounting] Accounting for Methodological, Structural, and Parameter Uncertainty in Decision-Analytic Models: A Practical Guide. In: Medical Decision Making (31) 2011, S. 675-692.

Bitz, Michael: [Entscheidungsmodelle] Die Strukturierung ökonomischer Entscheidungsmodelle. Wiesbaden 1977.

Börchers, Kirstin, Anja **Neumann** und Jürgen **Wasem:** [Behandlungspfade] Behandlungspfade – Ein Weg zur Steigerung der Qualität und Effizienz in der Patientenbehandlung. In: Wissensmanagement im Krankenhaus. Effizienz- und Qualitätssteigerungen durch versorgungsorientierte Organisation von Wissen und Prozessen. Hrsg. von S. Bohnet-Joschko. Wiesbaden 2007, S. 161-169.

Bourier, Günther: [Statistik] Wahrscheinlichkeitsrechnung und schließende Statistik. Praxisorientierte Einführung. Mit Aufgaben und Lösungen. 8. Aufl., Wiesbaden 2013.

Braun, Bernhard: [Ökonomisierung] Krankenhaus unter DRG-Bedingungen: Zwischen Ökonomisierung, Unwirtschaftlichkeit, Veränderungsresistenz und Desorganisation. In: Gesundheitsversorgung zwischen Solidarität und Wettbewerb. Hrsg. von R. Böckmann. Wiesbaden 2009, S. 117-139.

Braun, Jan-Peter et al.: [Aspekte] Medizinökonomische Aspekte des Fast-track-Konzeptes. In: Fast Track in der operativen Medizin. Hrsg. von W. Schwenk, C. Spies und J. M. Müller. Heidelberg 2009, S. 89-99.

Bretschneider, Ulrich und Sabine **Bohnet-Joschko:** [Communities] Prozessmanagement im Krankenhaus durch Process Owner Communities. In: Wissensmanagement im Krankenhaus. Effizienz- und Qualitätssteigerungen durch versorgungsorientierte Organisation von Wissen und Prozessen. Hrsg. von S. Bohnet-Joschko, Wiesbaden 2007, S. 31-48.

Breu, Marcus: [Prozessmanagement] Fallorientiertes Prozessmanagement im Krankenhaus. Ein konzeptioneller Gestaltungsansatz im Spannungsfeld zwischen Wirtschaftlichkeit und Qualität. Diss., München 2000.

Breyer, Friedrich et al.: [Kostenfunktion] Die Krankenhauskostenfunktion. Der Einfluss von Diagnosespektrum und Bettenauslastung auf die Kosten im Krankenhaus. Bonn 1987.

Breyer, Friedrich, Peter **Zweifel** und Mathias **Kifmann:** [Gesundheitsökonomik 2] Gesundheitsökonomik. 6. Aufl., Berlin, Heidelberg, New York, 2013.

Brösel, Gerrit, Franka **Köditz** und Carsten **Schmitt:** [Anforderungen] Kostenträgerrechnung im Krankenhaus – Anforderungen unter DRG-Bedingungen. In: Zeitschrift für Controlling & Management (48) 2004, S. 247-253.

Bronner, Rolf: [Planung] Planung und Entscheidung. Grundlagen, Methoden, Fallstudien. 3. Aufl., München, Wien 1999.

Brunner, Franz J. und Karl W. **Wagner:** [Qualitätsmanagement] Qualitätsmanagement. Leitfaden für Studium und Praxis. 5. Aufl., München, Wien 2011.

Bruggeman, Werner, Kris **Moreels** und Thierry **Bruyneel:** [Paradigm] Time-Driven Activity-Based Costing – A new paradigm in cost management. In: Performancesteigerung und Kostenoptimierung. Neue Wege und erfolgreiche Praxislösungen. Hrsg. von P. Horváth. Stuttgart 2002, S. 51-66.

Bruggeman, Werner und Kris **Moreels:** [Emergence] Activity-Based Costing in complex and dynamic environments. The emergence of Time-Driven ABC. In: Controlling (16) 2004, S. 597-602.

Bruggeman, Werner, Patricia **Everaert** und Yves **Levant:** [Contribution] La contribution d'une nouvelle méthode à la modélisation des coûts: le Time-Driven ABC Le cas d'une société de négoce. Beitrag zum 26. Kongress der Association Francophone de Comptabilité, Lille 2005. In: http://halshs.archives ouvertes.fr/docs/00/58/11/35/PDF/22.pdf. Abrufdatum 25. Juli 2014.

Bruggeman, Werner, Kris **Moreels** und Thierry **Bruyneel:** [Costing] Using Time-Driven Activity-Based Costing to become a profit-focused organization. In: Journal of Performance Management (2) Nr. 4/2008, S. 17-23.

Bruhn, Manfred und Dominik **Georgi:** [Dienstleistungsmanagement] Dienstleistungsmanagement in Banken. Konzeption und Umsetzung auf Basis einer Service Value Chain. Frankfurt 2006.

Bruhn, Manfred: [Erfolgskette] Dienstleistungscontrolling durch eine ganzheitliche Betrachtung der Erfolgskette des Dienstleistungsmanagements. In: Controlling (20) 2008, S. 405-413.

Bruhn, Manfred: [Qualität] Qualitätsmanagement für Dienstleistungen. Grundlagen, Konzepte, Methoden. 9. Aufl., Berlin, Heidelberg 2013.

Burchert, Heiko: [Lexikon] Lexikon Gesundheitsmanagement. Hrsg. von Heiko Burchert. Herne 2011.

Burr, Wolfgang und Michael **Stephen:** [Dienstleistungsmanagement] Dienstleistungsmanagement. Innovative Wertschöpfungskonzepte für Dienstleistungsunternehmen. Stuttgart 2006.

Busley, Annette und Walter **Popp:** [Hygienefehler] Hygienefehler im Krankenhaus. In: Krankenhaus-Report 2010. Schwerpunkt: Krankenhausversorgung in der Krise? Stuttgart 2010, S. 223-237.

Busse, Thomas: [Ausgangslage] Ausgangslage der deutschen Krankenhäuser im Rahmen veränderter Anforderungen. In: Clinical Pathways. Facetten eines neuen Versorgungsmodells. Hrsg. von P. Oberender. Stuttgart 2005, S. 28-42.

Busse, Reinhard, Jonas **Schreyögg** und Tom **Stargardt:** [Leistungsmanagement] Leistungsmanagement im Gesundheitswesen – Einführung und methodische Grundlagen. In: Management im Gesundheitswesen. Hrsg. von R. Busse, J. Schreyögg, O. Tiemann und T. Stargardt. 3. Aufl., Berlin, Heidelberg, New York 2013, S. 11-164.

Chessa, Antonio G. et al.: [Correlations] Correlations in Uncertainty Analysis for Medical Decision Making: An Application to Heart-valve Replacement. In: Medical Decision Making (19) 1999, S. 276-286.

Coenenberg, Adolf, Thomas M. **Fischer** und Thomas **Günther:** [Kostenrechnung] Kostenrechnung und Kostenanalyse. 8. Aufl., Stuttgart 2012.

Coners, André: [Zeitstudien] Von der Prozesskostenrechnung über Zeitstudien zum Time-Driven Activity-Based Costing. In: Zeitschrift für Unternehmensentwicklung und Industrial Engineering (52) 2003, S. 254-259.

Coners, André und Gerrit **von der Hardt:** [Time] Time-Driven Activity-Based Costing: Motivation und Anwendungsperspektiven. In: Zeitschrift für Controlling & Management (48) 2004, S. 108-118.

Corsten, Hans und Ralf **Gössinger:** [Dienstleistungsmanagement] Dienstleistungsmanagement. 5. Aufl., München 2007.

Corsten, Hans und Ralf **Gössinger:** [Produktion] Produktionswirtschaft. Einführung in das industrielle Produktionsmanagement. 13. Aufl., München 2012.

Cramer, Erhard und Udo **Kamps:** [Statistik] Grundlagen der Wahrscheinlichkeitsrechnung und Statistik. Ein Skript für Studierende der Informatik, der Ingenieur- und Wirtschaftswissenschaften. 3. Aufl., Berlin, Heidelberg 2014.

Czech, Martin und Jan **Güssow:** [Plankostenrechnung] Pfad-Controlling – Plankostenrechnung. In: Praxishandbuch integrierte Behandlungspfade. Intersektorale und sektorale Prozesse professionell gestalten. Hrsg. von J. Eckardt und B. Sens. Heidelberg et al. 2006, S. 167-198.

Davis, Glyn und Branko **Pecar:** [Methods] Quantitative Methods for Decision Making using Excel. Oxford 2013.

Debong, Bernhard, Peter **Kleine** und Detlef **Pietrowski:** [Rahmenbedingungen] Rechtliche Rahmenbedingungen. In: Risikomanagement in der operativen Medizin. Hrsg. von J. Ennker, D. Pietrowski und P. Kleine. Darmstadt 2007, S. 13-34.

Deimel, Klaus, Rainer **Isemann** und Stefan **Müller:** [Kostenrechnung] Kosten- und Erlösrechnung. Grundlagen, Managementaspekte und Integrationsmöglichkeiten der IFRS. München 2006.

Deutsche Krankenhausgesellschaft e. V.: [Eckdaten] Eckdaten der Krankenhausstatistik, Stand 29.Oktober.2013. In: http://www.dkgev.de/ media/file/ 15540.RS352-13_KH-Statistik-2012-_Anlage.pdf. Abrufdatum: 20. Januar 2014.

Deutsche Krankenhausgesellschaft e. V.: [Zahlen] Zahlen, Daten, Fakten 2012. Düsseldorf 2012.

Diez, Karin: [Modell] Ein prozessorientiertes Modell zur Verrechnung von Facility Management Kosten am Beispiel der Funktionsstelle Operationsbereich im Krankenhaus. Diss., Karlsruhe 2009.

Dinkelbach, Werner und Andreas **Kleine:** [Elemente] Elemente einer betriebswirtschaftlichen Entscheidungslehre. Berlin, Heidelberg, 1996.

Domschke, Wolfgang und Andreas **Drexl:** [Einführung] Einführung in Operationsresearch. 8. Aufl., Berlin, Heidelberg 2011.

Duller, Christine: [Einführung] Einführung in die Statistik mit Excel und SPSS. Ein anwendungsorientiertes Lehr- und Arbeitsbuch. 3. Aufl., Berlin, Heidelberg 2013.

Düsch, Elke, Clemens **Platzköster** und Thomas **Steinbach:** [Kostenträgerrechnung] Kostenträgerrechnung als Steuerungsinstrument im Krankenhaus – eine mögliche Weiterführung der Kosten- und Leistungsrechnung. In Betriebswirtschaftliche Forschung und Praxis (54) 2002, S. 144-155.

Eckardt, Jörg: [IBP] Was sind integrierte Behandlungspfade (IBP). In: Praxishandbuch integrierte Behandlungspfade. Intersektorale und sektorale Prozesse professionell gestalten. Hrsg. von J. Eckardt und B. Sens. Heidelberg 2006, S. 11-37.

Eichhorn, Siegfried: [Probleme] Das Krankenhaus als Dienstleistungsbetrieb – Probleme der Krankenhausökonomie. In: Betriebswirtschaftliche Forschung und Praxis 1977 (29), S. 120-135.

Eichhorn, Siegfried: [Situation] Krankenhausmanagement. Gegenwärtige Situation und Perspektiven. In: Die Betriebswirtschaft (51) 1991, S. 455-465.

Eisenführ, Franz und Martin **Weber:** [Entscheiden] Rationales Entscheiden. 5. Aufl., Berlin, Heidelberg 2010.

Eckstein, Peter P.: [Statistik] Statistik für Wirtschaftswissenschaftler. Eine realdatenbasierte Einführung mit SPSS. 4. Aufl., Wiesbaden 2014.

Ennker, Jürgen: [Hygiene] Risikomanagement und Hygiene. In: Risikomanagement in der operativen Medizin. Hrsg. von J. Ennker, D. Pietrowski und P. Kleine. Darmstadt 2007, S. 87-98.

Ertl-Wagner, Birgit, Sabine **Steinbrucker** und Bernd C. **Wagner:** [Zertifizierung] Qualitätsmanagement & Zertifizierung. Praktische Umsetzung in Krankenhäusern, Reha-Kliniken und stationären Pflegeeinrichtungen. Heidelberg 2009.

Ewert, Ralf und Alfred **Wagenhofer:** [Unternehmensrechnung] Interne Unternehmensrechnung. 8. Aufl., Berlin, Heidelberg, New York 2014.

Felber, Andreas und Sophie **Sonnleitner:** [Umsetzung] Umsetzung spezieller gesetzlicher und behördlicher Sicherheitsbestimmungen im Krankenhaus. In: Patientensicherheit, Arzthaftung, Praxis- und Krankenhausorganisation. Hrsg. von D. Berg und K. Ulsenheimer. Berlin, Heidelberg 2006, S. 155-175.

Fleßa, Steffen: [Steuerung] Grundzüge der Krankenhaussteuerung. München 2008.

Fleßa, Steffen und Wolfgang **Weber:** [Controlling] Informationsmanagement und Controlling in Krankenhäusern. In: Management im Gesundheitswesen. Hrsg. von R. Busse, J. Schreyögg und O. Tiemann. 2. Aufl., Berlin, Heidelberg, New York 2010, S. 356-372.

Fleßa, Steffen: [Grundzüge] Grundzüge der Krankenhausbetriebslehre. 2. Aufl., München 2010.

Franz, Klaus-Peter und Peter **Kajüter:** [Kostenmanagement] Proaktives Kostenmanagement als Daueraufgabe. In: Kostenmanagement. Wettbewerbsvorteile durch systematische Kostensteuerung. Hrsg. von K.-P. Franz und P. Kajüter. Stuttgart 1997, S. 5-28.

Franz, Klaus-Peter und Carsten **Winkler:** [Gemeinkosten] Fragestellungen im Gemeinkostenmanagement. In: Moderne Kosten- und Ergebnissteuerung. Grundlagen, Praxis und Perspektiven. Hrsg. von R. Gleich et al. München 2010, S. 98-112.

Freidank, Carl-Christian: [Kostenrechnung] Kostenrechnung. Grundlagen des innerbetrieblichen Rechnungswesens und Konzepte des Kostenmanagements. 9. Aufl., München 2012.

Frese, Erich et al: [Steuerungssysteme] Diagnosis Related Groups (DRG) und kosteneffiziente Steuerungssysteme im Krankenhaus. In: Zeitschrift für betriebswirtschaftliche Forschung (56) 2004, S. 737-759.

Friedl, Gunther, Christian **Multerer** und Robert **Ott:** [Erfolg] Den Krankenhaus-Erfolg ermitteln und steuern. Interne Verrechnungspreise können gewinnbringend eingesetzt werden. In: Führen und Wirtschaften im Krankenhaus (26) 2009, S. 285-288.

Frodl, Andreas: [Gesundheitsbetriebslehre] Gesundheitsbetriebslehre. Betriebswirtschaftslehre des Gesundheitswesens. Wiesbaden 2010.

Frodl, Andreas: [Gesundheitsbetrieb] Kostenmanagement und Rechnungswesen im Gesundheitsbetrieb. Betriebswirtschaft für das Gesundheitswesen. Wiesbaden 2011.

Frodl, Andreas: [Controlling] Controlling im Gesundheitsbetrieb. Betriebswirtschaft für das Gesundheitswesen. Wiesbaden 2012.

Frodl, Andreas: [Logistik] Logistik und Qualitätsmanagement im Gesundheitsbetrieb. Betriebswirtschaft für das Gesundheitswesen. Wiesbaden 2012.

Führing, Marsha und Peter **Gausmann:** [Risikomanagement] Klinisches Risikomanagement im DRG-Kontext. Integration von Risiko-Kontrollgesichtspunkten in klinische Pfade. Stuttgart 2004.

Gadatsch, Andreas: [Grundkurs II] Grundkurs Geschäftsprozess-Management. Methoden und Werkzeuge für die IT-Praxis: Eine Einführung für Studenten und Praktiker. 7. Aufl., Wiesbaden 2012.

Gadatsch, Andreas: [Grundkurs] Grundkurs Geschäftsprozess-Management. Methoden und Werkzeuge für die IT-Praxis: Eine Einführung für Studenten und Praktiker. 7. Aufl., Wiesbaden 2013.

Gaitanides, Michael: [Entwicklung] Prozessorganisation. Entwicklung, Ansätze und Programme des Managements von Geschäftsprozessen. 3. Aufl., München 2012.

Geißdörfer, Klaus, Ronald **Gleich** und Andreas **Wald:** [Cost] Total Cost of Ownership als innovatives Kostenrechnungstool. In: Moderne Kosten- und Ergebnissteuerung. Grundlagen, Praxis und Perspektiven. Hrsg. von R. Gleich et al. München 2010, S. 465-480.

Geraedts, Max: [Einflussfaktoren] Einflussfaktoren auf eine notwendige und sinnvolle Krankenhausanzahl. In: Krankenhausreport 2010. Schwerpunkt: Krankenhausversorgung in der Krise? Stuttgart 2010. S. 97-106.

Glazinski, Rolf und Ralph **Wiedensohler:** [Fehlerkultur] Patientensicherheit und Fehlerkultur im Gesundheitswesen. Fehlermanagement als interdisziplinäre Aufgabe in der Patientenversorgung. Eschborn 2004.

Götze, Uwe: [Kostenrechnung] Kostenrechnung und Kostenmanagement. 5. Aufl., Heidelberg et al. 2010.

Götze, Uwe: [Grundlagen] Grundlagen des Prozesscontrolling. Ansatzpunkte und Instrumente. In: Professional Process, Zeitschrift für Prozessmanagement im Gesundheitswesen (3) Nr.1/2010, S. 4-6.

Graumann, Mathias: [Kostenmanagement] Kostenrechnung und Kostenmanagement. 5. Aufl., Wiesbaden 2013.

Greiling, Michael, Johanna **Mormann** und Ruth **Westerfeld:** [Pfade] Klinische Pfade steuern. Kulmbach 2003.

Greiling, Michael und Beate **Rudloff:** [Pfade] Klinische Behandlungspfade optimal gestalten. Prozessanalyse im Krankenhaus mit Hilfe der Netzplantechnik. Kulmbach 2005.

Greiling, Michael und Theresa **Muszynski:** [Krankenhaus] Pfade zu effizienten Prozessen. Prozessgestaltung im Krankenhaus. 2. Aufl., Kulmbach 2008.

Greiner, Wolfgang und Oliver **Damm:** [Berechnung] Die Berechnung von Kosten und Nutzen. In: Gesundheitsökonomische Evaluationen. Hrsg. von O. Schöffski und J.-M. Graf von der Schulenburg. 4. Aufl., Berlin, Heidelberg 2012, S. 23-42.

Greiner, Wolfgang und Oliver **Schöffski:** [Grundprinzipien] Grundprinzipien einer Wirtschaftlichkeitsrechnung. In: Gesundheitsökonomische Evaluationen. Hrsg. von O. Schöffski und J.-M. Graf von der Schulenburg. 4. Aufl., Berlin, Heidelberg 2012, S. 155-180.

Grob, Heinz Lothar, Frank **Bensberg** und André **Coners:** [Analytisch] Analytisches Time-Driven Activity-Based Costing. In: Controlling (16) 2004, S. 603-611.

Güssow, Jan, Andreas **Greulich** und Robert **Ott:** [Beurteilung] Beurteilung und Einsatz der Prozesskostenrechnung als Antwort der Krankenhäuser auf die Einführung der DRGs. In: Krp – Kostenrechnungspraxis (46) 2002, S. 179-189.

Gurcke, Ingo, Jörg **Falke** und Dieter **Mildenberger:** [Organisation] Klinisches Risikomanagement als unverzichtbarer Bestandteil der Planung, Organisation und Umsetzung von Qualitätsmanagement – ein Praxisbericht. In: Strategie Risikomanagement. Konzepte für das Krankenhaus und die integrierte Versorgung. Hrsg. von W. Hellmann. Stuttgart 2006, S. 19-50.

Gutenberg, Erich: [Grundlagen] Grundlagen der Betriebswirtschaftslehre. Bd. 1. Die Produktion. 24. Aufl., Berlin, Heidelberg 1983.

Hahner, Axel: [Qualitätskostenrechnung] Qualitätskostenrechnung als Informationssystem zur Qualitätslenkung. Produktionstechnik – Berlin. Forschungsberichte für die Praxis, Nr. 23. Hrsg. von Günter Spur. München, Wien 1981.

Haller, Sabine: [Dienstleistungsmanagement] Dienstleistungsmanagement. Grundlagen – Konzepte – Instrumente. 5. Aufl., Wiesbaden 2012.

Hammerich, Ralf: [Pflegediagnosen] Pflegediagnosen und ihre Bedeutung für die Transparenz des Behandlungsaufwandes. In: Pflegediagnosen – praktisch und effizient. Hrsg. von K. Eveslage. Heidelberg 2006, S. 33-67.

Hazen, Gordon B. und Zhe **Li:** [Cohort] Cohort Decomposition for Markov Cost-Effectiveness Models. In: Medical Decision Making (31) 2011, S. 19-34.

Hax, Herbert und Helmut **Laux:** [Planung] Flexible Planung – Verfahrenregeln und Entscheidungsmodelle für die Planung bei Ungewissheit. In: Schmalenbachs Zeitschrift für betriebswirtschaftliche Forschung (24) 1972, S. 318-340.

Hehenberger, Peter: [Fertigung] Computerunterstützte Fertigung. Eine kompakte Einführung. Berlin, Heidelberg 2011.

Heise, David et al.: [Rekonstruktion] Rekonstruktion eines klinischen Behandlungspfads mithilfe domänenspezifischer Erweiterungen einer Geschäftsprozessmodellierungssprache: Beispielszenario und Sprachkonzepte. In: Dienstleistungsmodellierung 2010. Interdisziplinäre Konzepte und Anwendungsszenarien. Hrsg. von O. Thomas und M. Nüttgens. Berlin, Heidelberg 2010, S. 210-277.

Held, Bernd: [Excel] VBA mit Excel. Das umfassende Handbuch. Bonn 2014.

Hellmann, Wolfgang: [Kontext] Mitarbeiterorientiertes Risikomanagement (Morisk©) als Teil eines ganzheitlichen Risikomanagementsystems – eine Neupositionierung des Arbeitsschutzes im Kontext klinischer Pfade. In: Strategie Risikomanagement. Konzepte für das Krankenhaus und die integrierte Versorgung. Hrsg. von W. Hellmann. Stuttgart 2006, S. 75-88.

Hennevogl, Wolfgang: [SAP] Krankenhaus-Controlling mit Standardsoftware SAP R/3®. In: Krankenhaus-Controlling. Konzepte, Methoden und Erfahrungen aus der Krankenhauspraxis. Hrsg. von J. Hentze, B. Huch und E. Kehres. 3. Aufl., Stuttgart 2005, S. 251-282.

Hensen, Peter: [Qualitätsmanagement] Qualitätsmanagement im Gesundheitswesen. Grundlagen für Studium und Praxis. Wiesbaden 2016.

Hentze, Joachim und Erich **Kehres:** [Kosten] Kosten-und Leistungsrechnung in Krankenhäusern. Systematische Einführung. 5. Aufl., Stuttgart 2008.

Henze, Norbert: [Stochastik] Stochastik für Einsteiger. Eine Einführung in die faszinierende Welt des Zufalls. 10. Aufl., Wiesbaden 2013.

Hillier, Frederik S. und Gerald J. **Lieberman:** [Research] Operations Research. Einführung. 5. Aufl., München 2002.

Hoozée, Sophie und Werner **Bruggeman:** [ABC] Identifying operational improvements during the design process of a time-driven ABC system: The role of collective worker participation and leadership style. In: Management Accounting Research (21) 2010, S. 185-198.

Howard, Ronald, A.: [Dynamic] Dynamic Probabilistic Systems. Volume II: Semi-Markov and Decision Processes. New York et al. 1971.

Hubert, Boris: [Controlling] Anpassung des operativen Controlling im Krankenhaus. Untersuchung unter besonderer Berücksichtigung der Liquiditätssicherung durch Kostensenkung unter Verwendung eines ausführlichen Berichtswesens und der Integration medizinischen Personals in den Prozess der Belegungs- und Kostensteuerung. Diss., Lautertal 2006.

Hübner, Heinz: [Kostenrechnung] Kostenrechnung im Krankenhaus. Grundlagen – Wirtschaftlichkeitsanalyse – Betriebsvergleich. 2. Aufl., Köln 1980.

Hübner, Gerhard: [Stochastik] Eine anwendungsorientierte Einführung für Informatiker, Ingenieure und Mathematiker. 5. Aufl., Wiesbaden 2009.

Horváth, Peter und Reinhold **Mayer:** [Konzeption] Konzeption und Entwicklungen der Prozesskostenrechnung. In: Prozesskostenrechnung. Bedeutung, Methoden, Branchenerfahrungen, Softwarelösungen. Hrsg. von W. Männel. Wiesbaden 1995, S. 59-86.

Institut für das Entgeltsystem im Krankenhaus GmbH: [Handbuch] Kalkulation von Fallkosten. Handbuch zur Anwendung in Krankenhäusern. http://www.g-drg.de/cms/inek_site_de/content/view/full/3904. Abrufdatum: 13. Juni 2014.

Jap, David und Stefanie **Wagner:** [Aspekte] Theoretische und praktische Aspekte bei der Einführung einer Kostenträgerrechnung. In: Management des Mammakarzinoms. Hrsg. von R. Kreienberg et al. 3. Aufl., Heidelberg 2006, S. 35-41.

Jeschke, Egbert et al.: [Excel] Excel Formeln und Funktionen. Einführung in die Nutzung von Formeln und Funktion. Komplette Referenz aller Funktionen von Excel 2000 bis 2007. Unterschleißheim 2009.

Kalenberg, Frank: [Kostenrechnung] Kostenrechnung. Grundlagen und Anwendungen. 3. Aufl., München 2013.

Kahla-Witzsch, Heike Anette: [Praxiswissen] Praxiswissen Qualitätsmanagement im Krankenhaus. Hilfen zur Vorbereitung und Umsetzung. 2. Aufl., Stuttgart 2009.

Kahla-Witzsch, Heike Anette: [Erfolg] klinische Behandlungspfade. Wege zum Erfolg. In: Professional Process. Zeitschrift für Prozessmanagement im Gesundheitswesen (2) 2009, S. 24-25.

Kajüter, Peter: [Kostenmanagement] Proaktives Kostenmanagement. Konzeption und Realprofile. Diss., Wiesbaden 2000.

Kajüter, Peter: [Kostenmanagement] Prozessmanagement und Prozesskostenrechnung. In: Kostenmanagement. Wettbewerbsvorteile durch systematische Kostensteuerung. Hrsg. von K.-P. Franz und P. Kajüter. Stuttgart 1997, S. 209-231.

Kaplan, Robert S. und Steven R. **Anderson:** [Time] Time-Driven Activity-Based Costing. A simpler and more powerful path to higher profits. Boston 2007.

Kaplan, Robert S. und Michael E. **Porter:** [Cost Crisis] The Big Idea: How to Solve The Cost Crisis In Health Care. The biggest problem with health care isn´t with insurance or politics. It´s that we´re measuring the wrong things the wrong way. In: Harvard Business Review (89) 2011, S. 47-64.

Keun, Friedrich und Roswitha **Prott:** [Einführung] Einführung in die Krankenhauskostenrechnung. Anpassung an neue Rahmenbedingungen. 7. Aufl., Wiesbaden 2008.

Kinnebrock, Arno und Ulrich **Overhamm:** [Kodierung] Kodierung und Leistungserfassung. In: Zukunftsorientierter Wandel im Krankenhausmanagement. Outsourcing, IT-Nutzenpotenziale, Kooperationsformen, Changemanagement. Hrsg. von I. Behrendt, H.-J. König und U. Krystek. Berlin, Heidelberg 2009, S. 127-140.

Klein, Robert und Armin **Scholl:** [Planung] Planung und Entscheidung. 2. Aufl., München 2011.

Koerkamp, Bas Groot et al.: [Uncertainty] The Combined Analysis of Uncertainty and Patient Heterogeneity in Medical Decision Models. In: Medical Decision Making (31) 2011, S. 650-661.

Koch, Susanne: [Einführung] Einführung in das Management von Geschäftsprozessen. Six Sigma, Kaizen und TQM. Berlin, Heidelberg 2011.

Kohn, Wolfgang: [Statistik] Statistik. Datenanalyse und Wahrscheinlichkeitsrechnung. Hrsg. von H. Dette und W. Härdle. Berlin, Heidelberg 2005.

Kothe-Zimmermann, Harald: [Prozessoptimierung] Prozesskostenrechnung und Prozessoptimierung im Krankenhaus. Eine Praxisanleitung in sieben Schritten. Stuttgart 2006.

Kriegel, Johannes, Franziska **Jehle** und Paul **Brandl:** [Potenziale] Optimierungspotenziale in der Patientenlogistik. Kunden- und prozessorientierte Verbesserung patientenzentrierter Dienstleistungserbringung. In: Das Krankenhaus (11) 2011, S. 1127-1131.

Küttner, Tina und Norbert **Roeder:** [Definition] Definition klinischer Behandlungspfade. In: klinische Behandlungspfade. Mit Standards erfolgreicher Arbeiten. Hrsg. von N. Roeder und T. Küttner. Köln 2007, S. 19-27.

Kuss, Brigitte, Robert **Hanß** und Martin **Bauer:** [Kennzahlen] Steuerung durch Kennzahlen. In: Operation-Management: praktisch und effizient. Hrsg. von I. Welk und M. Bauer. Heidelberg 2006, S. 91-107.

Langenbeck, Jochen: [Leistungsrechnung] Kosten- und Leistungsrechnung. Herne 2008.

Larbig, Mathias und Dagmar **Ackermann:** [Instrumente] Zukunftsgerichtete Instrumente der Krankenhaussteuerung – ein Plädoyer für die Kostenträgerrechnung. In: Das Krankenhaus (4) 2008, S. 336-344.

Laux, Helmut, **Gillenkirch**, Robert M. und Heike **Schenk-Mathes:** [Entscheidungstheorie] Entscheidungstheorie. 9. Aufl., Berlin, Heidelberg 2014

Law, M. Averill: [Simulation] Simulation Modeling and Analysis. 5. Aufl., New York 2015.

Lelgemann, Monika und Günter **Ollenschläger:** [Leitlinien] Evidenzbasierte Leitlinien und Behandlungspfade. Ergänzung oder Widerspruch? In: Der Internist (47) 2006, S. 690-698.

Leimeister, Jan Marco: [Dienstleistungsengineering] Dienstleistungsengineering und -management. Berlin, Heidelberg 2012.

Löber, Nils: [Fehler] Fehler und Fehlerkultur im Krankenhaus. Eine theoretisch-konzeptionelle Betrachtung. Wiesbaden 2012.

Lohfert, Christoph und Peter **Kalmár:** [Erfahrungen] Behandlungspfade: Erfahrungen, Erwartungen, Perspektiven. In: Der Internist (47) 2006, S. 676-683.

Lux, Thomas und Holger **Raphael:** [Informationssysteme] Prozessorientierte Krankenhausinformationssysteme. In: Praxis der Wirtschaftsinformatik (46) Nr. 269/2009, S. 70-78.

Lohmann, Heinz: [Erfolgsfaktor] Erfolgsfaktor Medizin: Anforderungen an ein modernes Krankenhausmanagement. In: Zukunftsorientierter Wandel im Krankenhausmanagement. Outsourcing, IT-Nutzenpotenziale, Kooperationsformen, Changemanagement. Hrsg. von I. Behrendt, H.-J. König und U. Krystek. Berlin, Heidelberg 2009, S. 1-11.

Maltry, Helmut und Holger **Strehlau-Schwoll:** [Kostenrechnung] Kostenrechnung im Krankenhaus. In: Kostenmanagement. Aktuelle Konzepte und Anwendungen. Hrsg. von C.-C. Freidank et al. Berlin, Heidelberg 1997, S. 533-564.

Männel, Wolfgang: [Entwicklungsperspektiven] Entwicklungsperspektiven der Kostenrechnung. 3. Aufl., Lauf an der Pegnitz 1997.

Marquard, Klaus: [Modell] Ein Modell zur Kalkulation von Fehlerkosten für das medizinische Risikomanagement. Diss., Tübingen 2009.

Meffert, Heribert und Manfred **Bruhn:** [Marketing] Dienstleitungsmarketing. Grundlagen – Konzepte – Methoden. 7. Aufl., Wiesbaden 2012.

Menges, Günter: [Entscheidungsproblem] Das Entscheidungsproblem in der Statistik. Allgemeines Statistisches Archiv, Bd. 42 (1958), S. 101-107.

Menges, Günter: [Kriterien] Kriterien optimaler Entscheidungen unter Ungewissheit. In: Statistische Hefte 1963, S. 151-171.

Meintrup, David und Stefan **Schäffler:** [Stochastik] Stochastik. Theorie und Anwendung. Hrsg. von H. Dette. und W. Härdle. Berlin, Heidelberg 2005.

Mine, Hisashi und Shunji **Osaki:** [Decision] Markovian Decision Processes. In: Modern Analytic and Computational Methods in Science and Mathematics. Hrsg. von R. Bellman. New York 1970, S. 1-142.

Mitchell, Max: [Costing] Leveraging process documentation for Time-Driven Activity-Based Costing. In: Journal of performance management (20) Nr. 3/2007, S. 16-28.

Möllemann, Angela und Matthias **Hübler:** [Risikomanagement] Risikomanagement. In: Operation-Management: praktisch und effizient. Hrsg. von I. Welk und M. Bauer. Heidelberg 2006, S. 43-53.

Möller, Wilken, Peter **Borges** und Harald **Schmitz:** [Kostenträgerrechnung] DRG-Kalkulation und Kostenträgerrechnung. Tipps zur praktischen Umsetzung einer Kostenträgerrechnung. In: Führen und Wirtschaften im Krankenhaus (19) 2002, S. 1-7.

Möller, Klaus und Ingo **Cassack:** [Planung] Prozessorientierte Planung und Kalkulation (kern-) produktbegleitender Dienstleitungen. In: Zeitschrift für Planung & Unternehmenssteuerung (19) 2008, S. 159-184.

Müller, Christine und Liesa **Denecke:** [Stochastik] Stochastik in den Ingenieurwissenschaften. Eine Einführung mit R. Berlin, Heidelberg 2013.

Mühlbauer, Bernd H.: [DRG] Prozessorganisation im DRG-geführten Krankenhaus. Weinheim 2004.

Mürmann, Michael: [Prozesse] Wahrscheinlichkeitstheorie und stochastische Prozesse. Berlin, Heidelberg 2014.

Multerer, Christian, Gunther **Friedl** und Michaela **Serttas:** [Gestaltung] Gestaltung von Verrechnungspreisen im Krankenhaus: Anforderungen, Probleme und Lösungsansätze im Kontext der DRG´s. In: Betriebswirtschaftliche Forschung und Praxis. (54) 2006, S. 600-617.

Muscholl, Marita: [Behandlungspfade] Integrated Clinical Pathways in Health Information Systems – An Architectural Concept. In: Lecture Notes in Computer Science. (3782) 2005, S. 349-359.

Muscholl, Marita: [Approach] The "integrated clinical pathways"-approach – current requirements to the knowledge management in health information systems. In: WM 2005: professional knowledge management experiences and visions. Contribution to the 3rd conference professional knowledge management experiences and visions, April 10-13, 2005 in Kaiserslautern. Hrsg. von K.-D. Althoff et al., Kaiserslautern 2005, S. 293-298.

Nelles, Stephan: [Excel] Das umfassende Handbuch Excel 2010 im Controlling. Bonn 2014.

Neu, Sandra: [Prozesskostenrechnung] Praktische Durchführung und deskriptive Darstellung anhand des klinischen Behandlungspfades „laparoskopische Cholezystektomie". In: http://www.uniklinikum-saarland.de/fileadmin/UKS/Einrichtungen/Kliniken_und_Institute/Chirurgie/Allgemeinchirurgie/Arztinformation/Behandlungspfade/BA-Sandra-_Neu.pdf. Abrufdatum: 13. Juni 2013.

Neubauer, Günter, Raphael **Ujlaky** und Andreas **Beivers:** [Finanzmanagement] Finanzmanagement in Krankenhäusern. In: Management im Gesundheitswesen. Hrsg. von R. Busse, J. Schreyögg und O. Tiemann. 2. Aufl., Berlin, Heidelberg, New York 2010, S. 235-247.

Neudamm, Annabelle und Heidemarie **Haeske-Seeberg:** [Qualität] Qualität als Wettbewerbsparameter des Krankenhauses. In: Krankenhaus-Report 2011. Schwerpunkt: Qualität durch Wettbewerb. Hrsg. von J. Klauber et al. Stuttgart 2011, S. 81-92.

Nollau, Volker: [Prozesse] Semi-Markovsche Prozesse. Berlin 1980.

Oberender, Peter: [Pathways] Clinical Pathways und Gesundheitsökonomie. In: Professional Process. Zeitschrift für Prozessmanagement im Gesundheitswesen (1) 2008, S. 10-14.

Obermaier, Robert und Edgar **Saliger:** [Entscheidungstheorie] Betriebswirtschaftliche Entscheidungstheorie. Einführung in die Logik individueller und kollektiver Entscheidungen. 6. Aufl., Oldenburg 2013.

Olfert, Klaus: [Investition] Investition. 12. Aufl., Herne 2012.

Osterloh, Margit und Jetta **Frost:** [Prozessmanagement] Prozessmanagement als Kernkompetenz. Wie Sie Business Reengineering strategisch nutzen können. 5. Aufl., Wiesbaden 2006.

O. V.: [Vereinbarung] Vereinbarung zum Fallpauschalensystem für Krankenhäuser für das Jahr 2010 (Fallpauschalenvereinbarung 2010 – FPV 2010). In: http://www.dkgev.de/media/file/6626.Vereinbarung_zum-_Fallpauschalensystem _fuer_Krankenhaeuser.pdf. Abrufdatum: 13. Juni 2014.

O. V.: [Behandlungspfade] Definition der Behandlungspfade. In: http:// www.uniklinikum-saarland.de/de/einrichtungen/kliniken_institute/-chirurgie/allge meinchirurgie/infos_fuer_aerzte/behandlungspfade/. Abrufdatum: 13. Juni 2014.

O. V.: [Macros] Internetseite der Anwendung QIMacros. In: http://www. qimacros.com/. Abrufdatum: 07. Juni 2014.

Papageorgiou, Markos, Marion **Leibold** und Martin **Buss:** [Optimierung] Optimierung. Statische, dynamische, stochastische Verfahren für die Anwendung. 3. Aufl., Berlin, Heidelberg 2012.

Paula, Helmut: [Patientensicherheit] Patientensicherheit und Risikomanagement im Pflege- und Krankenhausalltag. Heidelberg 2007.

Pfeuffer, Bianca et al.: [Controlling] Controlling im Krankenhaus – ein Praxisbericht aus dem Stiftungsklinikum Mittelrhein. In: Zeitschrift für Controlling & Management (49) Sonderheft 1/2005, S. 28-36.

Poddig, Thorsten, Hubert **Dichtl** und Kerstin **Petersmeier:** [Statistik] Statistik, Ökonometrie, Optimierung. Methoden und ihre praktische Anwendungen in Finanzanalyse und Portfoliomanagement. 3. Aufl., Bad Solden 2003.

Posluschny, Peter: [Kostenmanagement] Prozessorientiertes Kostenmanagement in Krankenhausbetrieben. Mannheim 2007.

Raetzell, Malte und Martin **Bauer:** [Behandlungspfade] „Standard operating procedures" und klinische Behandlungspfade. In: Operation-Management: praktisch und effizient. Hrsg. von I. Welk und M. Bauer. Heidelberg 2006, S. 187-198.

Raible, Christian und Manfred **Primke:** [Schwerpunkte] Inhalte und Schwerpunkte der Leistungsplanung. In: Leistungsmanagement im Krankenhaus: G-DRGs. Schritt für Schritt erfolgreich: Planen, Gestalten, Steuern. Hrsg. von U. Vetter und L. Hoffmann. Heidelberg 2008, S. 69-92.

Rall, Marcus, Peter **Dieckmann** und Eric **Stricke:** [Patientensicherheit] Erhöhung der Patientensicherheit durch effektive Incident-Reporting-Systeme am Beispiel von PaSIS. In: Risikomanagement in der operativen Medizin. Hrsg. von J. Ennker, D. Pietrowski und P. Kleine. Darmstadt 2007, S. 122-137.

Raphael, Holger und Hendrik **Schenck:** [Performance] Performance Management im Gesundheitswesen monetär bewerten – Prozesskostenanalyse im Marienhospital Herne. In: Corporate Performance Management. Aris in der Praxis. Hrsg. von A.-W. Scheer et al. Berlin, Heidelberg 2005, S. 249-264.

Reichert, Manfred: [Prozessmanagement] Prozessmanagement im Krankenhaus – Nutzen, Anforderungen und Visionen. In: Das Krankenhaus, 92 (11) 2000, 903-909.

Reiß, Michael und Hans **Corsten:** [Kostenmanagement] Gestaltungsdomänen des Kostenmanagements. In: Handbuch Kostenrechnung. Hrsg. von W. Männel. Wiesbaden 1992, S. 1478-1491.

Rieben, Erwin et al.: [Kostenträgerrechnung] Plankostenrechnung als Kostenträgerrechnung. Kalkulation und Anwendung von Patientenpfaden. Landsberg, Lech 2003.

Rieben, Erwin und Hans-Peter **Müller:** [mipp] Clinical Pathways als Grundlage einer effizienten Kostenrechnung. Das Modell integrierter Patientenpfade „mipp". In: Clinical Pathways. Facetten eines neuen Versorgungsmodells. Hrsg. von P. O. Oberender. Stuttgart 2005, S. 70-87.

Roeder, Norbert und Tina **Küttner:** [Behandlungspfade] Behandlungspfade im Licht von Kosteneffekten im Rahmen des DRG-Systems. In: Der Internist (47) 2006, S. 684-689.

Roeder, Norbert und Peter **Hensen:** [Konsequenzen] Konsequenzen aus der Einführung eines fallpauschalisierten Vergütungssystems. In: klinische Behandlungspfade. Mit Standards erfolgreicher Arbeiten. Hrsg. von N. Roeder und T. Küttner. Köln 2007, S. 3-15.

Rogge, Achim: [Steuerung] Die Steuerung des Leistungsprozesses im Krankenhaus. In: Leistungsmanagement im Krankenhaus: G-DRGs. Schritt für Schritt erfolgreich: Planen, Gestalten, Steuern. Hrsg. von U. Vetter und L. Hoffmann. Berlin, Heidelberg 2005, S. 107-116.

Roßbach, Christian, Sven **Marth** und Agnes **Zimolong:** [Gutachten] Vorbereitendes Gutachten für den Saarländischen Krankenhausplan mit Geltungszeitraum ab dem Jahr 2010 für das Ministerium für Gesundheit und Verbraucherschutz. Hrsg. von GEBERA – Gesellschaft für betriebswirtschaftliche Beratung mbH. Düsseldorf

2010. In: http://www.saarland.de/dokumente/res_gesundheit/100920_Gutachten_ Saarland.pdf. Abrufdatum: 13. Juni 2014.

Saarland, Ministerium für Gesundheit und Verbraucherschutz: [Landesplan] Krankenhausplan für das Saarland 2011-2015, Stand 01. Juli 2011. In: http://www.saarland.de/dokumente/res_gesundhei/-Krankenhausplan.pdf. Abrufdatum: 13. Juni 2014.

Salfeld, Rainer, Steffen **Hehner** und Reinhard **Wichels:** [Krankenhaus] Modernes Krankenhausmanagement. Konzepte und Lösungen. 2. Aufl., Berlin, Heidelberg 2009.

SAP AG: [Healthcare] In: http://www.healthcare.siemens.de/hospital-it/sap-loesungen/sap. Abrufdatum: 13. Juni 2014.

SAP Help: [Innenauftrag] http://help.sap.com/saphelp_erp60_sp/-helpdata/de/a9/ab73c7414111d182b10000e829fbfe/content.htm. Abrufdatum 28. Mai 2014.

SAP Help: [Kontierung] http://help.sap.com/saphelp_46c/helpdata/-de/75/ee0de955c 811d189900000e8322d00/frameset.htm. Abrufdatum 28. Mai 2014.

SAP Help: [Template] http://help.sap.com/saphelp_46c/helpdata/-de/7e/ cb716743 a311d189ee0000e81ddfac/frameset.htm. Abrufdatum: 28. Mai 2014.

Schawel, Christian und Fabian **Billing:** [Tools] Top 100 Management Tools. Das wichtigste Buch eines Managers. Wiesbaden 2011.

Schels, Ignatz und Uwe M. **Seidel:** [Excel] Das umfangreiche Handbuch Excel im Controlling. Professionelle Lösungen für Controlling, Projekt- und Personalmanagement. München 2014.

Schilling, Martin K. et al.: [Behandlungspfade] Klinische Behandlungspfade. Erste Ergebnisse des systematischen IT-gestützten Einsatzes an einer chirurgischen Universitätsklinik. In: Deutsche Medizinische Wochenschrift (131) 2006, S. 962-967.

Schleppers, Alexander: [Entgeltsystem] Das Entgeltsystem der „diagnosis related groups“. In: Operation-Management: praktisch und effizient. Hrsg. von I. Welk und M. Bauer. Heidelberg 2006, S. 15-30.

Schlittgen, Rainer: [Statistik] Einführung in die Statistik. Analyse und Modellierung von Daten. 12. Aufl., München 2012.

Schlüchtermann, Jörg, Rainer **Sibbel** und Marc-Andreas **Prill:** [Prozesssteuerungsinstrument] Clinical Pathways als Prozesssteuerungsinstrument im Krankenhaus. In: Clinical Pathways. Facetten eines neuen Versorgungsmodells. Hrsg. von P. O. Oberender. Stuttgart 2005, S. 43-58.

Schmidt, Susann: [Entwicklung] Entwicklung eines Kostenrechnungsmodells in der Qualitätssicherung. Diss., Aachen 1996.

Schmidt, Ursula-Anna: [Prozessoptimierung] Prozessoptimierung im Krankenhausbereich. Logistische Abläufe mit Schwerpunkt Radiologie und deren Verbesserungspotenziale. Diss., Hamburg 2011.

Schneeweiß, Hans: [Schema] Ein allgemeines Schema des stochastischen Programmierens. In Statistische Hefte (3) 1962, S. 131-157.

Schneeweiß, Hans: [Grundmodell] Das Grundmodell der Entscheidungstheorie. In: Entscheidungskriterien bei Risiko. Hrsg. von H. Schneeweiß. Berlin, Heidelberg 1967, S. 7-31.

Schneeweiß, Christoph: [Programmieren] Dynamisches Programmieren. Würzburg, Wien 1974.

Schneeweiß, Christoph: [Grundlagen] Planung 1. Systemanalytische und entscheidungstheoretische Grundlagen. Berlin u. a. 1991.

Schneeweiß, Christoph: [Konzepte] Planung 2. Konzepte der Prozess- und Modellgestaltung. Berlin u. a. 1992.

Schüpfer, Guido und Martin **Bauer:** [Controlling] Controlling. In: Operations-Management: praktisch und effizient. Hrsg. von I. Welk und M. Bauer. Heidelberg 2006, S. 57-76.

Schuller, Susanne: [Ablauforganisation] Ablauforganisation in Gesundheitseinrichtungen. Grundsätze und Nutzen des Prozessmanagements. In: Professional Process. In: Zeitschrift für Prozessmanagement im Gesundheitswesen (1) 2008, S. 6-8.

Schumpelick, Volker, Reinhard **Kasperk** und Michael **Stumpf:** [Operationsatlas] Operationsatlas Chirurgie. 4. Aufl., Stuttgart 2013.

Schwarze, Jochen: [Netzplantechnik] Projektmanagement mit Netzplantechnik. 10. Aufl., Herne 2010.

Schwenk, Wolfgang, Claudia **Spies** und Joachim M. **Müller:** [Prinzipien] Prinzipien der Fast-track-Rehabilitation. In: Fast Track in der operativen Medizin. Hrsg. von W. Schwenk, C. Spies und J. M. Müller. Heidelberg 2009, S. 1-10.

Schweitzer, Marcell und Hans-Ulrich **Küpper:** [Systeme] Systeme der Kosten- und Erlösrechnung. 10. Aufl., München 2011.

Seefeldt, Elke und Simone **Mentzel:** [Prozess] Der Risikomanagementprozess im Krankenhaus. In: Risikomanagement der öffentlichen Hand. Hrsg. von F. Scholz, A. Schuler und H.-P. Schwintowski. Heidelberg 2009, S. 367-377.

Siebert, Uwe et al.: [Modellierung] Entscheidungsanalyse und Modellierung. In: Gesundheitsökonomische Evaluationen. Hrsg. von O. Schöffski und J. M. Graf von der Schulenburg. 4. Aufl., Berlin, Heidelberg 2012, S. 275-324.

Siebert, Uwe: [Entscheidungen] Entscheidungen in Public Health mittels systematischer Entscheidungsanalyse. In: Schwartz, FW et al.: Das Public Health Buch. 2. Aufl., München, Jena 2003, S. 1-28.

Simon, Michael: [Deutschland] Das Gesundheitssystem in Deutschland. Eine Einführung in Struktur und Funktionsweise. 4. Aufl., Bern 2013.

Spaniol, Otto und Simon **Hoff:** [Simulation] Bonn 1995.

Sonnenberg, Frank A. und Robert **Beck:** [Markov] Markov Models in Medical Decision Making. A practical Guide. In: Medical Decision Making (13) 1993, S. 322-338.

Spreckelsen, Cord und Klaus **Spitzer:** [Medizin] Wissensbasen und Expertensysteme in der Medizin. KI-Ansatze zwischen klinischer Entscheidungsunterstützung und medizinischem Wissensmanagement. Wiesbaden 2008.

Stöger, Roman: [Prozessmanagement] Prozessmanagement. Qualität, Produktivität, Konkurrenzfähigkeit. 3. Aufl., Stuttgart 2011.

Stöger, Roman: [Produktivität] Produktivitätssteigerung und Ergebnisverbesserung. Stuttgart 2012.

St. Pierre, Michael, Gesine **Hofinger** und Cornelius **Buerschaper:** [Notfallmanagement] Notfallmanagement. Human Factors in der Akutmedizin. Heidelberg 2005.

Strehlau-Schwoll, Holger: [Vergütung] Vergütung von Krankenhausleistungen – Kalkulation von Leistungsplanung unter besonderer Berücksichtigung der spezifischen Krankenhausfinanzierung. In: Krankenhaus-Controlling. Konzepte, Methoden und Erfahrungen aus der Krankenhauspraxis. Hrsg. von J. Hentze, B. Huch und E. Kehres. 3. Aufl., Stuttgart 2005, S. 129-136.

Stiefelhagen, Peter: [Behandlungspfade] Behandlungspfade in der Viszeralmedizin. In: Der Internist (48) 2007, S. 93-98.

Sure, Matthias: [Instrumente] Moderne Controlling Instrumente. Bewährte Konzepte für das operative und strategische Controlling. München 2009.

Schwarze, Jochen: [Mathematik] Mathematik für Wirtschaftswissenschaftler. Band 1: Grundlagen. 13. Aufl., Herne 2011.

Tergau, Marco: [Ergebnisqualität] Leistungsmanagement und Ergebnisqualität. In: Leistungsmanagement im Krankenhaus: G-DRGs. Schritt für Schritt erfolgreich:

Planen, Gestalten, Steuern. Hrsg. von U. Vetter und L. Hoffmann. Berlin, Heidelberg 2005, S. 143-154.

Theis, Thomas: [Excel] Einstieg in VBA mit Excel. Für Microsoft Excel 2002 bis 2013. 3. Aufl., Bonn 2013.

Thiel, Ralf et al.: [Klinik] Klinische Behandlungspfade. Einführung in einer urologischen Klinik. In: Der Urologe (45) 2006, S. 1415-1423.

Töpfer, Armin: [Kostenanalyse] Konzepte zur Kostenanalyse und Kostensteuerung. In: Erfolgreiches Changemanagement im Krankenhaus. 15-Punkte Sofortprogramm für Kliniken. Hrsg. von M. Albrecht und A. Töpfer. Heidelberg 2006, S. 71-86.

Töpfer, Armin: [Qualität] Medizinische und ökonomische Bedeutung von Qualität im Krankenhaus: Vermeidung von Fehlerkosten. In: Erfolgreiches Changemanagement im Krankenhaus. 15-Punkte Sofortprogramm für Kliniken. Hrsg. von M. Albrecht und A. Töpfer. Heidelberg 2006, S. 99-111.

Töpfer, Armin und Jörn **Großekatthöfer:** [Analyse] Analyse der Prozesslandschaft und Prozesssteuerung als Erfolgsvoraussetzung. In: Erfolgreiches Changemanagement im Krankenhaus. 15-Punkte Sofortprogramm für Kliniken. Hrsg. von M. Albrecht und A. Töpfer. Heidelberg 2006, S. 115-134.

Töpfer, Armin: [Theorie] Prozessoptimierung: Von der Theorie zur konkreten Umsetzung. In: Zeitschrift für Evidenz, Fortbildung und Qualität im Gesundheitswesen (104) 2010, S. 436-446.

Troßmann, Ernst und **Alexander Baumeister:** [Internes] Internes Rechnungswesen. Kostenrechnung als Standardinstrument im Controlling. München 2015.

Troßmann, Ernst: [Koordination] Controlling als Führungsfunktion. Eine Einführung in die Mechanismen betrieblicher Koordination. 3. Aufl., München 2013.

Troßmann, Ernst: [Investition] Investition als Führungsentscheidung. Projektrechnungen für Controller. 2. Aufl., München 2013.

Troßmann, Ernst, **Alexander Baumeister** und Clemens **Werkmeister:** [Controlling] Fallstudien im Controlling: Lösungsstrategien für die Praxis. 3. Aufl., München 2013.

Toutenburg, Helge und Philipp **Knöfel:** [Sigma] Six Sigma. Methoden und Statistik für die Praxis. 2. Aufl., Berlin, Heidelberg 2009.

Tuschen, Karl Heinz und Michael **Philippi:** [Entgeltsystem] Leistungs- und Kalkulationsaufstellung im Entgeltsystem der Krankenhäuser. Grundlagen, Berechnungsbeispiele und Know-how. Stuttgart 2000.

Vera, Antonio: [Entwicklungen] Neuere Entwicklungen im Krankenhauscontrolling. In: Controlling (16) 2004, S. 141-147.

Vera, Antonio und Ludwig **Kuntz:** [Organisation] Prozessorientierte Organisation und Effizienz im Krankenhaus. In: Schmalenbachs Zeitschrift für betriebswirtschaftliche Forschung (59) 2007, S. 173-197.

Vetter, Ulrich: [Einflüsse] Gesellschaftliche und demographische Einflüsse auf die Leistungsplanung im Krankenhaus. In: Leistungsmanagement im Krankenhaus: G-DRGs. Schritt für Schritt erfolgreich: Planen, Gestalten, Steuern. Hrsg. von U. Vetter und L. Hoffmann. Heidelberg 2008, S. 23-26.

Vetter, Ulrich: [Grundlage] Krankenhausplanung – weiterhin Grundlage für die Leistungsplanung im Krankenhaus oder bald Geschichte im Zeitalter der DRGs? In: Leistungsmanagement im Krankenhaus: G-DRGs. Schritt für Schritt erfolgreich: Planen, Gestalten, Steuern. Hrsg. von U. Vetter und L. Hoffmann. Heidelberg 2008, S. 37-45.

Weber, Jürgen und Barbara E. **Weißenberger:** [Einführung] Einführung in das Rechnungswesen. Bilanzierung und Kostenrechnung. 9. Aufl., Stuttgart 2015.

Weidner, Walter: [Kosten] Kosten der Qualitätssicherung. In: Handbuch Kostenrechnung. Hrsg. von Wolfgang Männel. Wiesbaden 1992, S. 898-906.

Wengert, Holger und Frank Andreas **Schittenhelm:** [Risk] Corporate Risk Management. Berlin, Heidelberg 2013.

Wilken, Carsten: [Qualität] Strategische Qualitätsplanung und Qualitätskostenanalysen im Rahmen eines Total Quality Management. Diss., Heidelberg 1993.

Wrabel, Andreas und Brunhilde **Seidel-Kwem:** [Preissystem] Das G-DRG-System. Entwicklung eines komplexen Preissystems. In: Leistungsmanagement im Krankenhaus: G-DRGs. Schritt für Schritt erfolgreich: Planen, Gestalten, Steuern. Hrsg. von U. Vetter und L. Hoffmann. Berlin, Heidelberg 2005, S. 47-62.

Zeuner, Martin: [Controlling] Medizin-Controlling und Kennzahlensysteme am Beispiel des DRG-Systems. In: Systemisches Management im Gesundheitswesen. Innovative Konzepte und Praxisbeispiele. Hrsg. von H. Kunhardt. Wiesbaden 2011, S. 53-68.

Ziegenbein, Ralf: [Prozeßmanagement] Klinisches Prozeßmanagement. Implikationen, Konzepte und Instrumente einer ablauforientierten Krankenhausführung. Hrsg. von Wilfried von Eiff. Gütersloh 2001.

EINZELSCHRIFTEN

Christian Dienes
On the Behaviour and Attitudes of Firms and Individuals Towards Resource Efficiency and Climate Change Mitigation
Lohmar – Köln 2016 • 124 S. • € 48,- (D) • ISBN 978-3-8441-0493-6

Murat Aksu
Das Vertrauen der Kunden als Wettbewerbsvorteil einer Bank
Lohmar – Köln 2017 • 252 S. • € 62,- (D) • ISBN 978-3-8441-0494-3

Andreas Förster
Kapitalmarktfriktionen und Konjunkturschwankungen
Lohmar – Köln 2017 • 88 S. • € 44,- (D) • ISBN 978-3-8441-0497-4

Ege-Aksel Kilincsoy
Einkommenstheorien im deutschen Einkommensteuerrecht – Reinvermögenszugangstheorie, Quellentheorie, Markteinkommenstheorie
Lohmar – Köln 2017 • 112 S. • € 48,- (D) • ISBN 978-3-8441-0501-8

Andreas Schmidt
Ausgestaltung und Analyse der Kapitalflussrechnung im Jahresabschluss – Nach HGB und IFRS
Lohmar – Köln 2017 • 92 S. • € 46,- (D) • ISBN 978-3-8441-0502-5

Detlef Pietsch
Grenzen des ökonomischen Denkens – Wo bleibt der Mensch in der Ökonomie?
Lohmar – Köln 2017 • 264 S. • € 62,- (D) • ISBN 978-3-8441-0503-2

Christian Unsöld
Kompetenzorientiertes Strategisches Management in turbulenten Zeiten – Kontextadäquate Kompetenzkontingentierung als Schlüssel für eine beständige Leistungsfähigkeit
Lohmar – Köln 2017 • 280 S. • € 64,- (D) • ISBN 978-3-8441-0507-0

Ulrike Sträßer
Entwicklung eines Modells zur Optimierung klinischer Behandlungsprozesse im Fehlerkostenmanagement
Lohmar – Köln 2017 • 324 S. • € 68,- (D) • ISBN 978-3-8441-0510-0